A Student's Guide to the Schrödinger Equation

薛定谔方程

[美] 丹尼尔 · A. 弗莱施（Daniel A. Fleisch）著

邱道文　周旭　译

机械工业出版社
China Machine Press

图书在版编目（CIP）数据

薛定谔方程 /（美）丹尼尔·A. 弗莱施（Daniel A. Fleisch）著；邱道文，周旭译 . -- 北京：机械工业出版社，2022.2

书名原文：A Student's Guide to the Schrödinger Equation

ISBN 978-7-111-70138-5

I. ① 薛… II. ① 丹… ② 邱… ③ 周… III. ① 薛定谔方程 IV. ① O175.24

中国版本图书馆 CIP 数据核字（2022）第 018796 号

北京市版权局著作权合作登记 图字：01-2020-4921 号。

出版发行：机械工业出版社（北京市西城区百万庄大街 22 号 邮政编码：100037）
责任编辑：曲 熠
责任校对：殷 虹
印 刷：北京联兴盛业印刷股份有限公司
版 次：2022 年 3 月第 1 版第 1 次印刷
开 本：147mm × 210mm 1/32
印 张：8.75
书 号：ISBN 978-7-111-70138-5
定 价：99.00 元

客服电话：（010）88361066 88379833 68326294 投稿热线：（010）88379604
华章网站：www.hzbook.com 读者信箱：hzjsj@hzbook.com

•• 译者序 ••

20世纪，科学家创建的最伟大的两门新兴学科是量子力学与计算机科学。牛顿定律阐述了经典力学中的基本运动规律，适合描述宏观和低速等运动问题，但是描述微观世界的粒子运行规则（如电子围绕着原子核运动等）必须运用量子力学。邱奇－图灵论题（Church-Turing thesis）使人类明确了各种问题的可计算性，冯·诺伊曼提出了人类第一台电子计算机的设计方案。虽然量子力学与计算机科学密切相关，但是遵循量子力学原理的量子计算机是近四十年前由理查德·菲利普·费曼（Richard Phillips Feynman）提出的。

在量子力学中，体系的状态不能用力学量（如位置、速度、动量和能量等）的值来确定，而要用力学量的函数（即波函数）来确定，因此波函数是量子力学研究的主要对象。力学量取值的概率分布如何，这个分布随时间如何变化，这些问题都可以通过求解波函数的薛定谔方程得到解答。因此，薛定谔方程是量子力学中的核心方程，相当于牛顿第二定律在经典力学中的地位。正是基于薛定谔方程的建立，之后才有了关于量子力学的诠释、波函数坍缩、量子纠缠、多重世界等的深入讨论。可以说，薛定谔方程敲开了微观世界的大门。

薛定谔方程在物理学研究史上具有极伟大的意义，被誉为“十大经典公式”之一，是世界原子物理学文献中应用最广泛、影响最大的公式。它揭示了微观物理世界中物质运动的基本规律，是原子物理学中处理一切非相对论问题的有力工具，被广泛应用于原子、分子、固体物理、核物理、化学等领域。

本书共有 5 章，第 1 章和第 2 章概述建立薛定谔方程和量子力学的数学基础，其中包括广义向量空间、正交函数、算子、特征函数以及左矢、右矢和内积的 Dirac 表示法。第 3 章对薛定谔方程进行逐项分解，将方程分为与时间相关和与时间无关两种形式，帮助读者了解薛定谔方程的意义。第 4 章讨论量子波函数，而量子波函数正是薛定谔方程的解。第 5 章将前 4 章描述的原理和数学技术应用到无限深方势阱、有限深方势阱和量子谐振子三种特定势中。

本书的定位为教材，以尽可能简明易懂的方式向读者介绍薛定谔方程及其解的基本知识，希望能帮助读者更好地理解量子力学的概念和数学技巧。此外，本书也可作为许多涉及量子力学和薛定谔方程的综合性教材的补充，虽然研究量子计算未必需要系统学习量子力学，但是学习本书，不仅有助于更好地学习量子力学，也有助于更深入地理解量子计算。

邱道文

2021 年 12 月于广州中山大学

·· 前　　言 ··

本书旨在帮助读者理解薛定谔方程及其解。全书简明易懂，并配有各种免费的在线材料。这些材料包括每章中习题的完整解答过程，以及对补充主题的深入讨论，还有一系列的视频播客，这些视频对每一章中最重要的概念、等式、图表和数学技巧进行了解释。

本书可作为许多涉及薛定谔方程和量子力学的综合性教材的补充，编写本书的目的是为读者理解量子力学提供概念和数学基础。所以，如果你正在学习一门量子力学的课程，或者正在研究现代物理学，但是不清楚波函数和向量之间的关系，或者你想知道内积的物理意义，了解什么是特征函数，以及为什么它们如此重要，那么就可以参考本书。

我把本书写得尽可能模块化，以便读者直接阅读感兴趣的章节。第 1 章和第 2 章对建立薛定谔方程和量子力学的数学基础进行概述，内容主要包括广义向量空间、正交函数、算子、特征函数以及左矢、右矢和内积的 Dirac 表示法。这是相当繁重的数学工作，所以在这两章的每一节中，都包含一个名为

“本节的主要思想”的模块，该模块简明地总结了该节中最重要的概念和技巧。同时，每节还包含一个名为“与量子力学的关联性”的模块，它解释了该部分的数学知识是如何与量子力学联系起来的。

因此，推荐读者先阅读第 1 章和第 2 章每一节中的“本节的主要思想”，如果你已经理解这些主题，那么可以跳过这些章节，直接进入第 3 章，第 3 章对薛定谔方程在时间相关和时间无关两种形式上进行了逐项分解。如果你已经了解薛定谔方程的意义，那么可以进入第 4 章，第 4 章讨论量子波函数，你会发现量子波函数正是薛定谔方程的解。最后，在第 5 章中，你可以看到这些原理和数学技术如何应用到三种特定势：无限深方势阱、有限深方势阱和量子谐振子。

关于如何用最好的方式来解释那些令人困扰且具有挑战性的概念，我思虑良久。本书正是为了解决这个问题，我的目标正如 A. W. Sparrow 的小书 *Basic Wireless* 的目标一样：并不是要取代已经出版的众多教科书，而是希望通过对基础知识的简明介绍，为读者提供一个方便的跳板。如果我的努力能获得 Sparrow 的一半成功，那么这本书便是物有所值了。

关于本书配套资源

本书配有丰富的交互式数字资源，读者可通过配套网站获得。这些资源旨在帮助读者学习相关知识，并将理论知识应用到实践中，特别是支持自主学习，并实时提供反馈。

请访问 www.cambridge.org/fleisch-SGSE 以获取相关

资源。

以下图标出现在页边，用于指示相关内容在网站上的对应资源。

交互模拟

学习目标

视频

操作问题

习题

词汇表：词汇表中的术语在书中以黑体突出显示，可在网站上找到术语的具体解释。

我们可能会不时更新网站，并随时更改或删除内容。我们不保证网站或网站上的任何部分始终可用、不间断或无错误，这些内容只是临时的，或者说仅仅访问之时有效。我们可能会暂停或更改网站的全部或任何部分，恕不另行通知。不管出于何种原因，若网站或网站内容在任何时间点或时间段不可用，我们将不对此负责。

·· 致　谢 ··

如果读者认为本书中的解释有所帮助的话，那是因为我从威顿堡大学“物理 411”（量子力学）课程的学生那里得到了有见地的问题和有用的反馈。他们愿意接受理解抽象向量空间、特征方程和量子算子这一艰巨挑战，这给了我灵感，让我在“不确定”的情况下继续前进。

感谢 Nick Gibbons 博士、Simon Capelin 博士和剑桥大学出版社的制作团队，感谢他们在本书的策划、写作和制作过程中的专业服务和坚定支持。

经过五本教材的出版，二十年的教学，越来越多的物理书籍、天文仪器和手稿占据了我们的房子。尽管如此，Jill Gianola 仍然鼓励我继续进行创作。对此，我无法用语言来表达自己对她的感谢。

目　录

第1章

向量和函数

薛定谔方程及其解中有很多有趣的物理现象，而且这个方程可以用多种数学方式来表示。根据作者的经验，结合 Erwin Schrödinger 的波动力学方法、Werner Heisenberg 的矩阵力学方法，以及 Paul Dirac 的左矢和右矢符号，是一种比较好的表示方式。因此，本书前两章将介绍帮助我们理解量子力学的不同观点和“语言”的数学基础。从 1.1 节向量的基础知识开始，有了这个基础，就可以继续学习 1.2 节的 Dirac 符号，并在 1.3 节学习抽象向量和函数。1.4 节将介绍有关复数、向量和函数的规则，1.5 节将解释正交函数，1.6 节将使用内积求分量。1.7 节（和后面所有章节一样）是一组题目，读者可以通过练习来理解本章中介绍的概念和数学技巧。记住，在本书的网站上可以找到所有题目的完整解答过程。

每一节中都有一个简单陈述这一节主要思想的模块，以及一个解释薛定谔方程与量子力学发展的关联性的模块。

阅读这一章时，不要忘记这本书是模块化的，所以如果你

已经理解本章所包含的主题及其与量子力学的关联性，那么可以跳过这一章，进而学习第 2 章中关于算子和特征函数的内容。如果已经了解这些主题，那么就可以关注后面关于薛定谔方程和量子波函数的章节。

1.1 基向量

拿起任何一本关于量子力学的书，你一定会发现很多关于波函数和薛定谔方程的解的讨论。但是用来描述这些函数的语言，以及用来分析它们的数学技巧，都植根于**向量**的世界。我注意到，那些对基向量、内积和向量分量有透彻理解的学生在解决量子力学中更难的问题时会更容易，所以这一节的内容都是关于向量的。

第一次学习向量时，我们可能认为向量是一个既有大小（长度）又有方向（从某些轴得到的角度）的实体，可能还学会了把向量写成头上带有一个小箭头的字母（如 $\vec{A}$），并像这样“展开”一个向量：

$$\vec{A} = A_x\hat{\imath} + A_y\hat{\jmath} + A_z\hat{k} \tag{1.1}$$

在这个展开式中，A_x，A_y 和 A_z 是向量 $\vec{A}$ 的分量，而 $\hat{\imath}$，$\hat{\jmath}$ 和 $\hat{k}$ 是用于展开向量 $\vec{A}$ 的坐标系的方向标，称为“基向量”。在这种情况下，就有了图 1.1 所示的 Cartesian 坐标系 (x,y,z)。重要的是要理解向量 $\vec{A}$ 独立于任何特定的基系统而存在，同一向量可以在不同的基系统中展开。

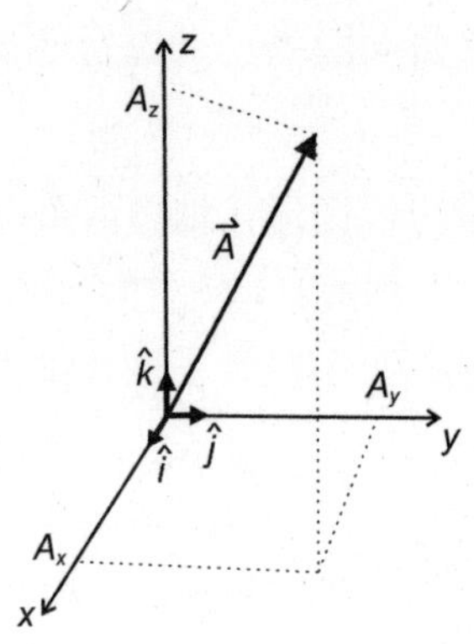

图 1.1　向量 $\vec{A}$ 和它的 Cartesian 分量 A_x, A_y 和 A_z，以及 Cartesian 单位向量 $\hat{\imath}, \hat{\jmath}$ 和 $\hat{k}$

基向量 $\hat{\imath}, \hat{\jmath}$ 和 $\hat{k}$ 也被称为“单位向量”，因为它们各自具有一个单位的长度。单位是什么？不管用什么单位表示向量 $\vec{A}$ 的长度，它都可以帮助你将单位向量看作沿着坐标轴定义一“步”，因此

$$\vec{A} = 5\hat{\imath} - 2\hat{\jmath} + 3\hat{k} \tag{1.2}$$

表示沿着 x 轴的正方向走了五步，沿着 y 轴的负方向走了两步，沿着 z 轴的正方向走了三步，从而得到从开始到结束的向量 $\vec{A}$。

向量的大小（即长度或“范数”）通常写为 $|\vec{A}|$ 或 $\|\vec{A}\|$，我们可以从向量的 Cartesian 分量中求得向量的大小，如下式所示：

$$|\vec{A}| = \sqrt{A_x^2 + A_y^2 + A_z^2} \tag{1.3}$$

另外，向量的负号（如 $-\vec{A}$）是一个与 $\vec{A}$ 长度相同但方向相反的向量。

如图 1.2 所示，可以图形化地将两个向量相加，通过移动一个向量（不改变其方向或长度），使其尾部位于另一个向量的头部，和是一个新的向量，即从未移动的向量的尾部到移动的向量的头部的向量。或者，在每个方向上添加分量：

$$\begin{array}{r} \vec{A} = A_x\hat{\imath} + A_y\hat{\jmath} + A_z\hat{k} \\ + \ \underline{\vec{B} = B_x\hat{\imath} + B_y\hat{\jmath} + B_z\hat{k}} \\ \vec{C} = \vec{A}+\vec{B} = (A_x + B_x)\hat{\imath} + (A_y + B_y)\hat{\jmath} + (A_z + B_z)\hat{k} \end{array} \tag{1.4}$$

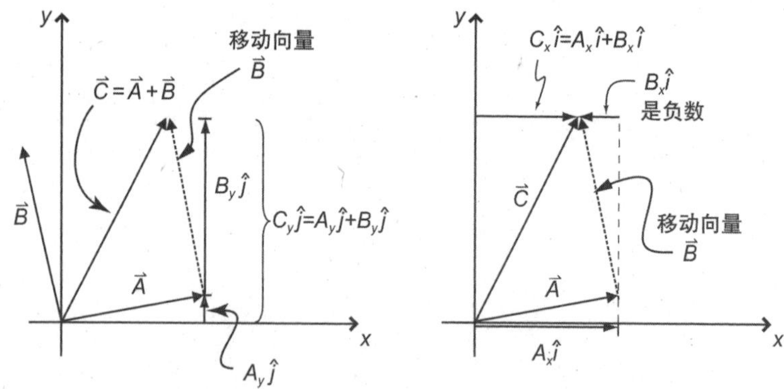

图 1.2　通过将向量 $\vec{B}$ 的尾部移到向量 $\vec{A}$ 的头部（不改变长度和方向），图形化地将向量 $\vec{A}$ 和向量 $\vec{B}$ 相加

另一个重要的操作是用一个标量（即不带方向标的数字）乘以一个向量，这会改变向量的长度，但不会改变向量的方向。所以，如果 α 是标量，那么

$$\vec{D} = \alpha\vec{A} = \alpha(A_x\hat{\imath} + A_y\hat{\jmath} + A_z\hat{k})$$
$$= \alpha A_x\hat{\imath} + \alpha A_y\hat{\jmath} + \alpha A_z\hat{k}$$

根据因子 α 等价缩放每个分量，意味着向量 $\vec{D}$ 与 $\vec{A}$ 的方向相同，但 $\vec{D}$ 的长度是

$$|\vec{D}| = \sqrt{D_x^2 + D_y^2 + D_z^2}$$
$$= \sqrt{(\alpha A_x)^2 + (\alpha A_y)^2 + (\alpha A_z)^2}$$
$$= \sqrt{\alpha^2(A_x^2 + A_y^2 + A_z^2)} = \alpha|\vec{A}|$$

因此，向量的长度会根据因子 α 的大小而缩放，但其方向保持不变（除非 α 为负，在这种情况下，向量方向相反，但仍然位于同一条线上）。

与量子力学的关联性

我们将在后面的章节中看到，薛定谔方程的解是量子波函数，其表现类似于广义的高维向量，这意味着它们可以相加形成一个新的波函数，并且可以与标量相乘而不改变“方向”。函数如何具有“长度”和“方向”将在第 2 章中解释。

除了向量求和、用标量乘以向量以及求向量长度之外，另一个重要的操作是两个向量的标量[⊖]积（也称为“点积”），通常写为 $(\vec{A},\vec{B})$ 或 $\vec{A}\circ\vec{B}$。标量积由下式给出：

⊖ 注意，称为标量积是因为结果是标量，而不是因为乘法中涉及标量。

$$(\vec{A},\vec{B}) = \vec{A} \circ \vec{B} = |\vec{A}||\vec{B}|\cos\theta \tag{1.5}$$

其中，θ是$\vec{A}$和$\vec{B}$的夹角。在 Cartesian 坐标系中，点积可以通过对应分量相乘并求和得到：

$$(\vec{A},\vec{B}) = \vec{A} \circ \vec{B} = A_x B_x + A_y B_y + A_z B_z \tag{1.6}$$

注意，如果向量$\vec{A}$和$\vec{B}$是平行的，那么点积为

$$\vec{A} \circ \vec{B} = |\vec{A}||\vec{B}|\cos(0°) = |\vec{A}||\vec{B}| \tag{1.7}$$

因为 cos(0°)=1。或者，如果向量$\vec{A}$和$\vec{B}$是垂直的，那么点积为 0：

$$\vec{A} \circ \vec{B} = |\vec{A}||\vec{B}|\cos(90°) = 0 \tag{1.8}$$

因为 cos(90°)=0。

一个向量和自身的点积等于向量长度的平方：

$$\vec{A} \circ \vec{A} = |\vec{A}||\vec{A}|\cos(0°) = |\vec{A}|^2 \tag{1.9}$$

一种称为“内积”的标量积的广义形式在量子力学中非常有用，因此，值得花点时间思考一下当执行诸如$\vec{A}\circ\vec{B}$之类的操作时会发生什么。如图 1.3a 所示，$|\vec{B}|\cos\theta$是向量$\vec{B}$在向量$\vec{A}$方向上的投影，因此点积表示向量$\vec{B}$在向量$\vec{A}$方向上的“多少”[⊖]。或者，可以从点积$\vec{A}\circ\vec{B}=|\vec{A}||\vec{B}|\cos\theta$中分离出$|\vec{A}|\cos\theta$，即$\vec{A}$在$\vec{B}$方向上的投影，如图 1.3b 所示。从这个角度来看，点

⊖ 如果觉得“在……方向上”不直观（因为向量$\vec{A}$和向量$\vec{B}$的方向不同），或许你可以想象一个旅行者从向量$\vec{B}$的起点走到终点，然后问“旅行者在向量$\vec{B}$的方向上行走时，在向向量$\vec{A}$的方向上前进了多少”。

积表示向量 $\vec{A}$ 在向量 $\vec{B}$ 方向上的“多少”。无论哪种方式，点积都提供了一个向量在另一个向量方向上的“贡献”程度的度量。

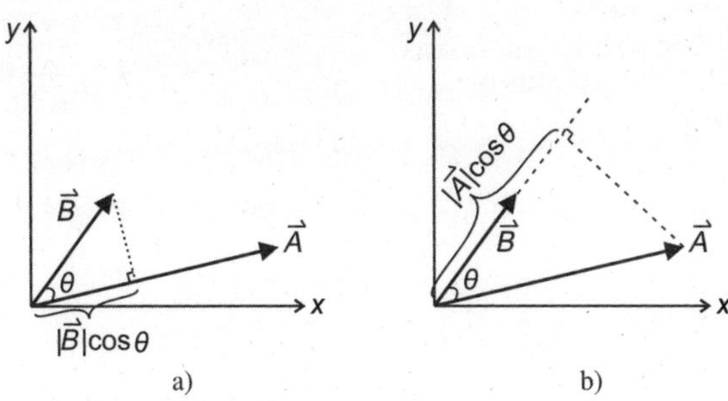

图 1.3　向量 $\vec{B}$ 在向量 $\vec{A}$ 方向上的投影（a）和向量 $\vec{A}$ 在向量 $\vec{B}$ 方向上的投影（b）

为了使这个概念更具体，请考虑点积除以 $\vec{A}$ 的长度与 $\vec{B}$ 的长度的乘积所得到的结果：

$$\frac{\vec{A}\circ\vec{B}}{|\vec{A}||\vec{B}|}=\frac{|\vec{A}||\vec{B}|\cos\theta}{|\vec{A}||\vec{B}|}=\cos\theta \tag{1.10}$$

当向量间的夹角从 0° 增加到 90° 时，其范围从 1 到 0。因此，如果两个向量是平行的，那么每个向量都将其整个长度贡献给另一个方向的向量。但是如果它们是垂直的，那么两个向量都不会对另一个方向的向量做出任何贡献。

理解了点积，那么将很容易理解在 Cartesian 单位向量间求点积：

每一个单位向量都完全在自己的方向上：

$$\begin{cases}\hat{\imath}\circ\hat{\imath}=|\hat{\imath}||\hat{\imath}|\cos 0^\circ=(1)(1)(1)=1\\ \hat{\jmath}\circ\hat{\jmath}=|\hat{\jmath}||\hat{\jmath}|\cos 0^\circ=(1)(1)(1)=1\\ \hat{k}\circ\hat{k}=|\hat{k}||\hat{k}|\cos 0^\circ=(1)(1)(1)=1\end{cases}$$

每一个单位向量都不在其他单位向量的方向上：$\begin{cases}\hat{\imath}\circ\hat{\jmath}=|\hat{\imath}||\hat{\jmath}|\cos 90^\circ=(1)(1)(0)=0\\ \hat{\imath}\circ\hat{k}=|\hat{\imath}||\hat{k}|\cos 90^\circ=(1)(1)(0)=0\\ \hat{\jmath}\circ\hat{k}=|\hat{\jmath}||\hat{k}|\cos 90^\circ=(1)(1)(0)=0\end{cases}$

Cartesian 单位向量之所以被称为“正交”向量，是因为它们是正交的（每个向量都与其他向量垂直），并且是归一化的（每个向量的长度都为 1），所以它们也被称为**完备集**，因为三维 Cartesian 空间中的任意向量都可以由这三个基向量的加权组合组成。

这里有一个非常有用的技巧：有了正交基向量，就可以很容易地使用点积来确定向量的分量。对于向量$\vec{A}$，通过计算基向量 $\hat{\imath},\hat{\jmath}$ 和 $\hat{k}$ 与向量$\vec{A}$的点积可以得到分量 A_x,A_y 和 A_z：

$$\begin{aligned}A_x=\hat{\imath}\circ\vec{A}&=\hat{\imath}\circ(A_x\hat{\imath}+A_y\hat{\jmath}+A_z\hat{k})\\&=A_x(\hat{\imath}\circ\hat{\imath})+A_y(\hat{\imath}\circ\hat{\jmath})+A_z(\hat{\imath}\circ\hat{k})\\&=A_x(1)+A_y(0)+A_z(0)=A_x\end{aligned}$$

同理，可以得到 A_y：

$$\begin{aligned}A_y=\hat{\jmath}\circ\vec{A}&=\hat{\jmath}\circ(A_x\hat{\imath}+A_y\hat{\jmath}+A_z\hat{k})\\&=A_x(\hat{\jmath}\circ\hat{\imath})+A_y(\hat{\jmath}\circ\hat{\jmath})+A_z(\hat{\jmath}\circ\hat{k})\\&=A_x(0)+A_y(1)+A_z(0)=A_y\end{aligned}$$

最后得到 A_z：

$$\begin{aligned}A_z=\hat{k}\circ\vec{A}&=\hat{k}\circ(A_x\hat{\imath}+A_y\hat{\jmath}+A_z\hat{k})\\&=A_x(\hat{k}\circ\hat{\imath})+A_y(\hat{k}\circ\hat{\jmath})+A_z(\hat{k}\circ\hat{k})\\&=A_x(0)+A_y(0)+A_z(1)=A_z\end{aligned}$$

这种利用点积和基向量求出向量分量的技巧在量子力学中是非常有价值的。

本节的主要思想

向量是量的数学表示形式，可以扩展为一系列的分量，每一个分量都与基向量的方向有关。一个向量可以与另一个向量相加得到一个新的向量，一个向量可以与一个标量相乘，也可以与另一个向量相乘。两个向量之间的点积或标量积产生的标量结果与其中一个向量在另一个向量的方向上的投影成正比。正交基系统中向量的分量可以通过求每个基向量与这个向量的点积得到。

与量子力学的关联性

正如向量可以表示为基向量的加权组合一样，量子波函数也可以表示为基波函数的加权组合。点积的广义形式称为内积，可用于计算每个分量波函数对总和的贡献，这决定了各种测量结果的概率。

1.2　Dirac 符号

在建立向量和量子波函数的联系前，需要知道向量的分量（如 A_x，A_y 和 A_z）只有与一组基向量（A_x 与 $\hat{\imath}$，A_y 与 $\hat{\jmath}$，A_z 与 $\hat{k}$）相关联时才有意义。如果选择使用一组不同的基向量（例如，通过旋转 x，y 和 z 轴并使用与旋转轴对齐的基向量）来表示向

量$\vec{A}$，则可以将相同的向量$\vec{A}$写成

$$\vec{A}=A_{x'}\hat{i}'+A_{y'}\hat{j}'+A_{z'}\hat{k}'$$

其中旋转轴为x'，y'和z'，且沿着这些轴的基向量分别为$\hat{i}'$，$\hat{j}'$和$\hat{k}'$。

当用不同的基向量展开一个向量（如$\vec{A}$）时，该向量的分量可能会发生变化，但新的分量和新的基向量相加会得到相同的向量$\vec{A}$。甚至可以选择使用一组非Cartesian基向量，如用球面基向量$\hat{r}$，$\hat{\theta}$和$\hat{\phi}$展开向量$\vec{A}$，如下所示：

$$\vec{A}=A_r\hat{r}+A_\theta\hat{\theta}+A_\phi\hat{\phi}$$

再一次，不同的分量，不同的基向量，但是分量与基向量的组合会得到相同的向量$\vec{A}$。

那么使用这一组或另一组基向量有什么好处？根据几何形状的情况，在特定基上表示或操作向量可能更简单。但是一旦指定了一组基，向量就可以简单地用一个有序的数字集来表示，而这个数字集就是该向量在这组基上的分量。

例如，可以选择将三维向量的分量写入一个只有一列的矩阵来表示该向量

$$\vec{A}=\begin{pmatrix}A_x\\A_y\\A_z\end{pmatrix}$$

当然，只有指定了**基系统**时，才可以用这种方式表示向量。

由于Cartesian基向量$\hat{i}$，$\hat{j}$和$\hat{k}$都是向量，所以可以写成列向量的形式。要做到这一点，有必要问："在什么基上表示？"

学生有时会觉得这是一个奇怪的问题，因为我们说的是表示基向量，所以基不明显吗？

答案是，无论选择什么基系统，任何向量都可以由这组基系统来展开，包括基向量。但有些选择会比其他选择表示起来更简单，如你所见，通过 Cartesian 基系统表示 $\hat{\imath},\hat{\jmath}$ 和 $\hat{k}$：

$$\hat{\imath}=1\hat{\imath}+0\hat{\jmath}+0\hat{k}=\begin{pmatrix}1\\0\\0\end{pmatrix}$$

$$\hat{\jmath}=0\hat{\imath}+1\hat{\jmath}+0\hat{k}=\begin{pmatrix}0\\1\\0\end{pmatrix}$$

$$\hat{k}=0\hat{\imath}+0\hat{\jmath}+1\hat{k}=\begin{pmatrix}0\\0\\1\end{pmatrix}$$

每个基向量只有一个非零分量，且该分量的值为 +1，这种基系统被称为“标准”或“自然”基。

现在我们来看一下如果用球坐标系统的基向量 $(\hat{r},\hat{\theta},\hat{\phi})$ 表示 Cartesian 基向量 $(\hat{\imath},\hat{\jmath},\hat{k})$ 会是怎样的：

$$\begin{aligned}\hat{\imath}&=\sin\theta\cos\phi\hat{r}+\cos\theta\cos\phi\hat{\theta}-\sin\phi\hat{\phi}\\\hat{\jmath}&=\sin\theta\sin\phi\hat{r}+\cos\theta\sin\phi\hat{\theta}+\cos\phi\hat{\phi}\\\hat{k}&=\cos\theta\hat{r}-\sin\theta\hat{\theta}\end{aligned}$$

所以，球基系统中的 $\hat{\imath},\hat{\jmath},\hat{k}$ 的列向量表示分别为

$$\hat{\imath}=\begin{pmatrix}\sin\theta\cos\phi\\\cos\theta\cos\phi\\-\sin\phi\end{pmatrix}\qquad\hat{\jmath}=\begin{pmatrix}\sin\theta\sin\phi\\\cos\theta\sin\phi\\\cos\phi\end{pmatrix}\qquad\hat{k}=\begin{pmatrix}\cos\theta\\-\sin\theta\\0\end{pmatrix}$$

归根到底：无论何时看到一个向量被表示为一列分量时，都必须要了解这些分量所属的基系统。

与量子力学的关联性

与向量一样，量子波函数可以表示为一系列的分量，但只有定义了这些分量所对应的基函数时，它们才有意义。

在量子力学中，可能会遇到“右矢向量”或“右矢”，它们的左边是一个竖条，右边是一个尖括号，如 $|A\rangle$。$|A\rangle$ 可以像向量 $\vec{A}$ 一样展开：

$$|A\rangle = A_x\,|i\rangle + A_y\,|j\rangle + A_z\,|k\rangle = \begin{pmatrix} A_x \\ A_y \\ A_z \end{pmatrix} = A_x\hat{i} + A_y\hat{j} + A_z\hat{k} = \vec{A} \quad (1.11)$$

所以，如果右矢只是表示向量的另一种方式，那为什么称它们为“右矢”并写成列向量的形式呢？这个符号是由英国物理学家 Paul Dirac 在 1939 年发明的，当时他正在研究一种被称为**内积**的点积的广义形式，即 $\langle A|B\rangle$。在这种情况下，“广义”的意思是“不限于三维物理空间中的实向量”，因此内积可以与具有复分量的高维抽象向量一起使用，1.3 节和 1.4 节中将介绍这些内容。Dirac 意识到内积 $\langle A|B\rangle$ 在概念上可以分为两部分——左半部分（他称之为**左矢**）和右半部分（他称之为**右矢**）。若用传统符号，向量 $\vec{A}$ 和向量 $\vec{B}$ 的内积可以写成 $\vec{A}\circ\vec{B}$ 或 $(\vec{A},\vec{B})$，但用 Dirac 符号，内积可以写成

$$|A\rangle \text{ 和 } |B\rangle \text{ 的内积} = \langle A| \text{ 乘以 } |B\rangle = \langle A|B\rangle \quad (1.12)$$

注意，在 $\langle A|$ 和 $|B\rangle$ 相乘形成 $\langle A|B\rangle$ 时，$\langle A|$ 的右竖线和 $|B\rangle$ 的左竖线合成为一条竖线。

为了计算内积 $\langle A|B\rangle$，我们首先利用右矢来表示向量 $\vec{A}$：

$$|A\rangle = \begin{pmatrix} A_x \\ A_y \\ A_z \end{pmatrix} \tag{1.13}$$

其中下标表示这些分量属于 Cartesian 基系统。现在，取每个分量的复共轭[⊖]并将其写为行向量的形式，得到左矢 $\langle A|$：

$$\langle A| = \begin{pmatrix} A_x^* & A_y^* & A_z^* \end{pmatrix} \tag{1.14}$$

因此，内积 $\langle A|B\rangle$ 为

$$\langle A|\text{乘以}|B\rangle = \langle A|B\rangle = (A_x^* \ A_y^* \ A_z^*) \begin{pmatrix} B_x \\ B_y \\ B_z \end{pmatrix} \tag{1.15}$$

根据矩阵乘法的规则，可以得到

$$\langle A|B\rangle = (A_x^* \ A_y^* \ A_z^*) \begin{pmatrix} B_x \\ B_y \\ B_z \end{pmatrix} = A_x^* B_x + A_y^* B_y + A_z^* B_z \tag{1.16}$$

正如点积的广义形式那样。

所以右矢可以用列向量来表示，左矢可以用行向量来表示，但刚接触量子力学的学生会问：“到底什么是右矢，什么是左矢？”第一个问题的答案是右矢是数学对象，是“向量空间”（也称为“线性空间”）的成员。如果学习过线性代数，那

⊖ 取复共轭的原因将在 1.4 节中进行解释，1.4 节中还将复习复数。

么你已经懂得**向量空间**的概念，知道向量空间只是向量的集合，它们遵循一定的规则。这些规则包括：向量相加以生成新向量（它们位于同一空间中），用标量乘以向量，生成缩放版本的向量（也位于该空间中）。

因为我们要处理的是广义向量，而不是三维物理空间中的向量，所以不能用 x,y,z 来标记分量，而要对分量进行编号。因此，我们将使用基向量$\vec{\epsilon}_1, \vec{\epsilon}_2, \cdots, \vec{\epsilon}_N$，而不是 Cartesian 单位向量 $\hat{i},\hat{j},\hat{k}$，所以等式

$$|A\rangle = A_x\,|i\rangle + A_y\,|j\rangle + A_z\,|k\rangle \tag{1.17}$$

变为

$$|A\rangle = A_1\,|\epsilon_1\rangle + A_2\,|\epsilon_2\rangle + \cdots A_N\,|\epsilon_N\rangle = \sum_{i=1}^{N} A_i\,|\epsilon_i\rangle \tag{1.18}$$

其中，A_i 表示基右矢 $|\epsilon_i\rangle$ 的右矢分量。

但正如不管用哪个坐标系来表示它的分量，向量 $\vec{A}$ 还是同一个向量一样，$|A\rangle$ 独立于任何一组特定的基矢（右矢被称为“基无关的”）而存在。所以 $|A\rangle$ 的表现就像向量 $\vec{A}$ 一样。

可以想象右矢如下：

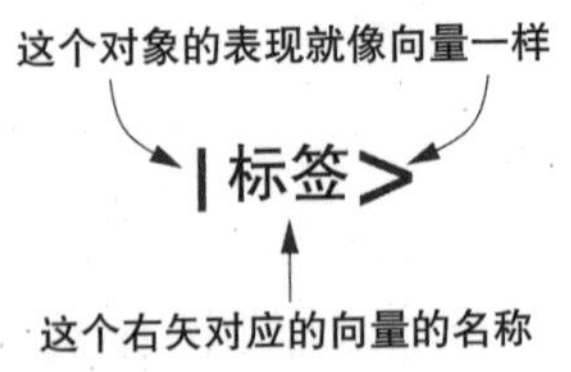

选择一个基系统后，为什么要把右矢分量写为列向量呢？

一个很好的原因是它允许在求标量积时使用矩阵乘法的规则，如等式（1.16）所示。

标量积的另外一个成员是左矢，左矢的定义与右矢有些不同。因为左矢是一个“线性函数”（也称为**余向量**（covector）或**单形式**（one-form）），它与右矢结合生成一个标量。数学家说左矢将向量映射到标量场。

那么什么是线性函数呢？它本质上是对另一个对象进行操作的数学装置（有些作者称之为指令）。因此，左矢对右矢进行操作，而该操作的结果是一个标量。这个操作如何映射到标量？通过遵循标量积的规则，已经看到了两个实向量之间的点积。在 1.4 节中，将学习在两个复抽象向量之间求内积的规则。

左矢和右矢并不在同一个向量空间，它们在各自的向量空间中，左矢空间是右矢空间的**对偶空间**。在这个空间里，左矢可以相加，用标量乘以左矢可以得到新的左矢，就像右矢在右矢空间里一样。

左矢空间被称为右矢空间的“对偶”的一个原因是，每个右矢都存在一个左矢与之对应，当左矢对其对应的（对偶）右矢执行操作时，标量的结果是右矢的范数的平方：

$$\langle A|A\rangle = \begin{pmatrix} A_1^* & A_2^* & \dots & A_N^* \end{pmatrix} \begin{pmatrix} A_1 \\ A_2 \\ \vdots \\ A_N \end{pmatrix} = |\vec{A}|^2$$

正如（实）向量与自身的点积等于向量长度的平方（等式（1.9））。

注意，$|A\rangle$ 的对偶是 $\langle A|$，而不是 $\langle A^*|$，因为右矢或左矢括号内的符号只是一个名称。对于右矢，该名称是右矢表示的向量的名称。但对于左矢，括号内的名称是左矢对应的右矢的名称。所以 $\langle A|$ 对应于 $|A\rangle$，但 $\langle A|$ 的分量是 $|A\rangle$ 的分量的复共轭。

可以想象左矢如下：

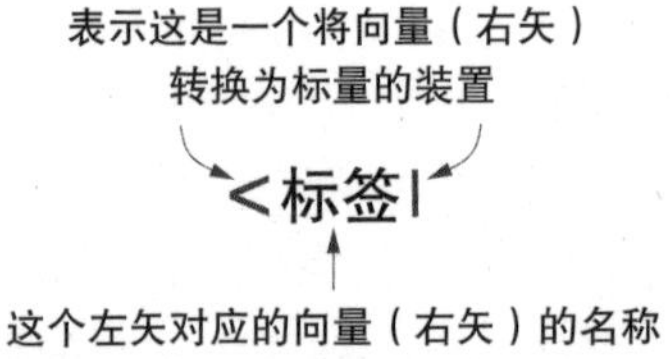

表示这是一个将向量（右矢）
转换为标量的装置

<标签|

这个左矢对应的向量（右矢）的名称

本节的主要思想

在 Dirac 符号中，向量表示为与基无关的右矢，其在指定基中的分量表示为列向量。每一个右矢都有一个对应的左矢，其在特定基中的分量是对应右矢的分量的复共轭，并由行向量表示。两个向量的内积是通过将第一个向量对应的左矢乘以第二个向量对应的右矢形成“左矢－右矢”（bra-ket）或“左矢右矢”（bracket）而得到的。

与量子力学的关联性

薛定谔方程的解是空间和时间的函数，称为量子波函数，是**量子态**在特定基系统上的投影。在量子力学中，量子态可用右矢表示。和右矢一样，量子态不与任何特定的基系统联系在一起，但它们可以使用位置、动量、能量或其他量的基态来展开。Dirac 符号也有助于提供内积、Hermitian 算子（2.3 节）、投影算子（2.4 节）和期望值（2.5 节）等与基无关的表示。

1.3　抽象向量和抽象函数

为了理解左矢和右矢在量子力学中的应用，有必要将向量分量和基向量的概念推广到函数中。我认为最好的方法是改变将向量图像化的方法，不要像图 1.4a 那样复制三维物理空间，只需要沿着二维图的水平轴排列向量分量，垂直轴表示分量的振幅，如图 1.4b 所示。

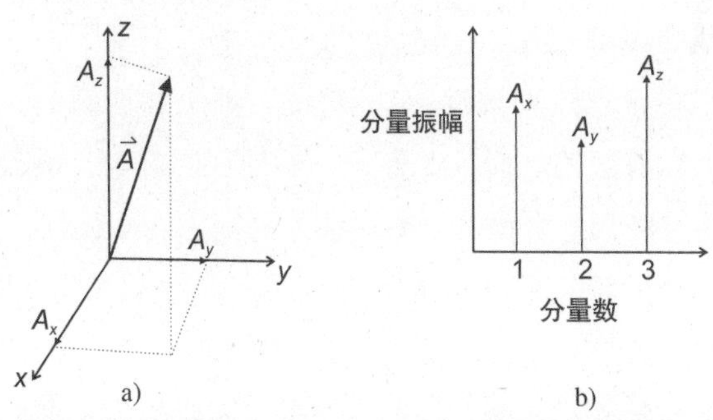

图 1.4　三维（a）和二维（b）向量分量的图像化

乍一看，向量分量的二维图似乎不如三维图有用，但考虑三维以上的空间时，就能看到它的价值。

为什么要这样做？因为高维**抽象空间**被证明是解决包括经典力学和量子力学在内的物理领域问题的非常有用的工具，这些空间被称为“抽象”，因为它们是非物质的，也就是说，它们的维度并不表示我们居住的宇宙的物理维度。例如，一个抽象空间可以由数学模型的所有参数值或系统的所有可能配置组成，因此轴可以代表速度、动量、加速度、能量或任何其他参数。

现在，想象在一个抽象空间中绘制一组轴，每个轴标记一个参数值，使得每个参数都成为一个“广义坐标”。之所以称为“广义坐标”，是因为它们不是空间坐标（例如 x，y 和 z），而是一个“坐标”，因为轴上的每个位置表示抽象空间中的一个位置。因此，如果把速度作为广义坐标，一个轴可以代表 0 到 20 米每秒的速度范围，而轴上两点之间的“距离”就是这两点之间的速度差。

物理学家有时会在抽象空间中提到“长度”和“方向”，但应该记得，在这种情况下，“长度”不是物理距离，而是两个位置坐标值之差。而且“方向”不是空间方向，而是一个相对于轴的角度，这个角度会根据参数的变化而变化。

在量子力学中最有用的多维空间是一个被称为 **Hilbert 空间**的抽象向量空间，它是由德国数学家 David Hilbert 提出的。如果这是你第一次接触 Hilbert 空间，不要惊慌，你将在这本书中找到理解量子波函数的向量空间所需的所有基础知识，如果想要更深入地研究，可以参阅参考书目中关于量子力学的更综合的教材，教材中会提供额外的细节。

要了解 Hilbert 空间的特征，请回忆一下向量空间，向量空间是遵循某些规则（如向量加法和标量乘法）的向量集合。

除了这些规则，“内积空间”还包括将两个向量相乘的规则（广义标量积）。但是，当两个高维向量做内积时会出现一个问题，为了理解这个问题，考虑图 1.5 中所示的 N 维向量的分量图。

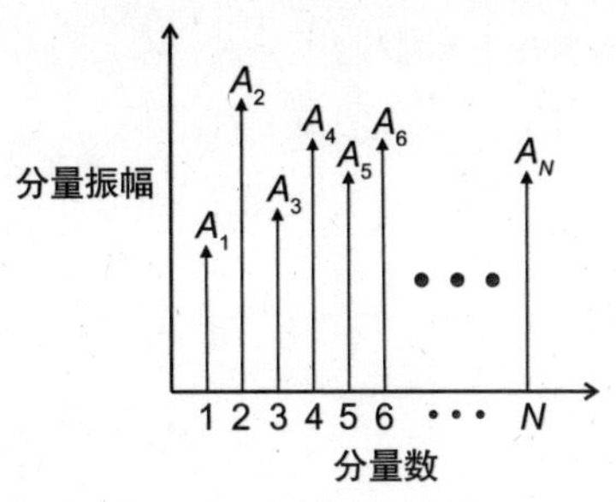

图 1.5　N 维向量的向量分量图

正如三个分量 A_x，A_y 和 A_z 中的每一个分别属于基向量（$\hat{\imath}$，$\hat{\jmath}$ 和 $\hat{k}$），图 1.5 中的 N 个分量分别属于该向量的 N 维抽象向量空间中的基向量。

现在想象一下，对于一个有多个分量的向量来说图会是怎样的。在给定范围内，图形上显示的分量越多，分量间的距离就越近，如图 1.6 所示。如果处理的是一个含有大量分量的向量，则可以将这些分量视为一个连续函数，而不是一组离散值。在图 1.6 中，函数（称为“f”）被描绘为连接向量分量的尖端的曲线，可以看到，水平轴用一个连续变量（称为“x”）标记，这意味着分量的振幅由连续函数 $f(x)$ 表示[⊖]。

因此，连续函数 $f(x)$ 由一系列振幅组成，每个振幅对应于

⊖ 我们处理的是一个具有单变量 x 的函数，但同样的概念也适用于多变量函数。

连续变量 x 不同的值。向量由一系列分量振幅组成，每个分量对应于不同的基向量。

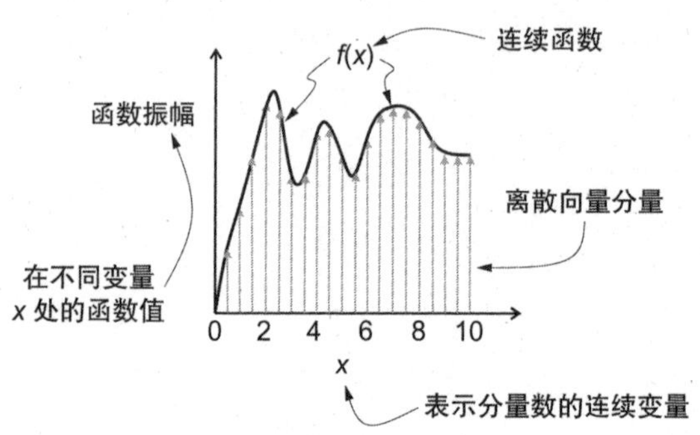

图 1.6　向量分量和连续函数的关系

鉴于连续函数 $f(x)$ 和向量 $\vec{A}$ 的分量之间的这种平行关系，可以将向量的加法和标量乘法规则应用到函数上。所以，两个函数 $f(x)$ 和 $g(x)$ 相加产生一个新函数，这个加法是通过将每个 x 处的 $f(x)$ 和 $g(x)$ 相加完成的（就像两个向量的相加是通过给每个基向量添加相应的分量来完成的一样）。同样，用一个标量乘以函数会得到一个新的函数，新的函数值为标量乘以在每个 x 处的原始函数值 $f(x)$（就像将一个标量乘以一个向量以产生一个新的向量时标量会乘以每个分量的振幅一样）。

但是内积呢？连续函数有等价的过程吗？答案是有。对于向量，正交系统中的点积等于给定基下相应分量的乘积之和（如 $A_xB_x + A_yB_y + A_zB_z$），一个合理的猜测是，连续函数的等价运算是对函数 $f(x)$ 和 $g(x)$ 的乘积进行积分，而不是离散求和。这是可行的，函数 $f(x)$ 和 $g(x)$ 之间的内积（与向量一样，可以用右矢表示）可以通过对它们的积在 x 上积分得到：

$$(f(x), g(x)) = \langle f(x)|g(x)\rangle = \int_{-\infty}^{\infty} f^*(x)g(x)\mathrm{d}x \qquad (1.19)$$

其中，积分中函数 $f(x)$ 右上角的星号表示复共轭，和等式（1.16）一样。下一节将解释取复共轭的原因。

两个函数的内积有什么意义？回想一下，两个向量的点积使用一个向量在另一个向量的方向上的投影来表明一个向量“沿”另一个向量的方向有多少。类似地，两个函数的内积使用一个函数到另一个函数的“投影”来表明一个函数“沿”另一个函数有多少（或者说，一个函数在另一个函数的“方向”上有多少）㊀。

遵循加法、标量乘法和内积的规则意味着像 $f(x)$ 这样的函数可以表现得像向量一样——它们不是三维物理向量空间的成员，而是它们自己抽象向量空间的成员。

然而，在我们把向量空间称为 Hilbert 空间之前，还有一个条件必须满足，这个条件就是函数的范数必须是有限的：

$$|f(x)|^2 = \langle f(x)|f(x)\rangle = \int_{-\infty}^{\infty} f^*(x)f(x)\mathrm{d}x < \infty \qquad (1.20)$$

换句话说，这个空间中每个函数的平方的积分必须收敛到一个有限值，这种函数被称为“平方可和”或“平方可积”。

㊀ 学习 1.5 节中关于正交函数的内容之后，函数“方向”的概念可能会更有意义。

本节的主要思想

物理三维空间中的实向量有长度和方向，而高维空间中的抽象向量有广义的“长度”(由其范数确定)和“方向”(由其到其他向量的投影确定)。正如向量由一系列分量振幅组成一样，每个分量振幅对应一个不同的基向量，连续函数也由一系列振幅组成，每个振幅对应一个连续变量的不同值，这些连续函数具有广义的“长度”和“方向”，并遵循向量加法、标量乘法和内积的规则。Hilbert 空间是这些函数的集合，且这些函数的范数是有限的。

与量子力学的关联性

可以将薛定谔方程的解看作抽象向量的量子波函数，这意味着诸如基函数、分量、正交性和内积（作为沿另一个函数的“方向”的投影）等概念可用于量子波函数的分析。你将在第 4 章看到，这些波函数表示概率振幅，并且这些振幅的平方的积分必须是有限的，以保证概率是有限的。因此，量子波函数想在物理上得以实现，就必须经过“归一化”，即除以其范数，并且该范数必须是有限的。因此量子波函数存在于 Hilbert 空间中。

1.4 复数、复向量和复函数

图 1.4、图 1.5、图 1.6 的目的是帮助我们理解向量和函

数之间的关系，这种理解在分析薛定谔方程的解时是很有帮助的。我们将在第 3 章看到，薛定谔方程和经典波动方程之间的一个重要区别是**虚数单位**“i”（负 1 的平方根）的存在，这意味着薛定谔方程的波函数解可能是复数㊀。所以本节将简要回顾**复数**及其在向量分量和 Dirac 符号中的应用。

如前一节所述，在复向量或复函数之间求内积的过程略有不同。什么是复向量呢？有复分量的向量即复向量。为了理解为什么这对内积有影响，请考虑具有复分量的向量的长度。记住，复数可以是纯实的、纯虚的，或者是实部和虚部的混合。所以复数 z 一般表示为

$$z = x + \mathrm{i}y \tag{1.21}$$

其中 x 是 z 的实部，y 是 z 的虚部（请确保不要将此方程中的虚数单位 $\mathrm{i}=\sqrt{-1}$ 与单位向量 $\hat{\imath}$ 混淆，可以通过在单位向量上加个“帽子”来区分）。

虚数的每一位都和实数一样是“实”的，但它们位于不同的数轴上，虚轴垂直于实轴，两条轴的二维图即为图 1.7 所示的“复平面”。

从图中可以看到，知道复数的实部和虚部就可以确定这个数的大小或范数。复数的大小为表示复数的点到复数平面上原点之间的距离，可以使用 **Pythagorean 定理**（勾股定理）求出该距离：

㊀ 数学家说这些函数是“复数域上”抽象线性向量空间的成员，这意味着分量可能是复数，用标量乘以函数的规则不仅适用于实数，也适用于复数。

$$|z|^2 = x^2 + y^2 \tag{1.22}$$

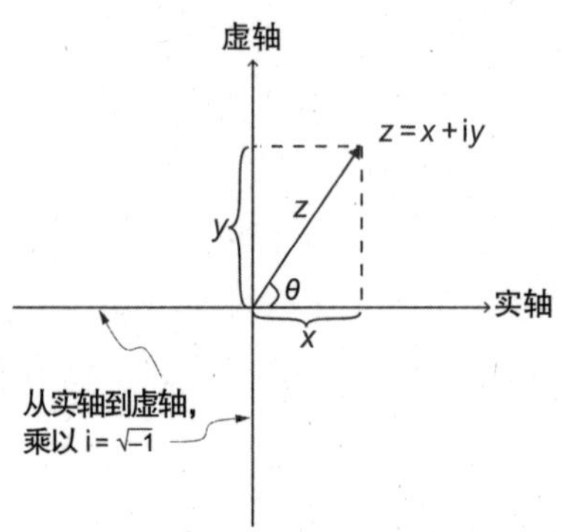

图 1.7　复平面上的复数 z=x+iy

但是如果试图求复数 z 的平方，会发现

$$z^2 = z \times z = (x + \mathrm{i}y) \times (x + \mathrm{i}y) = x^2 + 2\mathrm{i}xy - y^2 \tag{1.23}$$

是一个复数，而且还可能是负数。但是距离应该是一个正实数，所以这显然不是求 z 到原点距离的方法。

为了正确地求出一个复数的大小，需要用它乘以它的复共轭，而不是它本身。求一个复数的复共轭，只需改变该复数的虚部的符号即可。复共轭通常用星号表示，所以对于复数 z=x+iy，其复共轭是

$$z^* = x - \mathrm{i}y \tag{1.24}$$

乘以复共轭可以确保复数的大小是实且正的（只要实部和虚部不同为零）。可以把该乘法的项都写出来：

$$\begin{aligned} |z|^2 = z \times z^* = (x + \mathrm{i}y) \times (x - \mathrm{i}y) &= x^2 - x\mathrm{i}y + \mathrm{i}yx + y^2 \\ &= x^2 + y^2 \end{aligned} \tag{1.25}$$

由于向量 $\vec{A}$ 的大小（或范数）可以通过向量与自身内积的平方根求出，所以在求复数间内积的过程中，就得到了复共轭：

$$|A| = \sqrt{\vec{A} \circ \vec{A}} = \sqrt{A_x^* A_x + A_y^* A_y + A_z^* A_z} = \sqrt{\sum_{i=1}^{N} A_i^* A_i} \quad (1.26)$$

这也适用于复函数：

$$|f(x)| = \sqrt{\langle f(x)|f(x)\rangle} = \sqrt{\int_{-\infty}^{\infty} f^*(x) f(x) \mathrm{d}x} \quad (1.27)$$

所以有必要用复共轭求复向量或复函数的范数。如果内积涉及两个不同的向量或函数，根据惯例，取两个函数中的第一个函数的复共轭：

$$\begin{aligned} \vec{A} \circ \vec{B} &= \sum_{i=1}^{N} A_i^* B_i \\ \langle f(x)|g(x)\rangle &= \int_{-\infty}^{\infty} f^*(x) g(x) \mathrm{d}x \end{aligned} \quad (1.28)$$

这就是在前面讨论求左矢和右矢的内积时出现复共轭的原因（等式（1.16）和等式（1.19））。

在求复向量或复函数间的内积时，需要求第一个向量或函数的复共轭，这意味着顺序很重要，因此 $\vec{A} \circ \vec{B}$ 和 $\vec{B} \circ \vec{A}$ 是不同的，因为

$$\begin{aligned} \vec{A} \circ \vec{B} &= \sum_{i=1}^{N} A_i^* B_i = \sum_{i=1}^{N} \left(A_i B_i^*\right)^* = \sum_{i=1}^{N} (B_i^* A_i)^* = (\vec{B} \circ \vec{A})^* \\ \langle f(x)|g(x)\rangle &= \int_{-\infty}^{\infty} f^*(x) g(x) \mathrm{d}x = \int_{-\infty}^{\infty} [g^*(x) f(x)]^* \mathrm{d}x \\ &= (\langle g(x)|f(x)\rangle)^* \end{aligned} \quad (1.29)$$

因此，在求复向量或复函数间的内积时，若调转两个复向量或复函数的顺序，得到的结果是没有调转时的内积的复共轭。

将复共轭应用于内积的第一个向量或函数的惯例在物理教材中是很常见的，但并不普遍，所以我们应该注意到，一些教材和网上的资源可能会将复共轭应用于第二个向量或函数。

本节的主要思想

抽象向量可能有复分量，而且连续函数可能有复数值。当在两个这样的向量或函数之间求内积前，必须取第一个向量或函数的复共轭，这确保了在求复向量或复函数与自身的内积时，得到的是一个实且正的标量，这是范数所要求的。

与量子力学的关联性

薛定谔方程的解可能是复的，因此在求这类函数的范数或求两个这类函数之间的内积时，有必要取第一个函数的复共轭。

在学习第 2 章的算子和特征值之前，应该确保对函数正交性的意义和使用内积求复向量或复函数的分量有明确的理解，这些是接下来两节的主题。

1.5 正交函数

向量正交性的概念很简单：如果两个向量的标量积为零，则它们是正交的，这意味着其中一个向量在另一个向量方向上的投影长度为零。简单地说，正交向量沿垂直的两条线分布，如图 1.8a 所示的二维向量 $\vec{A}$ 和 $\vec{B}$（为了简单起见，我们将其视为实向量）。

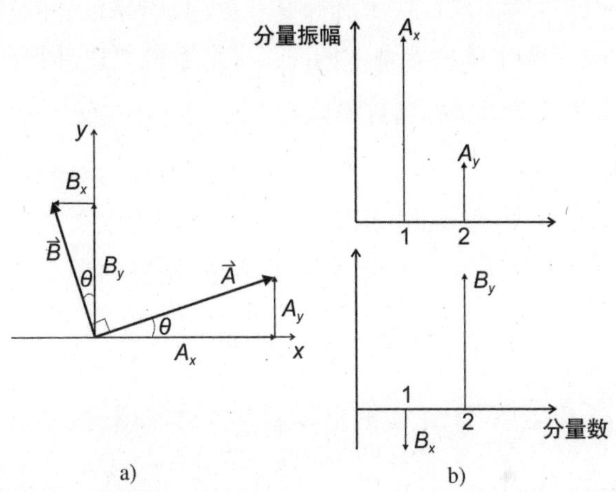

图 1.8　图 a 为传统向量图和 Cartesian 分量表示，图 b 为分量振幅与分量数的二维图

现在考虑图 1.8b 中向量 $\vec{A}$ 和 $\vec{B}$ 的 Cartesian 分量图。通过求出 $\vec{A}$ 和 $\vec{B}$ 的标量积，可以知道这些分量之间的关系：

$$\vec{A} \circ \vec{B} = A_x B_x + A_y B_y = 0$$

$$A_x B_x = -A_y B_y$$

$$\frac{A_x}{A_y} = -\frac{B_y}{B_x}$$

只有当 $\vec{A}$ 的一个（并且只有一个）分量与 $\vec{B}$ 的对应分量的符号相反时，上式才成立。在这种情况下，由于 $\vec{A}$ 指向上和右（即 A_x 和 A_y 都为正），为了与它垂直，$\vec{B}$ 必须指向上和左（B_x 为负，B_y 为正，如图 1.8a 所示）或指向下和右（B_x 为正，B_y 为负）。

此外，由于 x 轴和 y 轴的夹角为 90 度，如果 $\vec{A}$ 和 $\vec{B}$ 垂直，则 $\vec{A}$ 和正 x 轴的夹角（如图 1.8a 中的 θ）必须与 $\vec{B}$ 和正 y 轴之间的夹角相同（或者说，如果选择 $\vec{B}$ “指向下和右”，则为与负 y 轴的夹角）。为了使这些角度相同，$\vec{A}$ 的分量之比 A_x / A_y 必须与 $\vec{B}$ 的分量的反比 B_y / B_x 具有相同的大小。可以在图 1.8b 中得到这个反比的概念。

类似的考虑也适用于 N 维抽象向量和连续函数，如图 1.9a 和图 1.9b[⊖]所示。如果图 1.9a 中的 N 维抽象向量 $\vec{A}$ 和 $\vec{B}$（再次令其为实向量）是正交的，则它们的内积 $(\vec{A},\vec{B})$ 必为零：

$$(\vec{A},\vec{B}) = \sum_{i=1}^{N} A_i^* B_i = A_1 B_1 + A_2 B_2 + \cdots + A_N B_N = 0$$

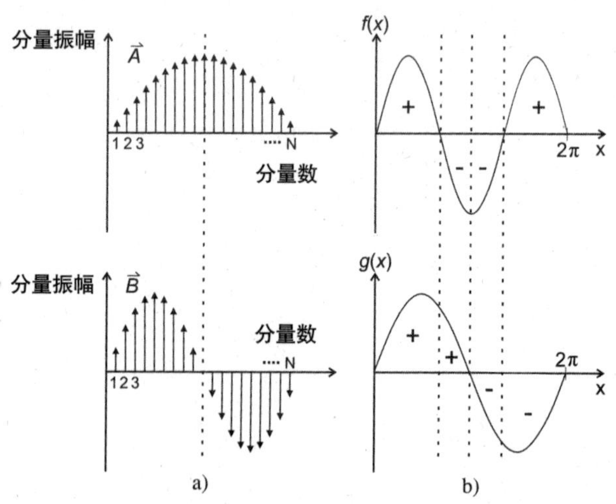

图 1.9　N 维向量（a）和函数（b）的正交性

⊖ 根据 4.4 节的 Fourier 理论，这些分量的振幅被认为是正弦的。

要使这个和为零，某些分量的积必须与其他分量的积有相反的符号，所有负积的总和必须等于所有正积的总和。在图 1.9a 中有两个 N 维向量，$\vec{B}$ 的左半部分的分量与 $\vec{A}$ 的对应分量具有相同的符号，因此左半部分的分量的乘积 (A_iB_i) 都是正的，但是 $\vec{B}$ 的右半部分的分量与 $\vec{A}$ 的对应分量的符号相反，所以这些分量的积都是负的。

由于这两个向量的大小是关于它们的中点对称的，所以左半部分乘积之和的大小等于右半部分乘积之和的大小。当和的大小相等、符号相反时，左半部分和右半部分的乘积之和为零。

因此，尽管 $\vec{A}$ 和 $\vec{B}$ 是抽象向量，而且其"方向"仅针对广义坐标而不是空间坐标，但这两个 N 维向量满足正交性的要求，就像图 1.8 中的两个空间向量一样。换句话说，即使我们无法在三维空间中绘制这些向量在不同物理方向上的 N 个维度，但是 $\vec{A}$ 和 $\vec{B}$ 的零内积意味着向量 $\vec{A}$ 在向量 $\vec{B}$ 方向上（或 $\vec{B}$ 在 $\vec{A}$ 方向上）的投影在其 N 维向量空间中具有零"长度"。

至此，你可能已经了解了如何将正交性应用到函数 $f(x)$ 和 $g(x)$ 中，如图 1.9b 所示。由于这些函数（为简单起见也取为实函数）是连续的，因此内积和变成一个积分，如 1.4 节所述。对于这些函数，正交性的表述是

$$(f(x), g(x)) = \langle f(x)|g(x)\rangle = \int_{-\infty}^{\infty} f^*(x)g(x)\mathrm{d}x = \int_{-\infty}^{\infty} f(x)g(x)\mathrm{d}x = 0$$

正如离散向量 $\vec{A}$ 和 $\vec{B}$ 一样，乘积 $f(x)g(x)$ 可以被认为是在每个 x 值处，函数 $f(x)$ 的值乘以函数 $g(x)$ 的值。在 x 上对该乘积的

积分等于由乘积 $f(x)g(x)$ 形成的曲线下的面积。

以图 1.9b 中的函数 $f(x)$ 和 $g(x)$ 为例，可以计算两个函数的乘积并对结果进行积分（连续求和）。要做到这一点，请注意，对于图中 x 范围的前三分之一（第一条虚的垂直线的左侧），$f(x)$ 和 $g(x)$ 具有相同的符号（都是正的）。对于图中 x 范围的第一个六分之一（在第一条和第二条虚的垂直线之间），这两个函数有相反的符号（$f(x)$ 为负，$g(x)$ 为正）。对于图中 x 范围的第二个六分之一（在第二条和第三条虚的垂直线之间），$f(x)$ 和 $g(x)$ 的符号再次相同（均为负），对于图中的 x 范围的最后三分之一（第三条虚的垂直线的右侧），$f(x)$ 和 $g(x)$ 的符号相反。由于 $f(x)g(x)$ 为正和为负的区域的对称性，所以总和为零，而且这两个函数在 x 的这个范围内是正交的。所以，这两个函数在这个区域内是正交的方式与向量 $\vec{A}$ 和向量 $\vec{B}$ 正交的方式完全相同。

如果想用数学的方法证明这些函数的正交性，请注意 $g(x)$ 是 $\sin x$ 函数，定义域为 $x=0$ 到 2π，$f(x)$ 是在相同定义域内的 $\sin\frac{3}{2}x$ 函数。这两个函数的内积是

$$\langle f(x)|g(x)\rangle = \int_{-\infty}^{\infty} f^*(x)g(x)\mathrm{d}x = \int_0^{2\pi} \sin\left(\frac{3}{2}x\right)\sin(x)\mathrm{d}x$$

$$= \left[\sin\frac{x}{2} - \frac{1}{5}\sin\frac{5x}{2}\right]\Bigg|_0^{2\pi} = 0$$

这与计算 $f(x)g(x)$ 曲线下的面积得到的结果是一致的。可以在 4.4 节中学习更多关于谐波（正弦和余弦）函数正交性的内容。

本节的主要思想

正如向量在三维物理空间中一样，如果向量间的内积为零，那么它们必须是垂直的。如果 N 维抽象向量或连续函数间的内积为零，则定义它们是正交的。

与量子力学的关联性

我们将在 2.5 节看到，正交基函数在确定量子可观测量的可能测量结果和每个结果的概率方面起着重要作用。

正交函数在物理学中是非常有用的，其原因与正交坐标系有用的原因类似。本章的最后一节将介绍如何使用内积和正交函数来确定多维抽象向量的分量。

1.6　通过内积求分量

如 1.1 节所述，使用单位向量（如 Cartesian 坐标系中的 $\hat{\imath}, \hat{\jmath}$ 和 $\hat{k}$）展开的向量分量可以写成每个单位向量与向量的标量积：

$$
\begin{aligned}
A_x &= \hat{\imath} \circ \vec{A} \\
A_y &= \hat{\jmath} \circ \vec{A} \\
A_z &= \hat{k} \circ \vec{A}
\end{aligned} \tag{1.30}
$$

简写为

$$
A_i = \hat{\epsilon}_i \circ \vec{A} \qquad i = 1, 2, 3 \tag{1.31}
$$

其中 $\hat{\epsilon}_1$ 表示 $\hat{\imath}$，$\hat{\epsilon}_2$ 表示 $\hat{\jmath}$，$\hat{\epsilon}_3$ 表示 $\hat{k}$。

这可以推广到在正交基向量为$\vec{\epsilon}_1, \vec{\epsilon}_2, \cdots, \vec{\epsilon}_N$的基系统中求 N 维抽象向量的分量，其中 N 维抽象向量由 $|A\rangle$ 表示：

$$A_i = \frac{\vec{\epsilon}_i \circ \vec{A}}{|\vec{\epsilon}_i|^2} = \frac{\langle \epsilon_i | A \rangle}{\langle \epsilon_i | \epsilon_i \rangle} \tag{1.32}$$

注意，本例中的基向量是正交的，但它们不一定具有单位长度（可以从它们的“帽子”中看出来，正则向量的帽子是$(\vec{\ })$，而单位向量的帽子是$(\hat{\ })$）。在这种情况下，为了使用内积求出向量的分量，就必须将内积的结果除以基向量长度的平方，如等式（1.32）中的分母所示。然而在等式（1.30）或等式（1.31）中，这个分母并不是必要的，因为每个 Cartesian 单位向量 $\hat{\imath}, \hat{\jmath}$ 和 $\hat{k}$ 的长度都是 1。

如果想知道为什么需要除以平方而不是每个基向量长度的一次幂，请考虑图 1.10 所示的情况。

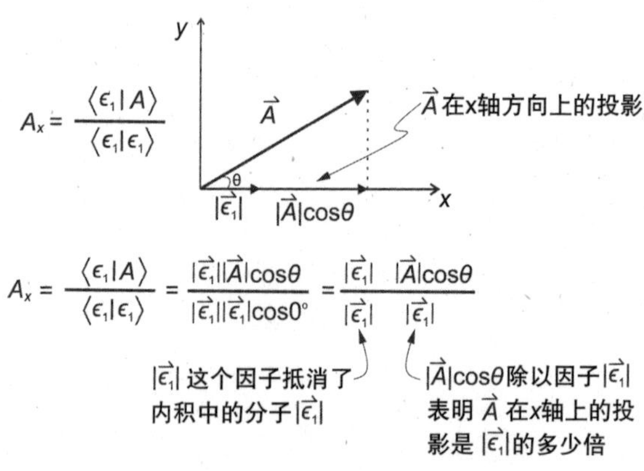

图 1.10　非单位长度的基向量内积的归一化

在该图中，基向量$\vec{\epsilon}_1$指向 x 轴方向，向量$\vec{A}$与正 x 轴之间的角度为 θ。向量$\vec{A}$在 x 轴上的投影是$|\vec{A}|\cos\theta$。等式（1.32）给出了$\vec{A}$的 x 分量为

$$A_x = \frac{\vec{\epsilon}_1 \circ \vec{A}}{|\vec{\epsilon}_1|^2} = \frac{\langle \epsilon_1 | A \rangle}{\langle \epsilon_1 | \epsilon_1 \rangle} \tag{1.33}$$

如图 1.10 所示，等式（1.33）中分母的两个因子$|\vec{\epsilon}_1|$，正是为了找到 A_x 所需要的单位$|\vec{\epsilon}_1|$，因为其中一个因子$|\vec{\epsilon}_1|$抵消了分子中内积的相同因子，而另一个因子$|\vec{\epsilon}_1|$将$|\vec{A}|\cos\theta$转换为$|\vec{\epsilon}_1|$的“步数”，这些步数与$\vec{A}$在 x 轴方向上的投影相符。

因此，举例来说，如果向量$\vec{A}$是一个实空间向量，其长度$|\vec{A}|$为 10km，与 x 轴的夹角为 35°，那么$\vec{A}$在 x 轴方向上的投影($|\vec{A}|\cos\theta$)约为 8.2km。但是，如果基向量$\vec{\epsilon}_1$的长度为 2km，用 8.2km 除以 2km，得到了 2km 的 4.1“步”，因此，$\vec{A}$的 x 分量是 $A_x = 4.1$（不是 4.1km，因为单位是由基向量所决定的）。

如果选择一个长度为 1 个单位的基向量（测量向量$\vec{A}$的单位，在本例中为 km），那么等式（1.33）中分母的值为 1，沿 x 轴的步数为 8.2。

除以向量或函数范数的平方的过程称为**归一化**，长度为 1 个单位的正交向量或函数是“标准正交的”。基向量$\vec{\epsilon}$的标准正交性条件通常写成

$$\vec{\epsilon}_i \circ \vec{\epsilon}_j = \langle \epsilon_i | \epsilon_j \rangle = \delta_{i,j} \tag{1.34}$$

其中 $\delta_{i,j}$ 表示 Kronecker delta，即如果 $i = j$，它的值则为 1；如果 $i \neq j$，它的值则为 0。

向量的展开式为一组基向量的加权组合，并使用归一化标量积来求在指定基下的向量分量，这组指定基可以扩展到 Hilbert 空间的函数。将这些函数表示为右矢，使用基函数 $|\psi_n\rangle$ 来表示函数 $|\psi\rangle$，即

$$|\psi\rangle = c_1|\psi_1\rangle + c_2|\psi_2\rangle + \cdots + c_N|\psi_N\rangle = \sum_{n=1}^{N} c_n|\psi_n\rangle \quad (1.35)$$

其中 c_1 是基函数 $|\psi_1\rangle$ 在函数 $|\psi\rangle$ 中的“量”，c_2 是基函数 $|\psi_2\rangle$ 在函数 $|\psi\rangle$ 中的“量”，如此类推。只要基函数 $|\psi_1\rangle, |\psi_2\rangle, \cdots, |\psi_N\rangle$ 是正交的，那么可以使用归一化内积来确定分量 $c_1, c_2, \cdots, c_N$：

$$\begin{aligned}
c_1 &= \frac{\langle\psi_1|\psi\rangle}{\langle\psi_1|\psi_1\rangle} = \frac{\int_{-\infty}^{\infty}\psi_1^*(x)\psi(x)\mathrm{d}x}{\int_{-\infty}^{\infty}\psi_1^*(x)\psi_1(x)\mathrm{d}x} \\
c_2 &= \frac{\langle\psi_2|\psi\rangle}{\langle\psi_2|\psi_2\rangle} = \frac{\int_{-\infty}^{\infty}\psi_2^*(x)\psi(x)\mathrm{d}x}{\int_{-\infty}^{\infty}\psi_2^*(x)\psi_2(x)\mathrm{d}x} \\
c_N &= \frac{\langle\psi_N|\psi\rangle}{\langle\psi_N|\psi_N\rangle} = \frac{\int_{-\infty}^{\infty}\psi_N^*(x)\psi(x)\mathrm{d}x}{\int_{-\infty}^{\infty}\psi_N^*(x)\psi_N(x)\mathrm{d}x}
\end{aligned} \quad (1.36)$$

其中每一个分子都表示函数 $|\psi\rangle$ 在其中一个基函数上的投影，每一个分母表示该基函数范数的平方。

这种求函数分量的方法（使用正弦基函数）是法国数学家、物理学家 Jean-Baptiste Joseph Fourier 在 19 世纪早期开创的。Fourier 理论既包含 Fourier 合成，其中周期函数是由正弦函数的加权组合合成的，还包含 Fourier 分析，其中周期函数的正弦分量是使用前面描述的方法来确定的。在量子力学的教材中，这个过程有时被称为“谱分解”，因为加权系数 (c_n) 被

称为函数的“谱”。

看看这是如何做到的，在 $x=-\pi$ 到 $x=\pi$ 的区间上，用基函数 $|\psi_1\rangle=\sin x, |\psi_2\rangle=\cos x$ 和 $|\psi_3\rangle=\sin 2x$ 展开函数 $|\psi(x)\rangle$：

$$\psi(x)=5|\psi_1\rangle-10|\psi_2\rangle+4|\psi_3\rangle$$

在这种情况下，可以直接从 $|\psi(x)\rangle$ 展开式中知道分量 $c_1=5, c_2=-10$ 和 $c_3=4$。但是要理解是如何通过等式（1.36）求出这些值的，如下

$$c_1=\frac{\int_{-\infty}^{\infty}\psi_1^*(x)\psi(x)\mathrm{d}x}{\int_{-\infty}^{\infty}\psi_1^*(x)\psi_1(x)\mathrm{d}x}=\frac{\int_{-\pi}^{\pi}[\sin x]^*[5\sin x-10\cos x+4\sin 2x]\mathrm{d}x}{\int_{-\pi}^{\pi}[\sin x]^*\sin x\,\mathrm{d}x}$$
$$c_2=\frac{\int_{-\infty}^{\infty}\psi_2^*(x)\psi(x)\mathrm{d}x}{\int_{-\infty}^{\infty}\psi_2^*(x)\psi_2(x)\mathrm{d}x}=\frac{\int_{-\pi}^{\pi}[\cos x]^*[5\sin x-10\cos x+4\sin 2x]\mathrm{d}x}{\int_{-\pi}^{\pi}[\cos x]^*\cos x\,\mathrm{d}x}$$
$$c_3=\frac{\int_{-\infty}^{\infty}\psi_3^*(x)\psi(x)\mathrm{d}x}{\int_{-\infty}^{\infty}\psi_3^*(x)\psi_3(x)\mathrm{d}x}=\frac{\int_{-\pi}^{\pi}[\sin 2x]^*[5\sin x-10\cos x+4\sin 2x]\mathrm{d}x}{\int_{-\pi}^{\pi}[\sin 2x]^*\sin 2x\,\mathrm{d}x}$$

这些积分可以用如下关系式来计算：

$$\int_{-\pi}^{\pi}\sin^2 ax\,\mathrm{d}x=\left[\frac{x}{2}-\frac{\sin 2ax}{4a}\right]\Bigg|_{-\pi}^{\pi}=\pi$$
$$\int_{-\pi}^{\pi}\cos^2 ax\,\mathrm{d}x=\left[\frac{x}{2}+\frac{\sin 2ax}{4a}\right]\Bigg|_{-\pi}^{\pi}=\pi$$
$$\int_{-\pi}^{\pi}\sin x\cos x\,\mathrm{d}x=\left[\frac{1}{2}\sin^2 x\right]\Bigg|_{-\pi}^{\pi}=0$$
$$\int_{-\pi}^{\pi}\sin mx\sin nx\,\mathrm{d}x=\left[\frac{\sin(m-n)x}{2(m-n)}+\frac{\sin(m+n)x}{2(m+n)}\right]\Bigg|_{-\pi}^{\pi}=0$$

其中 m 和 n 是（不同的）整数。利用这些关系式可以得到

$$c_1=\frac{5(\pi)-10(0)+4(0)}{\pi}=5$$

$$c_2 = \frac{5(0) - 10(\pi) + 4(0)}{\pi} = -10$$

$$c_3 = \frac{5(0) - 10(0) + 4(\pi)}{\pi} = 4$$

注意，在这个例子中，基函数 $\sin x, \cos x$ 和 $\sin 2x$ 是正交的，但不是标准正交的，因为它们的范数是 π 而不是 1。一些学生对正弦函数没有进行归一化表示惊讶，因为它们的值从 -1 到 +1。但要记住，决定函数范数的是函数平方的积分，而不是峰值。

一旦理解了函数可以作为抽象向量空间的一员，在指定基下使用分量展开向量和函数，Dirac 的左矢 / 右矢符号，以及内积在确定向量和函数分量的规则，那么就可以学习算子和特征函数了。你将在下一章中学习这些主题，但是如果你想在这之前确保自己能将本章中的概念和数学技巧付诸实践，那么会发现下一节中的问题对你很有帮助（如果你遇到困难或只是想检查答案，本书网站上提供了所有问题的完整的、交互式的解答过程）。

1.7 习题

1. 利用等式（1.4），求出向量 $\vec{C} = \vec{A} + \vec{B}$ 的分量，其中 $\vec{A} = 3\hat{i} - 2\hat{j}$，$\vec{B} = \hat{i} + \hat{j}$。利用图像加法验证答案。
2. 习题 1 中的向量 $\vec{A}, \vec{B}$ 和 $\vec{C}$ 的长度是多少？利用习题 1 中的图来验证答案。
3. 求出习题 1 中向量 $\vec{A}$ 和 $\vec{B}$ 的标量积 $\vec{A} \circ \vec{B}$。利用结果、等式（1.10）和问题 2 中求到的 $|\vec{A}|$ 和 $|\vec{B}|$ 的大小，求出 $\vec{A}$ 和 $\vec{B}$ 之

间的夹角。利用习题 1 中的图来验证答案。

4. 习题 1 中的二维向量 $\vec{A}$ 和 $\vec{B}$ 正交吗？考虑把第 3 个分量 $+\hat{k}$ 加到 $\vec{A}$ 和把 $-\hat{k}$ 加到 $\vec{B}$ 会发生什么？三维向量 $\vec{A}=3\hat{i}-2\hat{j}+\hat{k}$ 和 $\vec{B}=\hat{i}+\hat{j}-\hat{k}$ 是否正交？这说明了向量（和抽象 N 维向量）可以在某些分量范围内正交，而在不同范围内不正交的原理。

5. 如果 $|\psi\rangle=4|\epsilon_1\rangle-2\mathrm{i}|\epsilon_2\rangle+\mathrm{i}|\epsilon_3\rangle$ 在坐标系中，其中正交基为 $|\epsilon_1\rangle$，$|\epsilon_2\rangle$ 和 $|\epsilon_3\rangle$，求出 $|\psi\rangle$ 的范数。通过用 $|\psi\rangle$ 的每个分量除以 $|\psi\rangle$ 的范数，使 $|\psi\rangle$ 归一化。

6. 对于习题 5 中的 $|\psi\rangle$ 和 $|\phi\rangle=3\mathrm{i}|\epsilon_1\rangle+|\epsilon_2\rangle-5\mathrm{i}|\epsilon_3\rangle$，求出它们的内积 $\langle\phi|\psi\rangle$ 并证明 $\langle\phi|\psi\rangle=\langle\psi|\phi\rangle^*$。

7. 如果 m 和 n 是不同的正整数，那么函数 $\sin mx$ 和 $\sin nx$ 在 $x=0$ 到 $x=2\pi$ 的区间内是否正交？在 $x=0$ 到 $x=\dfrac{3\pi}{2}$ 的区间内呢？

8. $\omega=\dfrac{2\pi}{T}$ 以及函数 $\mathrm{e}^{\mathrm{i}\omega t}$ 和 $\mathrm{e}^{2\mathrm{i}\omega t}$ 能否在 $t=0$ 到 $t=T$ 之间形成正交基？

9. 给定基向量 $\vec{\epsilon}_1=3\hat{i}$，$\vec{\epsilon}_2=4\hat{j}+4\hat{k}$ 和 $\vec{\epsilon}_3=-2\hat{j}+\hat{k}$，向量 $\vec{A}=6\hat{i}+6\hat{j}+6\hat{k}$ 在每一个基向量方向上的分量是多少？

10. 给定平方脉冲函数 $f(x)=1, 0\leqslant x\leqslant L$ 和 $f(x)=0, x<0$ 和 $x>L$ 时，对于在相同区间上的基函数 $\psi_1=\sin\left(\dfrac{\pi x}{L}\right), \psi_2=\cos\left(\dfrac{\pi x}{L}\right)$，$\psi_3=\sin\left(\dfrac{2\pi x}{L}\right)$ 和 $\psi_4=\cos\left(\dfrac{2\pi x}{L}\right)$，求出 c_1, c_2, c_3 和 c_4 的值。

第 2 章

算子和特征函数

上一章讨论的概念和技巧旨在帮助你在向量和函数的数学知识与量子可观测量（如位置、动量和能量）的测量结果之间架起一座桥梁。在量子力学中，每一个可观测物理量都与一个线性“算子”相关联，这个线性“算子”可以用来确定给定量子态的可能测量结果及其概率。

2.1 节将介绍算子、特征向量和特征函数，2.2 节将解释使用 Dirac 符号的算子，2.3 节将讨论 Hermitian 算子及其重要性，2.4 节将介绍投影算子，2.5 节将介绍期望值的计算，2.6 节中会有一系列题目来测试你对本章知识的理解。

2.1 算子、特征向量和特征函数

如果听过“量子算子”这个词，你会想“算子到底是什么”？算子只是对数字、向量或函数执行特定过程的指令。毫无疑问，你以前见过算子，只是可能并没有这么称呼它们。例

如，你知道符号“$\sqrt{\ }$”是一个指令，它对符号下面的式子求平方根，而“$\mathrm{d}(\,)/\mathrm{d}x$”是对括号内的式子求关于 x 的一阶导数。

在量子力学中遇到的算子都被称为“线性”，因为将它们应用于向量间或函数间的和，与先将它们应用于单个向量或函数，然后求和得到的结果相同。所以，如果 $\widehat{O}$ 是一个线性算子㊀，而 f_1 和 f_2 是函数，那么

$$\widehat{O}(f_1+f_2)=\widehat{O}(f_1)+\widehat{O}(f_2) \tag{2.1}$$

线性算子同样有这么一个性质，即用一个标量乘以函数，然后应用算子，得到的结果与先应用算子，然后把结果乘以标量得到的结果是一样的。所以，如果 c 是一个（可能是复数）标量，而 f 是一个函数，那么，如果 $\widehat{O}$ 是一个线性算子，就有

$$\widehat{O}(cf)=c\widehat{O}(f) \tag{2.2}$$

为了理解在量子力学中使用的算子，首先将算子表示为一个方阵，然后考虑将矩阵和向量相乘会发生什么（在量子力学中，有时通过考虑矩阵数学更容易理解这个过程）。根据矩阵乘法的规则，可以知道将矩阵 $(\bar{\bar{R}})$ 乘以列向量 $\vec{A}$ 的计算过程如下㊁：

$$\bar{\bar{R}}\vec{A}=\begin{pmatrix}R_{11} & R_{12}\\ R_{21} & R_{22}\end{pmatrix}\begin{pmatrix}A_1\\ A_2\end{pmatrix}=\begin{pmatrix}R_{11}A_1+R_{12}A_2\\ R_{21}A_1+R_{22}A_2\end{pmatrix} \tag{2.3}$$

㊀ 有多种方法可以表示算子，但在量子教材中最常见的方式是在算子上加一个符号 $(\hat{\ })$。

㊁ 量子教材中似乎没有标准的矩阵表示，所以我们使用双条形 $(\bar{\bar{\ }})$ 表示二维矩阵，使用向量符号 $(\vec{\ })$ 或右矢符号 $|\rangle$ 表示单列矩阵。

只有当矩阵的列数等于向量的行数时（在上述例子中是两行，因为 $\vec{A}$ 有两个分量），才能进行这种乘法。因此，将矩阵乘以向量的过程会产生另一个向量——矩阵对向量进行了“操作”，将其转化为另一个向量。这就是在一些教材中会看到线性算子被描述为“线性变换”的原因。

这种操作对向量有什么影响？这取决于矩阵和向量。例如，考虑矩阵

$$\bar{\bar{R}} = \begin{pmatrix} 4 & -2 \\ -2 & 4 \end{pmatrix}$$

和向量 $\vec{A}=\hat{i}+3\hat{j}$，如图 2.1a 所示。将 $\vec{A}$ 的分量写成列向量，相乘后得到

$$\bar{\bar{R}}\vec{A} = \begin{pmatrix} 4 & -2 \\ -2 & 4 \end{pmatrix}\begin{pmatrix} 1 \\ 3 \end{pmatrix} = \begin{pmatrix} (4)(1)+(-2)(3) \\ (-2)(1)+(4)(3) \end{pmatrix} = \begin{pmatrix} -2 \\ 10 \end{pmatrix} \quad (2.4)$$

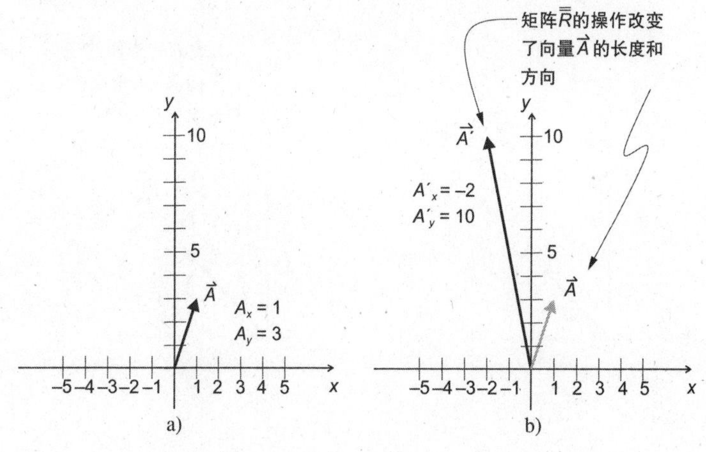

图 2.1　矩阵 $\bar{\bar{R}}$ 对向量 $\vec{A}$ 的操作前（a）和操作后（b）

因此，矩阵 $\overline{\overline{R}}$ 对向量 $\vec{A}$ 的操作产生另一个向量，该向量与 $\vec{A}$ 的长度和方向不同，即图 2.1b 中所示的新向量 $\vec{A}'$ 。

为什么矩阵在向量上操作通常会改变向量的方向？可以这样理解，新向量 $\vec{A}'$ 的 x 方向分量是原始向量 $\vec{A}$ 的两个分量的加权组合，并且加权系数由矩阵 $\overline{\overline{R}}$ 的第一行提供。同样，$\vec{A}'$ 的 y 方向分量是 $\vec{A}$ 的两个分量的加权组合，其加权系数由矩阵 $\overline{\overline{R}}$ 的第二行提供。

这意味着，根据矩阵元素的值和原始向量的分量，加权组合通常会使得新向量与原始向量的大小不同。其中有一个关键的情况：如果新分量的比率不同于原始分量的比率，那么新向量将与原始向量有不同的方向。在这种情况下，基向量的相对量根据矩阵对向量的操作而改变。

现在考虑矩阵 $\overline{\overline{R}}$ 对不同向量的影响，例如，图 2.2a 所示的向量 $\vec{B}=\hat{i}+\hat{j}$ 。

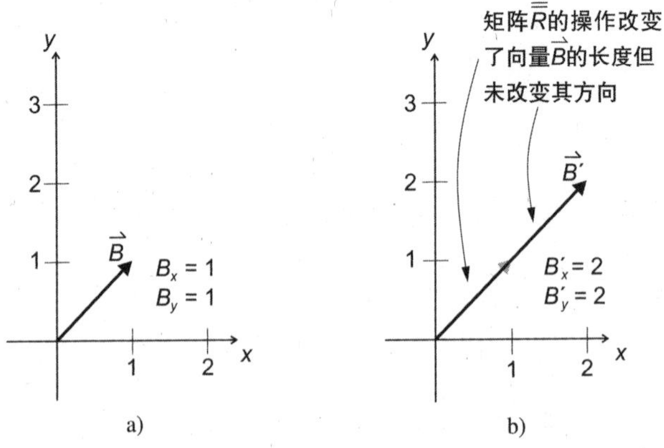

图 2.2　矩阵 $\overline{\overline{R}}$ 对向量 $\vec{B}$ 的操作前（a）和操作后（b）

在这种情况下，乘法如下：

$$\bar{\bar{R}}\vec{B}=\begin{pmatrix}4 & -2\\ -2 & 4\end{pmatrix}\begin{pmatrix}1\\ 1\end{pmatrix}=\begin{pmatrix}(4)(1)+(-2)(1)\\ (-2)(1)+(4)(1)\end{pmatrix}$$
$$=\begin{pmatrix}2\\ 2\end{pmatrix}=2\begin{pmatrix}1\\ 1\end{pmatrix}=2\vec{B} \tag{2.5}$$

因此，用矩阵 $\bar{\bar{R}}$ 对向量 $\vec{B}$ 进行操作会使 $\vec{B}$ 的长度变为原来的两倍，但不会改变 $\vec{B}$ 的方向。这意味着向量 $\vec{B'}$ 中的基向量的相对量与向量 $\vec{B}$ 中的相同。

与矩阵相乘后方向不变的向量称为该矩阵的“特征向量”，而缩放向量长度的因子称为该特征向量的“特征值”(如果向量的长度也不受矩阵运算的影响，那么这个特征向量的特征值等于 1)。所以向量 $\vec{B}=\hat{i}+\hat{j}$ 是矩阵 $\bar{\bar{R}}$ 的特征向量，特征值为 2。

等式（2.5）是“特征方程”的一个例子，而一般形式是

$$\bar{\bar{R}}\vec{A}=\lambda\vec{A} \tag{2.6}$$

其中，$\vec{A}$ 表示为矩阵 $\bar{\bar{R}}$ 的特征向量，特征值为 λ。

确定矩阵的特征值和特征向量的过程并不困难，可以在本书的网站上看到这个过程和几个例子。如果在前面的例子中对矩阵 $\bar{\bar{R}}$ 执行这个过程，会发现向量 $\vec{C}=\hat{i}+\hat{j}$ 也是矩阵 $\bar{\bar{R}}$ 的特征向量，特征值为 6。

对于量子力学中可能遇到的矩阵，这里有两个有用的提示：矩阵的特征值之和等于矩阵的迹（即矩阵的对角线元素之和，在本例中为 8）；特征值的乘积等于矩阵的行列式（在本例中为 12）。

正如矩阵和算子有一样的作用（通过作用于向量来产生新向量），数学过程和算子也有一样的作用（通过作用于函数来产生新函数）。如果新函数是一个标量乘以原始函数，则该函数称为算子的“特征函数”。对应于特征向量方程（等式（2.6））的特征函数方程为

$$\widehat{O}\psi = \lambda\psi \tag{2.7}$$

其中 ψ 表示算子 $\widehat{O}$ 的特征函数，特征值为 λ。

你可能想知道什么样的算子作用于函数后能生成该函数的缩放版本。例如，考虑“导数算子” $\widehat{D}=\frac{\mathrm{d}}{\mathrm{d}x}$。要确定函数 $f(x)=\sin kx$ 是否为算子 $\widehat{D}$ 的特征函数，将 $\widehat{D}$ 作用于 $f(x)$，并看看结果是否与 $f(x)$ 成比例：

$$\widehat{D}f(x) = \frac{\mathrm{d}(\sin kx)}{\mathrm{d}x} = k\cos kx \stackrel{?}{=} \lambda(\sin kx) \tag{2.8}$$

那么有没有一个数（实数或复数）乘以 $\sin kx$ 后能得到 $k\cos kx$ 呢？如果考虑当 $kx=0$ 和 $kx=\pi$ 时 $\sin kx$ 和 $k\cos kx$ 的值（或者看这两个函数的图），显而易见没有 λ 可以使等式（2.8）成立，因此 $\sin kx$ 不是算子 $\widehat{D}=\frac{\mathrm{d}}{\mathrm{d}x}$ 的特征函数。

现在对二阶导数算子 $\widehat{D^2}=\frac{\mathrm{d}^2}{\mathrm{d}x^2}$ 尝试同样的过程：

$$\widehat{D^2}f(x) = \frac{\mathrm{d}^2(\sin kx)}{\mathrm{d}x^2} = \frac{\mathrm{d}(k\cos kx)}{\mathrm{d}x} = -k^2\sin kx \stackrel{?}{=} \lambda(\sin kx) \tag{2.9}$$

在这种情况下，如果 $\lambda=-k^2$，则特征方程成立，这意味着 $\sin kx$ 是二阶导数算子 $\widehat{D^2}=\frac{\mathrm{d}^2}{\mathrm{d}x^2}$ 的特征函数，且特征函数的特

征值为 $\lambda=-k^2$。

本节的主要思想

线性算子可以表示为一个矩阵，它把一个向量变换成另一个向量。如果新向量是原向量的缩放版本，则该向量是矩阵的特征向量，缩放因子是这个特征向量的特征值。一个算子也可以作用在一个函数上，产生一个新函数，如果新函数是原函数的倍数，那么这个函数就是这个算子的一个特征函数。

与量子力学的关联性

在量子力学中，每一个可观测物理量（如位置、动量和能量等）都与算子相联系，系统的状态可以表示为该算子特征函数的线性组合，这些特征函数的特征值表示为可观测量可能的测量结果。

2.2　Dirac 符号的算子

要使用量子力学的算子，就要熟悉 Dirac 符号形式的算子。使用该符号，得到如下一般特征方程：

$$\widehat{O}\,|\psi\rangle=\lambda\,|\psi\rangle \tag{2.10}$$

其中 $|\psi\rangle$ 称为算子 $\widehat{O}$ 的“特征右矢”。

现在考虑一下当用 $|\phi\rangle$ 与这个等式的两边形成内积时会发

生什么：

$$(|\phi\rangle, \hat{O}|\psi\rangle) = (|\phi\rangle, \lambda|\psi\rangle)$$

记住，计算内积时，内积的第一个成员（此时为 $|\phi\rangle$ ）变成左矢，所以用 $\langle\phi|$ 乘以等式（2.10），可以得到

$$\langle\phi|\hat{O}|\psi\rangle = \langle\phi|\lambda|\psi\rangle \qquad (2.11)$$

这个等式的左边有一个算子“夹”在 $\langle\phi|$ 和 $|\psi\rangle$ 之间，右边的同一位置有一个常数。像这样的表达式在量子力学中非常常见（而且非常有用），所以值得花时间去理解它们的含义以及用法。

首先需要知道，像 $\langle\phi|\hat{O}|\psi\rangle$ 这样的表达式表示的是标量，而不是向量或算子。要想知道为什么，想想 $\hat{O}$ 作用于 $|\psi\rangle$ 的右边（可以选择让 $\hat{O}$ 作用于 $\langle\phi|$ 的左边，会得到相同的答案）[⊖]。就像矩阵在列向量上操作得到另一个列向量一样，让算子 $\hat{O}$ 在 $|\psi\rangle$ 上作用会得到另一个 $|\psi'\rangle$：

$$\hat{O}|\psi\rangle = |\psi'\rangle \qquad (2.12)$$

这就可以得到等式（2.11）的左侧

$$\langle\phi|\hat{O}|\psi\rangle = \langle\phi|\psi'\rangle \qquad (2.13)$$

这个内积与 $|\psi'\rangle$ 在 $|\phi\rangle$ 方向上的投影成正比，并且该投影是标量。所以在 $\langle\phi|$ 和 $|\psi\rangle$ 之间夹一个算子会产生一个标量结果，但是该结果又有何用呢？我们将在本章的最后一节看到，这类表达式可用于确定量子力学中最有用的量之一，即量子可观测

⊖ 让 $\hat{O}$ 在 $\langle\phi|$ 的右边作用时要小心，这将在 2.3 节中进一步讨论。

量的期望值。

在此之前，还有另一种方法可以说明等式（2.13）这种形式的表达式是有用的：将算子夹在两个基向量之间，可以确定该算子在该基向量的矩阵表示中的元素。

我们来看看这是如何做到的，考虑算子 $\widehat{A}$，它可以表示为一个 2×2 的矩阵：

$$\bar{\bar{A}} = \begin{pmatrix} A_{11} & A_{12} \\ A_{21} & A_{22} \end{pmatrix}$$

其中元素 A_{11}, A_{12} A_{21} 和 A_{22}（统称为 A_{ij}）依赖于基系统，就像向量的分量依赖于分量所用的基向量一样。

给定基系统，算子 $\widehat{A}$ 的矩阵的元素 A_{ij} 可以通过将该算子作用于该系统的每个基向量来确定。例如，将算子 $\widehat{A}$ 作用于由 $|\epsilon_1\rangle$ 和 $|\epsilon_2\rangle$ 表示的每个正交基向量 $\hat{\epsilon}_1$ 和 $\hat{\epsilon}_2$，那么矩阵的元素就确定了结果中每个基向量的“量”：

$$\begin{aligned} \widehat{A}\,|\epsilon_1\rangle &= A_{11}\,|\epsilon_1\rangle + A_{21}\,|\epsilon_2\rangle \\ \widehat{A}\,|\epsilon_2\rangle &= A_{12}\,|\epsilon_1\rangle + A_{22}\,|\epsilon_2\rangle \end{aligned} \tag{2.14}$$

注意，$\bar{\bar{A}}$ 的每一列决定了每个基向量的量。现在计算等式（2.14）中第一个方程和第一个基 $|\epsilon_1\rangle$ 的内积：

$$\begin{aligned} \langle\epsilon_1|\widehat{A}|\epsilon_1\rangle &= \langle\epsilon_1|A_{11}\,|\epsilon_1\rangle + \langle\epsilon_1|A_{21}\,|\epsilon_2\rangle \\ &= A_{11}\,\langle\epsilon_1|\epsilon_1\rangle + A_{21}\,\langle\epsilon_1|\epsilon_2\rangle = A_{11} \end{aligned}$$

对于正交基系统，有 $\langle\epsilon_1|\epsilon_1\rangle=1$ 和 $\langle\epsilon_1|\epsilon_2\rangle=0$，所以，由该基系统得到的矩阵元素 A_{11} 可以通过表达式 $\langle\epsilon_1|\widehat{A}|\epsilon_1\rangle$ 计算得到。

计算等式（2.14）中第二个方程与第一个基 $|\epsilon_1\rangle$ 的内积为

$$\begin{aligned}\langle\epsilon_1|\widehat{A}|\epsilon_2\rangle &= \langle\epsilon_1|A_{12}|\epsilon_1\rangle + \langle\epsilon_1|A_{22}|\epsilon_2\rangle \\ &= A_{12}\langle\epsilon_1|\epsilon_1\rangle + A_{22}\langle\epsilon_1|\epsilon_2\rangle = A_{12}\end{aligned}$$

所以，由该基系统得到的矩阵元素 A_{12} 可以通过表达式 $\langle\epsilon_1|\hat{A}|\epsilon_2\rangle$ 计算得到。

分别计算等式（2.14）的两个方程与第二个基 $|\epsilon_2\rangle$ 的内积，可以得到 $A_{21}=\langle\epsilon_2|\hat{A}|\epsilon_1\rangle$ 和 $A_{22}=\langle\epsilon_2|\hat{A}|\epsilon_2\rangle$。

结合这些结果，可以得到算子 $\hat{A}$ 的矩阵表示，其中基向量由 $|\epsilon_1\rangle$ 和 $|\epsilon_2\rangle$ 表示：

$$\bar{\bar{A}} = \begin{pmatrix}\langle\epsilon_1|\widehat{A}|\epsilon_1\rangle & \langle\epsilon_1|\widehat{A}|\epsilon_2\rangle \\ \langle\epsilon_2|\widehat{A}|\epsilon_1\rangle & \langle\epsilon_2|\widehat{A}|\epsilon_2\rangle\end{pmatrix} \tag{2.15}$$

简写为

$$A_{ij} = \langle\epsilon_i|\widehat{A}|\epsilon_j\rangle \tag{2.16}$$

其中 $|\epsilon_i\rangle$ 和 $|\epsilon_j\rangle$ 表示一对正交基向量。

以下给出了一个有用的例子来说明其用处。考虑上一节讨论的算子，其矩阵表示为 $\bar{\bar{R}}=\begin{pmatrix}4 & -2\\ -2 & 4\end{pmatrix}$。希望在二维正交基系统中确定该算子的矩阵表示的元素，且基向量为 $\hat{\epsilon}_1=\frac{1}{\sqrt{2}}(\hat{i}+\hat{j})=\frac{1}{\sqrt{2}}\begin{pmatrix}1\\1\end{pmatrix}$ 和 $\hat{\epsilon}_2=\frac{1}{\sqrt{2}}(\hat{i}+\hat{j})=\frac{1}{\sqrt{2}}\begin{pmatrix}1\\-1\end{pmatrix}$。

给定基（$\hat{\epsilon}_1, \hat{\epsilon}_2$），利用等式（2.16），矩阵 $\bar{\bar{R}}=\begin{pmatrix}4 & -2\\ -2 & 4\end{pmatrix}$ 的元素可由如下计算得到

$$R_{11}=\langle\epsilon_1|\widehat{R}|\epsilon_1\rangle=\begin{pmatrix}\frac{1}{\sqrt{2}} & \frac{1}{\sqrt{2}}\end{pmatrix}\begin{pmatrix}4 & -2\\ -2 & 4\end{pmatrix}\begin{pmatrix}\frac{1}{\sqrt{2}}\\ \frac{1}{\sqrt{2}}\end{pmatrix}$$

$$=\begin{pmatrix}\frac{1}{\sqrt{2}} & \frac{1}{\sqrt{2}}\end{pmatrix}\begin{pmatrix}(4)(\frac{1}{\sqrt{2}})+(-2)(\frac{1}{\sqrt{2}})\\ (-2)(\frac{1}{\sqrt{2}})+(4)(\frac{1}{\sqrt{2}})\end{pmatrix}=\begin{pmatrix}\frac{1}{\sqrt{2}} & \frac{1}{\sqrt{2}}\end{pmatrix}\begin{pmatrix}\frac{2}{\sqrt{2}}\\ \frac{2}{\sqrt{2}}\end{pmatrix}$$

$$=\frac{1}{\sqrt{2}}\frac{2}{\sqrt{2}}+\frac{1}{\sqrt{2}}\frac{2}{\sqrt{2}}=2$$

$$R_{12}=\langle\epsilon_1|\widehat{R}|\epsilon_2\rangle=\begin{pmatrix}\frac{1}{\sqrt{2}} & \frac{1}{\sqrt{2}}\end{pmatrix}\begin{pmatrix}4 & -2\\ -2 & 4\end{pmatrix}\begin{pmatrix}\frac{1}{\sqrt{2}}\\ -\frac{1}{\sqrt{2}}\end{pmatrix}$$

$$=\begin{pmatrix}\frac{1}{\sqrt{2}} & \frac{1}{\sqrt{2}}\end{pmatrix}\begin{pmatrix}(4)(\frac{1}{\sqrt{2}})+(-2)(-\frac{1}{\sqrt{2}})\\ (-2)(\frac{1}{\sqrt{2}})+(4)(-\frac{1}{\sqrt{2}})\end{pmatrix}=\begin{pmatrix}\frac{1}{\sqrt{2}} & \frac{1}{\sqrt{2}}\end{pmatrix}\begin{pmatrix}\frac{6}{\sqrt{2}}\\ -\frac{6}{\sqrt{2}}\end{pmatrix}$$

$$=\frac{1}{\sqrt{2}}\frac{6}{\sqrt{2}}+\frac{1}{\sqrt{2}}\left(-\frac{6}{\sqrt{2}}\right)=0$$

$$R_{21}=\langle\epsilon_2|\widehat{R}|\epsilon_1\rangle=\begin{pmatrix}\frac{1}{\sqrt{2}} & -\frac{1}{\sqrt{2}}\end{pmatrix}\begin{pmatrix}4 & -2\\ -2 & 4\end{pmatrix}\begin{pmatrix}\frac{1}{\sqrt{2}}\\ \frac{1}{\sqrt{2}}\end{pmatrix}$$

$$=\begin{pmatrix}\frac{1}{\sqrt{2}} & -\frac{1}{\sqrt{2}}\end{pmatrix}\begin{pmatrix}(4)(\frac{1}{\sqrt{2}})+(-2)(\frac{1}{\sqrt{2}})\\ (-2)(\frac{1}{\sqrt{2}})+(4)(\frac{1}{\sqrt{2}})\end{pmatrix}=\begin{pmatrix}\frac{1}{\sqrt{2}} & -\frac{1}{\sqrt{2}}\end{pmatrix}\begin{pmatrix}\frac{2}{\sqrt{2}}\\ \frac{2}{\sqrt{2}}\end{pmatrix}$$

$$=\frac{1}{\sqrt{2}}\frac{2}{\sqrt{2}}-\frac{1}{\sqrt{2}}\frac{2}{\sqrt{2}}=0$$

和

$$R_{22}=\langle\epsilon_2|\widehat{R}|\epsilon_2\rangle=\begin{pmatrix}\frac{1}{\sqrt{2}} & -\frac{1}{\sqrt{2}}\end{pmatrix}\begin{pmatrix}4 & -2\\ -2 & 4\end{pmatrix}\begin{pmatrix}\frac{1}{\sqrt{2}}\\ -\frac{1}{\sqrt{2}}\end{pmatrix}$$

$$=\begin{pmatrix}\frac{1}{\sqrt{2}} & -\frac{1}{\sqrt{2}}\end{pmatrix}\begin{pmatrix}(4)(\frac{1}{\sqrt{2}})+(-2)(-\frac{1}{\sqrt{2}})\\ (-2)(\frac{1}{\sqrt{2}})+(4)(-\frac{1}{\sqrt{2}})\end{pmatrix}=\begin{pmatrix}\frac{1}{\sqrt{2}} & -\frac{1}{\sqrt{2}}\end{pmatrix}\begin{pmatrix}\frac{6}{\sqrt{2}}\\ -\frac{6}{\sqrt{2}}\end{pmatrix}$$

$$=\frac{1}{\sqrt{2}}\frac{6}{\sqrt{2}}-\frac{1}{\sqrt{2}}\left(-\frac{6}{\sqrt{2}}\right)=6$$

因此，对于给定基$\hat{\epsilon}_1, \hat{\epsilon}_2$，有

$$\bar{\bar{R}} = \begin{pmatrix} 2 & 0 \\ 0 & 6 \end{pmatrix}$$

对角线上的元素看起来很熟悉，因为它们是前一节所述的矩阵$\bar{\bar{R}}$的特征值。这不是巧合，因为基向量$\hat{\epsilon}_1 = = \frac{1}{\sqrt{2}}(\hat{i} + \hat{j})$和$\hat{\epsilon}_2 = = \frac{1}{\sqrt{2}}(\hat{i} - \hat{j})$是该矩阵的（归一化）特征向量。当一个具有非退化特征值（也就是说，没有特征值被两个或多个特征函数共享㊀）的算子矩阵以其特征函数作为基函数来表示时，该矩阵是对角的（即所有非对角元素均为零），而且对角线上的元素正是该矩阵的特征值。

在学习量子力学的过程中肯定会遇到一个称为“交换”的数学算子。如果两个算子$\widehat{A}$和$\widehat{B}$的作用顺序可以在不改变结果的情况下进行交换，则称之为“可交换”。因此，算子$\widehat{B}$在$|\psi\rangle$上作用，然后算子$\widehat{A}$再作用，得到的答案与算子$\widehat{A}$先作用，然后算子$\widehat{B}$再作用的结果相同。这可以写成

$$\hat{A}(\hat{B}\,|\psi\rangle) = \hat{B}(\hat{A}\,|\psi\rangle) \quad \text{如果}\widehat{A}\text{和}\widehat{B}\text{可交换} \tag{2.17}$$

或者

$$\hat{A}\hat{B}(|\psi\rangle) - \hat{B}\hat{A}(|\psi\rangle) = 0$$
$$\left(\hat{A}\hat{B} - \hat{B}\hat{A}\right)|\psi\rangle = 0$$

㊀ 可以在本章的下一节中阅读到更多关于退化特征值的内容。

括号 $(\hat{A}\hat{B}-\hat{B}\hat{A})$ 中的量称为算子 $\hat{A}$ 和 $\hat{B}$ 的交换子，通常写为

$$[\hat{A},\hat{B}]=\hat{A}\hat{B}-\hat{B}\hat{A} \tag{2.18}$$

因此，改变作用顺序所引起的结果变化越大，交换子就越大。

如果你惊讶地发现一些算子是不可交换的，请记住，算子可以用矩阵来表示，矩阵乘积一般是不可交换的（即乘法的顺序）。

看如下例子，考虑算子 $\hat{A}$ 和 $\hat{B}$ 的矩阵表示：

$$\bar{\bar{A}}=\begin{pmatrix} i & 0 & 1 \\ 0 & -i & 2 \\ 0 & -1 & 0 \end{pmatrix} \qquad \bar{\bar{B}}=\begin{pmatrix} 2 & i & 0 \\ 0 & 1 & -i \\ -1 & 0 & 0 \end{pmatrix}$$

为了确定两个算子是否可以交换，比较两个矩阵的乘积 $\overline{\overline{AB}}$ 和 $\overline{\overline{BA}}$：

$$\bar{\bar{A}}\bar{\bar{B}}=\begin{pmatrix} \mathrm{i} & 0 & 1 \\ 0 & -\mathrm{i} & 2 \\ 0 & -1 & 0 \end{pmatrix}\begin{pmatrix} 2 & \mathrm{i} & 0 \\ 0 & 1 & -\mathrm{i} \\ -1 & 0 & 0 \end{pmatrix}=\begin{pmatrix} 2\mathrm{i}-1 & -1 & 0 \\ -2 & -\mathrm{i} & -1 \\ 0 & -1 & \mathrm{i} \end{pmatrix}$$

和

$$\bar{\bar{B}}\bar{\bar{A}}=\begin{pmatrix} 2 & \mathrm{i} & 0 \\ 0 & 1 & -\mathrm{i} \\ -1 & 0 & 0 \end{pmatrix}\begin{pmatrix} \mathrm{i} & 0 & 1 \\ 0 & -\mathrm{i} & 2 \\ 0 & -1 & 0 \end{pmatrix}=\begin{pmatrix} 2\mathrm{i} & 1 & 2+2\mathrm{i} \\ 0 & 0 & 2 \\ -\mathrm{i} & 0 & -1 \end{pmatrix}$$

这意味着矩阵 $\overline{\overline{A}}$ 和 $\overline{\overline{B}}$（和它们相应的算子 $\hat{A}$ 和 $\hat{B}$）不可交换。相减后可以得到交换子 $[\overline{\overline{A}},\overline{\overline{B}}]$：

$$[\bar{\bar{A}},\bar{\bar{B}}]=\bar{\bar{A}}\bar{\bar{B}}-\bar{\bar{B}}\bar{\bar{A}}=\begin{pmatrix} -1 & -2 & -2-2\mathrm{i} \\ -2 & -\mathrm{i} & -3 \\ \mathrm{i} & -1 & 1+\mathrm{i} \end{pmatrix}$$

本节的主要思想

算子在特定基下的矩阵表示元素可以通过将算子夹在基向量对之间来确定。如果两个算子改变作用顺序不会改变结果，则称为可交换。

与量子力学的关联性

在 2.4 节中，被称为“投影算子”的重要量子算子的矩阵元素可以通过把该算子夹在基向量对之间计算得到。在 2.5 节中，你会看到表达式 $\langle\psi|\widehat{O}|\psi\rangle$ 可用于确定态 $|\psi\rangle$ 系统中与算子 $\widehat{O}$ 对应的量子可观测量的测量结果的期望值。

每一个量子可观测量都有一个对应的算子，如果两个算子可交换，则与这两个算子相关的测量可以按任意顺序进行，且都会得到相同的结果。这意味着，这两个可观测量可能同时被观测到，其精度仅受实验结构和仪器的限制，而 Heisenberg 测不准原理限制了两个不可交换的算子的可观测量可以同时被观测到的精度。

2.3 Hermitian 算子

考虑等式（2.11）的左右两边，可以理解量子算子的一个重要特征：

$$\langle\phi|\widehat{O}|\psi\rangle = \langle\phi|\lambda|\psi\rangle \tag{2.11}$$

其中 $|\phi\rangle$ 和 $|\psi\rangle$ 表示量子波函数。

等式（2.11）的右边很容易处理，因为常数 λ 在 $\langle\phi|$ 和 $|\psi\rangle$ 之外。这个常数可以移动到 $|\psi\rangle$ 的右边或 $\langle\phi|$ 的左边，所以表达式 $\langle\phi|\lambda|\psi\rangle$ 可以写成

$$\langle\phi|\,\lambda\,|\psi\rangle = \langle\phi|\psi\rangle\,\lambda = \lambda\,\langle\phi|\psi\rangle \tag{2.19}$$

稍后你会在本节再次看到这个等式。但是等式（2.11）的左边包含了一些有趣和有用的概念。

如上一节所述，等式（2.11）中的算子 $\hat{O}$ 可以作用于 $|\psi\rangle$，也可以作用于 $\langle\phi|$（$|\phi\rangle$ 的对偶），因此可以用两种方法中的任意一种来考虑这个表达式。一个是

$$\langle\phi| \longrightarrow \quad \hat{O}\,|\psi\rangle$$

其中 $\hat{O}$ 作用于 $|\psi\rangle$，$\langle\phi|$ 和 $\hat{O}\,|\psi\rangle$ 形成一个内积。

或者，可以这样看等式（2.11）：

$$\langle\phi|\,\hat{O} \longrightarrow \quad |\psi\rangle$$

其中 $\hat{O}$ 作用于 $\langle\phi|$，$\langle\phi|\,\hat{O}$ 和 $|\psi\rangle$ 形成一个内积。

这两个观点都是有效的，只要正确地作用了算子，无论以何种方式，都将得到相同的结果。第二种方法有点微妙，涉及伴随矩阵和 Hermitian 算子，它们本身就是很重要的主题。

第一种方法（$\hat{O}$ 作用于 $|\psi\rangle$）很直观。也可以将算子 $\hat{O}$ 移到右矢括号内，放在标签 ψ 旁，生成一个新的右矢：

$$\hat{O}\,|\psi\rangle = |\hat{O}\psi\rangle \tag{2.20}$$

在右矢中看到一个算子似乎很奇怪，因为到目前为止，我

们认为算子是作用到右矢上，而不是在右矢中操作。但是请记住，右矢中的符号（如 ψ 或 $\hat{O}\psi$）只是一个标签，具体来说，它是右矢表示的向量的名称。所以当把算子移到右矢中形成一个新的右矢（比如 $|\hat{O}\psi\rangle$）时，真正要做的是改变右矢所指的向量，从向量 $\vec{\psi}$ 到 $\hat{O}$ 作用在 $\vec{\psi}$ 上而产生的向量。如果给这个新向量命名为 $\overrightarrow{\hat{O}\psi}$，那么对应的右矢就是 $|\hat{O}\psi\rangle$，这是一个新的右矢，它与表达式中的 $|\phi\rangle$ 形成内积 $\langle\phi|\hat{O}|\psi\rangle$。

可以通过两种方式看表达式（如 $\langle\phi|\hat{O}|\psi\rangle$）左边连同算子的部分，其中一种方式是将算子 $\hat{O}$ 移到 $\langle\phi|$ 内。但是如果不改变算子，就不能把算子移到左矢内，这种改变称为取算子的“伴随”[⊖]，写为 $\hat{O}^\dagger$。因此，将算子 $\hat{O}$ 从左矢外移到左矢内的过程如下所示：

$$\langle\psi|\hat{O} = \langle\hat{O}^\dagger\psi| \tag{2.21}$$

当考虑表达式 $\langle\hat{O}^\dagger\psi|$ 时，必须记住左矢里面的标签（如 $\hat{O}^\dagger\psi$）对应一个向量，该向量是算子 $\hat{O}^\dagger$ 作用在向量 $\vec{\psi}$ 后得到的，所以 $\langle\hat{O}^\dagger\psi|$ 是 $|\hat{O}^\dagger\psi\rangle$ 的对偶。

求矩阵形式的算子的伴随矩阵是很简单的。只要令矩阵中每个元素为其复共轭，然后转置该矩阵即可，也就是说，交换矩阵的行和列。所以第一行变成第一列，第二行变成第二列，如此类推。如果算子 $\hat{O}$ 的矩阵表示如下

$$\hat{O} = \begin{pmatrix} O_{11} & O_{12} & O_{13} \\ O_{21} & O_{22} & O_{23} \\ O_{31} & O_{32} & O_{33} \end{pmatrix} \tag{2.22}$$

⊖ 也称为算子的“转置共轭”或“Hermitian 共轭”。

那么它的伴随 $\widehat{O}^{\dagger}$ 为

$$\widehat{O}^{\dagger}=\begin{pmatrix}O_{11}^{*} & O_{21}^{*} & O_{31}^{*}\\ O_{12}^{*} & O_{22}^{*} & O_{32}^{*}\\ O_{13}^{*} & O_{23}^{*} & O_{33}^{*}\end{pmatrix} \tag{2.23}$$

如果将这个取共轭转置过程应用到列向量，将看到右矢的 Hermitian 伴随是对应的左矢：

$$|A\rangle=\begin{pmatrix}A_1\\ A_2\\ A_3\end{pmatrix}$$

$$|A\rangle^{\dagger}=\begin{pmatrix}A_1^{*} & A_2^{*} & A_3^{*}\end{pmatrix}=\langle A|$$

知道 $\widehat{O}$ 和它的伴随 $\widehat{O}^{\dagger}$ 在形式上有什么不同是很有用的，但是也应该理解它们在函数中有什么不同。答案是：如果 $\widehat{O}$ 将 $|\psi\rangle$ 转换为 $|\psi'\rangle$，那么 $\widehat{O}^{\dagger}$ 将 $\langle\psi|$ 转换为 $\langle\psi'|$。方程如下

$$\begin{aligned}\widehat{O}|\psi\rangle&=|\psi'\rangle\\ \langle\psi|\widehat{O}^{\dagger}&=\langle\psi'|\end{aligned} \tag{2.24}$$

其中 $\langle\psi|$ 是 $|\psi\rangle$ 的对偶，$\langle\psi'|$ 是 $|\psi'\rangle$ 的对偶。一定要注意等式（2.24）中算子 $\widehat{O}$ 和 $\widehat{O}^{\dagger}$ 在 $|\psi\rangle$ 和 $\langle\psi|$ 外。

还应该知道，也可以计算不把算子移到左矢内的表达式（如 $\langle\psi|\widehat{O}$）。由于左矢可以用行向量来表示，所以左矢在算子的左侧可以写成一个行向量在矩阵的左侧，这意味着只要行向量中的元素数与矩阵中的行数匹配，那么它们就可以相乘。所以，如果 $|\psi\rangle$、$\langle\psi|$ 和 $\widehat{O}$ 由下式得出

$$|\psi\rangle=\begin{pmatrix}\psi_1\\ \psi_2\end{pmatrix}\qquad \langle\psi|=\begin{pmatrix}\psi_1^{*} & \psi_2^{*}\end{pmatrix}\qquad \widehat{O}=\begin{pmatrix}O_{11} & O_{12}\\ O_{21} & O_{22}\end{pmatrix}$$

那么

$$\langle\psi|\widehat{O}=\begin{pmatrix}\psi_1^* & \psi_2^*\end{pmatrix}\begin{pmatrix}O_{11} & O_{12}\\ O_{21} & O_{22}\end{pmatrix}$$
$$=\begin{pmatrix}\psi_1^*O_{11}+\psi_2^*O_{21} & \psi_1^*O_{12}+\psi_2^*O_{22}\end{pmatrix} \tag{2.25}$$

这与$\langle\widehat{O}^\dagger\psi|$得到的结果相同：

$$\widehat{O}^\dagger=\begin{pmatrix}O_{11}^* & O_{21}^*\\ O_{12}^* & O_{22}^*\end{pmatrix}$$
$$\langle\widehat{O}^\dagger\psi|=|\widehat{O}^\dagger\psi\rangle^\dagger=\left(\widehat{O}^\dagger|\psi\rangle\right)^\dagger=\left[\begin{pmatrix}O_{11}^* & O_{21}^*\\ O_{12}^* & O_{22}^*\end{pmatrix}\begin{pmatrix}\psi_1\\ \psi_2\end{pmatrix}\right]^\dagger$$
$$=\begin{pmatrix}\psi_1O_{11}^*+\psi_2O_{21}^*\\ \psi_1O_{12}^*+\psi_2O_{22}^*\end{pmatrix}^\dagger$$
$$=\begin{pmatrix}\psi_1^*O_{11}+\psi_2^*O_{21} & \psi_1^*O_{12}+\psi_2^*O_{22}\end{pmatrix} \tag{2.26}$$

与等式（2.25）一致。

所以当左矢在算子左边（在左矢外面）时，可以用代表左矢的行向量乘以代表算子的矩阵，或者把算子移到左矢的里面，但这个过程需要取算子的 Hermitian 共轭。

知道了如何处理算子在左矢和右矢的里面和外面的情形，那么应该可以理解如下表达式的等价性：

$$\langle\phi|\widehat{O}|\psi\rangle=\langle\phi|\widehat{O}\psi\rangle=\langle\widehat{O}^\dagger\phi|\psi\rangle \tag{2.27}$$

等式（2.27）的作用是帮助你理解某些算子的一个极其重要的特征。这些算子被称为“Hermitian”，它们的定义特征是：Hermitian 算子等于它自己的伴随，所以如果$\widehat{O}$是 Hermitian 算子，那么

$$\widehat{O} = \widehat{O}^{\dagger} \qquad \text{(Hermitian } \widehat{O}\text{)} \tag{2.28}$$

通过观察算子的矩阵表示，可以很容易地确定算子是否为 Hermitian 算子。比较等式（2.22）和等式（2.23），可以看到一个矩阵要等于它自己的伴随，对角线元素必须都是实的（因为只有纯实数等于它的复共轭），每个非对角线元素必须等于对角线另一边对应元素的复共轭（所以 O_{21} 必须等于 O_{12}^{*}，O_{31} 必须等于 O_{13}^{*}，O_{23} 必须等于 O_{32}^{*}，如此类推）。

为什么 Hermitian 算子特别有趣？再看看等式（2.27）中的第二个等式。如果算子 $\widehat{O}$ 等于其伴随 $\widehat{O}^{\dagger}$，那么

$$\langle\phi|\,\widehat{O}\,|\psi\rangle = \langle\phi|\widehat{O}\psi\rangle = \langle\widehat{O}^{\dagger}\phi|\psi\rangle = \langle\widehat{O}\phi|\psi\rangle \tag{2.29}$$

这意味着 Hermitian 算子可以应用于内积的任一成员并得到相同的结果。

对于复连续函数，例如 $f(x)$ 和 $g(x)$，与等式（2.29）等价的是

$$\begin{aligned}\int_{\infty}^{\infty} f^{*}(x)\left[\widehat{O}g(x)\right]\mathrm{d}x &= \int_{\infty}^{\infty}\left[\widehat{O}^{\dagger}f^{*}(x)\right]g(x)\mathrm{d}x \\ &= \int_{\infty}^{\infty}\left[\widehat{O}f^{*}(x)\right]g(x)\mathrm{d}x\end{aligned} \tag{2.30}$$

可以将 Hermitian 算子移到内积的任何一边看起来似乎只是一个小的计算优势，但它有很大的影响。要理解这些结果，请考虑当 Hermitian 算子夹在一个 $\langle\psi|$ 和 $|\psi\rangle$ 之间时会发生什么，这使得等式（2.29）变为

$$\langle\psi|\,\widehat{O}\,|\psi\rangle = \langle\psi|\widehat{O}\psi\rangle = \langle\widehat{O}\psi|\psi\rangle \tag{2.31}$$

现在考虑这个等式的意义，如果 $|\psi\rangle$ 是 $\widehat{O}$ 的特征右矢且特征值为 λ。在这种情况下，$|\widehat{O}\psi\rangle=|\lambda\psi\rangle$ 和 $\langle\widehat{O}\psi|=\langle\lambda\psi|$，那么有

$$\langle\psi|\lambda\psi\rangle = \langle\lambda\psi|\psi\rangle \tag{2.32}$$

要从这个等式中学到一些东西，需要理解将常数从右矢或左矢的里面提到外面（或从外面放到里面）的规则。对于右矢，可以在不改变常数的情况下，将右矢里面的常数（即使该常数是复数）提到外面（或从外面放到里面）。所以

$$c\,|A\rangle = |cA\rangle \tag{2.33}$$

通过将右矢写成列向量，可以看到为什么这是对的：

$$c\,|A\rangle = c\begin{pmatrix}A_x\\A_y\\A_z\end{pmatrix} = \begin{pmatrix}cA_x\\cA_y\\cA_z\end{pmatrix} = |cA\rangle$$

但是如果想把左矢里面的常数从里面提到外面（或从外面放到里面），就必须取这个常数的复共轭：

$$c\,\langle A| = \langle c^*A| \tag{2.34}$$

因为在这种情况下

$$\begin{aligned}c\,\langle A| = c\begin{pmatrix}A_x^* & A_y^* & A_z^*\end{pmatrix} &= \begin{pmatrix}cA_x^* & cA_y^* & cA_z^*\end{pmatrix}\\ &= \begin{pmatrix}(c^*A_x)^* & (c^*A_y)^* & (c^*A_z)^*\end{pmatrix} = \langle c^*A|\end{aligned}$$

如果不明白为什么最后的等式是对的，记住右矢的以下性质

$$|c^*A\rangle = \begin{pmatrix}c^*A_x\\c^*A_y\\c^*A_z\end{pmatrix}$$

对应左矢的性质是 $\langle c^*A| = ((c^*A_x)^*\ (c^*A_y)^*\ (c^*A_z)^*)$。这与 $c\langle A|$ 的表达式是匹配的，所以 $c\langle A| = \langle c^*A|$。

所有这一切的结果是，一个常数可以在没有变化的情况下进出右矢，但是在左矢中进出则需要取常数的复共轭。因此，在等式（2.32）的左侧，将常数 λ 从 $|\lambda\psi\rangle$ 提出，在等式的右侧，将常数 λ 从 $\langle\lambda\psi|$ 中提出，得到

$$\langle\psi|\lambda|\psi\rangle = \lambda^*\langle\psi|\psi\rangle \tag{2.35}$$

在本节的开头，夹在左矢和右矢之间（但不在它们的里面）的常数可以毫无变化地移到左矢的左侧或右矢的右侧。在等式（2.35）的左侧，从 $\langle\psi|$ 和 $|\psi\rangle$ 之间提出常数 λ，得到

$$\lambda\langle\psi|\psi\rangle = \lambda^*\langle\psi|\psi\rangle \tag{2.36}$$

只有当 $\lambda = \lambda^*$ 时，等式才成立，这意味着特征值 λ 必须是实数，所以 Hermitian 算子必须有实特征值。

可以通过将 Hermitian 算子夹在两个不同函数之间的表达式来获得另一个有用的结果，如等式（2.29）所示：

$$\langle\phi|\hat{O}|\psi\rangle = \langle\phi|\hat{O}\psi\rangle = \langle\hat{O}^\dagger\phi|\psi\rangle = \langle\hat{O}\phi|\psi\rangle \tag{2.29}$$

考虑 ϕ 是 Hermitian 算子 $\hat{O}$ 的特征函数且特征值为 λ_ϕ，ψ 也是 $\hat{O}$ 的特征函数且特征值为 λ_ψ（不同于 λ_ϕ）的情况。那么等式（2.29）为

$$\langle\phi|\hat{O}|\psi\rangle = \langle\phi|\lambda_\psi\psi\rangle = \langle\lambda_\phi\phi|\psi\rangle$$

然后提出常数 λ_ψ 和 λ_ϕ，得到

$$\lambda_\psi \langle\phi|\psi\rangle = \lambda_\phi^* \langle\phi|\psi\rangle$$

但是，Hermitian 算子的特征值必须为实数，所以 $\lambda_\phi^* = \lambda_\phi$，那么

$$\lambda_\psi \langle\phi|\psi\rangle = \lambda_\phi \langle\phi|\psi\rangle$$
$$(\lambda_\psi - \lambda_\phi)\langle\phi|\psi\rangle = 0$$

这意味着 $(\lambda_\psi - \lambda_\phi)$ 或 $\langle\phi|\psi\rangle$（或两者）必须为零。但是我们指定了特征函数 ϕ 和 ψ 具有不同的特征值，所以 $(\lambda_\psi - \lambda_\phi)$ 不能为零，那么只能是 $\langle\phi|\psi\rangle$ 为零。由于只有当两个函数正交时，它们的内积才能为零，这意味着具有不同特征值的 Hermitian 算子的特征函数必须正交。

如果两个或多个特征函数共享一个特征值呢？这就是所谓的**退化**情形，具有相同特征值的特征函数一般不会正交。但在这种情况下，总是可以使用非正交特征函数的加权组合来产生具有退化特征值的特征函数的正交集。因此在非退化情况下（没有特征函数共享特征值），只存在一组特征函数，并且这些特征函数是正交的。但是在退化的情况下，有无穷多个非正交的特征函数，从这些特征函数中可以构造一个正交集[⊖]。

Hermitian 算子的特征函数还有一个有用的特征：它们形成一个完备集。这意味着包含 Hermitian 算子特征函数的抽象向量空间中的任何函数都可以由这些特征函数的线性组合表示。

⊖ 通过 **Gram-Schmidt 过程**构造一组正交向量的过程在本书的网站上有详细的解释。

本节的主要思想

Hermitian 算子可以应用于内积的任一成员，且结果都相同。Hermitian 算子具有实特征值，Hermitian 算子的非退化特征函数是正交的，并形成一个完备集。

与量子力学的关联性

第 4 章中对薛定谔方程的解的讨论将表明，每一个量子可观测量（如位置、动量和能量）都与一个算子相关联，所有可能的测量结果都由该算子的特征值给出。由于测量结果必须是实的，因此与可观测量相关的算子必须是 Hermitian 算子。Hermitian 算子的特征函数是正交的（或可以组合成正交的），这些特征函数的正交性对我们构造薛定谔方程的解和使用这些解确定各种测量结果的概率的能力有着深远的影响。

2.4　投影算子

在大多数量子力学的教材中，可能会遇到一个非常有用的 Hermitian 算子，那就是“投影算子”，要理解投影是什么，需要考虑三维向量 $\vec{A}$ 的右矢。用表示正交向量 $\hat{\epsilon}_1$，$\hat{\epsilon}_2$ 和 $\hat{\epsilon}_3$ 的基来展开该右矢，如下所示：

$$|A\rangle = A_1\,|\epsilon_1\rangle + A_2\,|\epsilon_2\rangle + A_3\,|\epsilon_3\rangle \tag{2.37}$$

或者使用等式（1.32）的分量 A_1，A_2 和 A_3，如下：

$$|A\rangle = \langle\epsilon_1|A\rangle\,|\epsilon_1\rangle + \langle\epsilon_2|A\rangle\,|\epsilon_2\rangle + \langle\epsilon_3|A\rangle\,|\epsilon_3\rangle \tag{2.38}$$

根据正交基向量，我们有$\langle\epsilon_i|\epsilon_i\rangle=1$。

而且由于内积$\langle\epsilon_1|A\rangle$，$\langle\epsilon_2|A\rangle$和$\langle\epsilon_3|A\rangle$是标量（因为它们表示$A_1$，$A_2$和$A_3$，所以必须是标量），所以可以将它们移到基右矢$|\epsilon_1\rangle$，$|\epsilon_2\rangle$和$|\epsilon_3\rangle$的另一侧，那么表示$\vec{A}$的右矢的展开式变成

$$|A\rangle = |\epsilon_1\rangle\,\langle\epsilon_1|A\rangle + |\epsilon_2\rangle\,\langle\epsilon_2|A\rangle + |\epsilon_3\rangle\,\langle\epsilon_3|A\rangle \tag{2.39}$$

这个等式由如下这些项组合而成

$$|A\rangle = |\epsilon_1\rangle\,\underbrace{\langle\epsilon_1|A\rangle}_{A_1} + |\epsilon_2\rangle\,\underbrace{\langle\epsilon_2|A\rangle}_{A_2} + |\epsilon_3\rangle\,\underbrace{\langle\epsilon_3|A\rangle}_{A_3}$$

但是考虑另一种分组

$$|A\rangle = \underbrace{|\epsilon_1\rangle\,\langle\epsilon_1|}_{\widehat{P}_1}\,|A\rangle + \underbrace{|\epsilon_2\rangle\,\langle\epsilon_2|}_{\widehat{P}_2}\,|A\rangle + \underbrace{|\epsilon_3\rangle\,\langle\epsilon_3|}_{\widehat{P}_3}\,|A\rangle \tag{2.40}$$

从大括号下面的标签中可以看到，项$|\epsilon_1\rangle\langle\epsilon_1|$，$|\epsilon_2\rangle\langle\epsilon_2|$和$|\epsilon_3\rangle\langle\epsilon_3|$是算子$\widehat{P}_1$，$\widehat{P}_2$和$\widehat{P}_3$。

投影算子的一般表达式为

$$\widehat{P}_i = |\epsilon_i\rangle\,\langle\epsilon_i| \tag{2.41}$$

其中，$\hat{\epsilon}_i$是任意正交向量。在这个表达式中，左矢左边有一个右矢，一开始可能看起来有点奇怪，但是大多数算子看起来都很奇怪，直到作用这些算子。把$\widehat{P}_1$作用在表示向量$\vec{A}$的右矢上，看看会发生什么：

$$\widehat{P}_1\,|A\rangle = |\epsilon_1\rangle\,\langle\epsilon_1|A\rangle = A_1\,|\epsilon_1\rangle \tag{2.42}$$

因此，将投影算子应用于 $|A\rangle$，生成新的右矢 $A_1|\epsilon_1\rangle$。新的右矢的大小是算子作用的右矢（在本例中为 $|A\rangle$）在用于定义算子的右矢的方向（在本例中为 $|\epsilon_1\rangle$）上的（标量）投影。但是这里有一个重要的步骤：新的右矢的大小乘以定义算子的右矢。因此，将投影算子作用于右矢的结果不仅是该右矢在 $\hat{\epsilon}_1$ 方向上的（标量）分量（如 A_1），而且还是新的右矢的方向。以 Cartesian 坐标系中的向量为例，投影算子 $\widehat{P}_1$ 不仅给出标量 A_X，还给出向量 $A_X\hat{i}$ 。

在定义投影算子时，必须在算子中使用表示归一化向量（如 $\hat{\epsilon}_1$）的右矢，可以将该向量视为“投影向量”。如果投影向量没有单位长度，那么它的长度对于内积的结果以及投影向量相乘的结果都有影响。要去除这些影响，需要除以（非归一化）投影向量范数的平方[⊖]。

为了完备性，将三个投影算子 $\widehat{P}_1$，$\widehat{P}_2$ 和 $\widehat{P}_3$ 作用于 $|A\rangle$，得到

$$\begin{aligned}\widehat{P}_1\,|A\rangle &= |\epsilon_1\rangle\,\langle\epsilon_1|A\rangle = A_1\,|\epsilon_1\rangle\\ \widehat{P}_2\,|A\rangle &= |\epsilon_2\rangle\,\langle\epsilon_2|A\rangle = A_2\,|\epsilon_2\rangle\\ \widehat{P}_3\,|A\rangle &= |\epsilon_3\rangle\,\langle\epsilon_3|A\rangle = A_3\,|\epsilon_3\rangle\end{aligned} \tag{2.43}$$

如果将投影算子作用于三维空间中所有基右矢并将结果求和，可以得到

⊖ 这就是为什么在某些教材中会看到定义为 $\widehat{P}_i = \dfrac{|\epsilon_i\rangle\langle\epsilon_i|}{|\vec{\epsilon}_i|^2}$ 的投影算子。

$$\widehat{P}_1|A\rangle + \widehat{P}_2|A\rangle + \widehat{P}_3|A\rangle = A_1|\epsilon_1\rangle + A_2|\epsilon_2\rangle + A_3|\epsilon_3\rangle = |A\rangle$$

或

$$\left(\widehat{P}_1 + \widehat{P}_2 + \widehat{P}_3\right)|A\rangle = |A\rangle$$

一般情况下，在 N 维空间中可以写成如下形式：

$$\sum_{n=1}^{N}\widehat{P}_n|A\rangle = |A\rangle \tag{2.44}$$

这意味着使用所有基向量的投影算子的和等于“恒等算子” $\hat{I}$。恒等算子是 Hermitian 算子，它作用在右矢上会得到与右矢相同的右矢：

$$\widehat{I}|A\rangle = |A\rangle \tag{2.45}$$

这不仅对 $|A\rangle$ 成立，对任意右矢都成立，就像用任何数字乘以数字“1”都会产生相同的数字一样。三维恒等算子 $(\bar{\bar{I}})$ 的矩阵表示为

$$\bar{\bar{I}} = \begin{pmatrix} 1 & 0 & 0 \\ 0 & 1 & 0 \\ 0 & 0 & 1 \end{pmatrix} \tag{2.46}$$

另外

$$\sum_{n=1}^{N}\widehat{P}_n = \sum_{n=1}^{N}|\epsilon_n\rangle\langle\epsilon_n| = \widehat{I} \tag{2.47}$$

称为“完备性”或**“封闭”关系**，因为它适用于 N 维空间中的任意右矢。这意味着该空间中的任意右矢都可以表示为 N 个基

右矢的和，并由 N 个分量加权得到。换言之，等式（2.47）中的基向量 $\vec{\epsilon}_n$（由 $|\epsilon_n\rangle$ 表示）及其对偶（由 $\langle\epsilon_n|$ 表示）构成一个完备集。

与所有算子一样，N 维空间中的投影算子可以用一个 $N\times N$ 的矩阵表示。利用等式（2.16）可以确定该矩阵的元素：

$$A_{ij}=\langle\epsilon_i|\widehat{A}\,|\epsilon_j\rangle \tag{2.16}$$

如 2.2 节所述，在确定算子的矩阵表示的元素之前，有必要确定要使用的基系统（就像在求向量的分量之前需要确定基系统一样）。

一种选择是使用由算子的特征右矢组成的基系统。你可能还记得，如果使用该基系统，表示算子的矩阵是对角的，并且每个对角元素都是矩阵的特征值。

求投影算子的特征右矢和特征值是很简单的。例如，对于投影算子 $\widehat{P}_1$，特征右矢方程为

$$\widehat{P}_1\,|A\rangle=\lambda_1\,|A\rangle \tag{2.48}$$

其中 $|A\rangle$ 是 $\widehat{P}_1$ 的特征右矢，且特征值为 λ_1。用 $|\epsilon_1\rangle\langle\epsilon_1|$ 替代 $\widehat{P}_1$，得到

$$|\epsilon_1\rangle\,\langle\epsilon_1|A\rangle=\lambda_1\,|A\rangle$$

若要看基右矢 $|\epsilon_1\rangle$ 本身是否为 $\widehat{P}_1$ 的特征右矢，令 $|A\rangle=|\epsilon_1\rangle$：

$$|\epsilon_1\rangle\,\langle\epsilon_1|\epsilon_1\rangle=\lambda_1\,|\epsilon_1\rangle$$

但 $|\epsilon_1\rangle$，$|\epsilon_2\rangle$ 和 $|\epsilon_3\rangle$ 形成一组正交集，所以 $\langle\epsilon_1|\epsilon_1\rangle=1$，这意味着

$$|\epsilon_1\rangle (1) = \lambda_1 |\epsilon_1\rangle$$
$$1 = \lambda_1$$

所以 $|\epsilon_1\rangle$ 确实是 $\widehat{P}_1$ 的特征右矢，且对应的特征值为 1。

在成功地证明 $|\epsilon_1\rangle$ 是 $\widehat{P}_1$ 的特征右矢之后，现在尝试证明 $|\epsilon_2\rangle$:

$$|\epsilon_1\rangle \langle\epsilon_1|\epsilon_2\rangle = \lambda_2 |\epsilon_2\rangle$$

但是 $\langle\epsilon_1|\epsilon_2\rangle=0$，所以

$$|\epsilon_1\rangle (0) = \lambda_2 |\epsilon_1\rangle$$
$$0 = \lambda_2$$

这意味着 $|\epsilon_2\rangle$ 也是 $\widehat{P}_1$ 的特征右矢，且对应的特征值为 0。将类似的分析应用于 $|\epsilon_3\rangle$，可以知道 $|\epsilon_3\rangle$ 也是 $\widehat{P}_1$ 的特征右矢，且对应的特征值也为 0。

所以 $\widehat{P}_1$ 的特征右矢为 $|\epsilon_1\rangle$，$|\epsilon_2\rangle$ 和 $|\epsilon_3\rangle$，对应的特征值分别为 1、0 和 0。有了这些特征右矢，通过将 $\widehat{P}_1$ 代入等式（2.16）可以确定矩阵元素 $(P_1)_{ij}$：

$$(P_1)_{ij} = \langle\epsilon_i| \widehat{P}_1 |\epsilon_j\rangle \quad (2.49)$$

令 $i=1$ 和 $j=1$，然后利用 $\widehat{P}_1 = |\epsilon_1\rangle\langle\epsilon_1|$，可以得到 $(P_1)_{11}$：

$$(P_1)_{11} = \langle\epsilon_1| \widehat{P}_1 |\epsilon_1\rangle = \langle\epsilon_1|\epsilon_1\rangle \langle\epsilon_1|\epsilon_1\rangle = (1)(1) = 1$$

同样地，

$$(P_1)_{12} = \langle\epsilon_1| \widehat{P}_1 |\epsilon_2\rangle = \langle\epsilon_1|\epsilon_1\rangle \langle\epsilon_1|\epsilon_2\rangle = (1)(0) = 0$$
$$(P_1)_{21} = \langle\epsilon_2| \widehat{P}_1 |\epsilon_1\rangle = \langle\epsilon_2|\epsilon_1\rangle \langle\epsilon_1|\epsilon_1\rangle = (0)(1) = 0$$
$$(P_1)_{13} = \langle\epsilon_1| \widehat{P}_1 |\epsilon_3\rangle = \langle\epsilon_1|\epsilon_1\rangle \langle\epsilon_1|\epsilon_3\rangle = (1)(0) = 0$$

$$(P_1)_{31} = \langle\epsilon_3|\widehat{P}_1|\epsilon_1\rangle = \langle\epsilon_3|\epsilon_1\rangle\langle\epsilon_1|\epsilon_1\rangle = (0)(1) = 0$$
$$(P_1)_{23} = \langle\epsilon_2|\widehat{P}_1|\epsilon_3\rangle = \langle\epsilon_2|\epsilon_1\rangle\langle\epsilon_1|\epsilon_3\rangle = (0)(0) = 0$$
$$(P_1)_{32} = \langle\epsilon_3|\widehat{P}_1|\epsilon_2\rangle = \langle\epsilon_3|\epsilon_1\rangle\langle\epsilon_1|\epsilon_2\rangle = (0)(0) = 0$$

所以，算子 $\widehat{P}_1$ 在特征右矢 $|\epsilon_1\rangle$，$|\epsilon_2\rangle$ 和 $|\epsilon_3\rangle$ 作为基下的矩阵表示为

$$\bar{\bar{P}}_1 = \begin{pmatrix} 1 & 0 & 0 \\ 0 & 0 & 0 \\ 0 & 0 & 0 \end{pmatrix} \tag{2.50}$$

正如所料，在此基下，$\widehat{P}_1$ 矩阵是对角的，且对角元素等于特征值 1，0 和 0。

对投影算子 $\widehat{P}_2 = |\epsilon_2\rangle\langle\epsilon_2|$ 做类似的分析，可以发现，它与 $\widehat{P}_1$ 具有相同的特征右矢（$|\epsilon_1\rangle$，$|\epsilon_2\rangle$ 和 $|\epsilon_3\rangle$），且特征值分别为 0，1 和 0。因此，它的矩阵表示为

$$\bar{\bar{P}}_2 = \begin{pmatrix} 0 & 0 & 0 \\ 0 & 1 & 0 \\ 0 & 0 & 0 \end{pmatrix} \tag{2.51}$$

而且，投影算子 $\widehat{P}_3 = |\epsilon_3\rangle\langle\epsilon_3|$ 也有相同的特征右矢，且特征值分别为 0，0 和 1。它的矩阵表示为

$$\bar{\bar{P}}_3 = \begin{pmatrix} 0 & 0 & 0 \\ 0 & 0 & 0 \\ 0 & 0 & 1 \end{pmatrix} \tag{2.52}$$

根据完备性关系（等式（2.47）），投影算子 $\widehat{P}_1$，$\widehat{P}_2$ 和 $\widehat{P}_3$ 的矩阵表示相加应该会得到恒等算子的矩阵：

$$\begin{pmatrix}1&0&0\\0&0&0\\0&0&0\end{pmatrix}+\begin{pmatrix}0&0&0\\0&1&0\\0&0&0\end{pmatrix}+\begin{pmatrix}0&0&0\\0&0&0\\0&0&1\end{pmatrix}=\begin{pmatrix}1&0&0\\0&1&0\\0&0&1\end{pmatrix}=\bar{\bar{I}} \quad (2.53)$$

求投影算子 $\widehat{P}_1$ 的矩阵元素的另一种方法是使用矩阵乘法的外积规则，这个规则说的是列向量 $\vec{A}$ 和行向量 $\vec{B}$ 的外积为

$$\begin{pmatrix}A_1\\A_2\\A_3\end{pmatrix}\begin{pmatrix}B_1 & B_2 & B_3\end{pmatrix}=\begin{pmatrix}A_1B_1 & A_1B_2 & A_1B_3\\A_2B_1 & A_2B_2 & A_2B_3\\A_3B_1 & A_3B_2 & A_3B_3\end{pmatrix} \quad (2.54)$$

回想 1.2 节，可以在它们自己的“标准”基系统中展开基向量，在这种情况下，每个向量都有一个非零分量（如果基是正交的，则该分量等于 1）。因此，在它们各自的基上展开 $|\epsilon_1\rangle$，$|\epsilon_2\rangle$ 和 $|\epsilon_3\rangle$，使它们和相应的左矢如下：

$$|\epsilon_1\rangle=1\,|\epsilon_1\rangle+0\,|\epsilon_2\rangle+0\,|\epsilon_3\rangle=\begin{pmatrix}1\\0\\0\end{pmatrix} \qquad \langle\epsilon_1|=\begin{pmatrix}1 & 0 & 0\end{pmatrix}$$

$$|\epsilon_2\rangle=0\,|\epsilon_1\rangle+1\,|\epsilon_2\rangle+0\,|\epsilon_3\rangle=\begin{pmatrix}0\\1\\0\end{pmatrix} \qquad \langle\epsilon_2|=\begin{pmatrix}0 & 1 & 0\end{pmatrix}$$

$$|\epsilon_3\rangle=0\,|\epsilon_1\rangle+0\,|\epsilon_2\rangle+1\,|\epsilon_3\rangle=\begin{pmatrix}0\\0\\1\end{pmatrix} \qquad \langle\epsilon_3|=\begin{pmatrix}0 & 0 & 1\end{pmatrix}$$

根据等式（2.54）的外积定义以及基右矢和基左矢的这些表达式，可以确定投影算子 $\widehat{P}_1$，$\widehat{P}_2$ 和 $\widehat{P}_3$ 的元素：

$$\widehat{P}_1=|\epsilon_1\rangle\langle\epsilon_1|=\begin{pmatrix}1\\0\\0\end{pmatrix}\begin{pmatrix}1 & 0 & 0\end{pmatrix}$$

$$= \begin{pmatrix} (1)(1) & (1)(0) & (1)(0) \\ (0)(1) & (0)(0) & (0)(0) \\ (0)(1) & (0)(0) & (0)(0) \end{pmatrix} = \begin{pmatrix} 1 & 0 & 0 \\ 0 & 0 & 0 \\ 0 & 0 & 0 \end{pmatrix}$$

$$\widehat{P}_2 = |\epsilon_2\rangle\langle\epsilon_2| = \begin{pmatrix} 0 \\ 1 \\ 0 \end{pmatrix} \begin{pmatrix} 0 & 1 & 0 \end{pmatrix}$$

$$= \begin{pmatrix} (0)(0) & (0)(1) & (0)(0) \\ (1)(0) & (1)(1) & (1)(0) \\ (0)(0) & (0)(1) & (0)(0) \end{pmatrix} = \begin{pmatrix} 0 & 0 & 0 \\ 0 & 1 & 0 \\ 0 & 0 & 0 \end{pmatrix}$$

$$\widehat{P}_3 = |\epsilon_3\rangle\langle\epsilon_3| = \begin{pmatrix} 0 \\ 0 \\ 1 \end{pmatrix} \begin{pmatrix} 0 & 0 & 1 \end{pmatrix}$$

$$= \begin{pmatrix} (0)(0) & (0)(0) & (0)(1) \\ (0)(0) & (0)(0) & (0)(1) \\ (1)(0) & (1)(0) & (1)(1) \end{pmatrix} = \begin{pmatrix} 0 & 0 & 0 \\ 0 & 0 & 0 \\ 0 & 0 & 1 \end{pmatrix}$$

可以在本章末的习题和在线解决方案中看到，在其他基系统下，如何利用矩阵外积来确定投影算子的元素。

本节的主要思想

投影算子是一个 Hermitian 算子，它将一个向量投影到另一个向量的方向上，并在该方向上形成一个新的向量。空间中所有基向量的投影算子作用于一个向量，会得到原来的向量。这意味着所有基向量的投影算子之和等于恒等算子，这是完备关系的一种形式。投影算子的矩阵元素可以通过将投影算子夹在基向量对的左矢和右矢之间或者通过使用每个基向量的右矢和左矢的外积来确定。

与量子力学的关联性

如第 4 章所述，投影算子通过将系统的状态投影到可观测量的算子的特征态上，可以确定量子可观测量的测量结果的概率。

2.5 期望值

伟大的量子物理学家 Niels Bohr 很喜欢丹麦的一句谚语："预测是很难的，尤其是对未来的预测。"幸运的是，如果已经通读了前面的章节，你就拥有了对量子可观测量的测量结果（如位置、动量和能量）进行非常具体的预测的工具。

刚接触量子理论的学生常常惊讶地发现，这样的预测是可以做到的。毕竟，量子力学的本质不就是概率性的吗？因此，一般来说单个测量的结果无法精确预测。但在本节中，我们将学习如何对平均测量结果做出非常具体的预测，前提是得知道两件事：与计划进行的测量相对应的算子 ($\hat{O}$)，以及在测量之前由 $|\psi\rangle$ 表示的系统状态。

这些预测以可观测量的"期望值"的形式出现，其确切含义将在本节解释。可以使用下面的等式来确定可观测量 (O) 的期望值，该期望值由状态为 $|\psi\rangle$ 的系统的算子 $\hat{O}$ 表示：

$$\langle o\rangle = \langle\psi|\hat{O}|\psi\rangle \tag{2.55}$$

在这个等式中，左边的尖括号表示期望值，即与算子 $\hat{O}$ 相关的可观测量的多次测量结果的平均值。

重要的是要明白“多次测量”并不是指一次接一次地观察。相反，这些测量不是在单个系统上进行的，而是在一组系统（通常称为系统的“集成”）上进行的，这些系统在测量之前都处于相同的状态。因此，期望值是许多系统的平均值，而不是一段时间的平均值（而且它肯定不是期望从单次测量中获得的值）。

如果这听起来很不自然，那就想想某一天所有足球比赛的平均进球数吧。获胜的球队平均可以进 2.4 个球，而失利的球队平均可以进 1.7 个球，但你是否期望看到最终的比分是 2.4 比 1.7？显然不是，因为在单场比赛中，每一方的进球数都是整数。只有平均多场比赛时，才能看到进球数是非整数。

这个足球比赛的例子有助于理解为什么期望值不是期望从单次测量中得到的值，但是它缺少一个在所有量子力学观测中都存在的特征，这个特征就是概率，这也是大多数量子教材在引入期望值概念时使用掷骰子等例子的原因。因此，与其考虑一组已完成的比赛的进球数的平均值，不如考虑一下，如果给定一组概率，如何确定获胜方在大量比赛中平均进球数的期望值。例如，你可能会被告知，获胜方的进球数为 0 个或超过 6 个的概率可以忽略不计，进球数为 1 到 6 个的概率如下表所示：

获胜方总进球数	0	1	2	3	4	5	6
概率（%）	0	22	43	18	9	5	3

根据这些信息，获胜方的期望进球数（$\langle g\rangle$）可以通过如下方法计算，将每个可能的进球数（称为 λ_n）乘以其概率（P_n），并将

结果相加：

$$\langle g\rangle=\sum_{n=1}^{N}\lambda_n P_n \tag{2.56}$$

所以在上述例子中，我们有

$$\begin{aligned}\langle g\rangle &= \lambda_0P_0+\lambda_1P_1+\lambda_2P_2+\cdots+\lambda_6P_6\\ &=0\times0+1\times0.22+2\times0.43+3\times0.18+4\times0.09+5\times0.05+6\times0.03\\ &=2.4\end{aligned}$$

要使用这种方法，必须知道所有可能的结果和每个结果的概率。

这种将每个可能的结果乘以其概率来确定期望值的方法同样适用于量子力学。为了了解这是如何做到的，考虑一个 Hermitian 算子 $\widehat{O}$ 和由 $|\psi\rangle$ 表示的归一化波函数。如 1.6 节所述，这个右矢可以写成表示算子 $\widehat{O}$ 的特征向量的右矢的加权组合：

$$|\psi\rangle=c_1|\psi_1\rangle+c_2|\psi_2\rangle+\cdots+c_N|\psi_N\rangle=\sum_{n=1}^{N}c_n|\psi_n\rangle \tag{1.35}$$

其中，其中 c_1 到 c_N 表示 $|\psi\rangle$ 中每个正交特征函数 $|\psi_n|$ 的量。考虑如下表达式

$$\langle\psi|\widehat{O}|\psi\rangle$$

如前所述，它可以表示为 $|\psi\rangle$ 和将算子 $\widehat{O}$ 应用于 $|\psi\rangle$ 的内积。将算子 $\widehat{O}$ 作用于等式（1.35）中的 $|\psi\rangle$，可以得到

$$\widehat{O}|\psi\rangle=\widehat{O}\sum_{n=1}^{N}c_n|\psi_n\rangle=\sum_{n=1}^{N}c_n\widehat{O}|\psi_n\rangle=\sum_{n=1}^{N}\lambda_nc_n|\psi_n\rangle \tag{2.57}$$

其中，λ_n 表示应用于特征右矢的算子 $\widehat{O}$ 对应的特征值。

现在利用这个表达式求出 $|\psi\rangle$ 和 $\widehat{O}|\psi\rangle$ 的内积。$|\psi\rangle$ 对应的左矢为 $\langle\psi|$，即

$$\langle\psi| = \langle\psi_1| c_1^* + \langle\psi_2| c_2^* + \cdots + \langle\psi_N| c_N^* = \sum_{m=1}^{N} \langle\psi_m| c_m^*$$

其中，m 用于区分该总和与等式（2.57）的总和。这意味着内积 $(|\psi\rangle, \widehat{O}|\psi\rangle)$ 为

$$\begin{aligned}\langle\psi| \widehat{O} |\psi\rangle &= \sum_{m=1}^{N} \langle\psi_m| c_m^* \sum_{n=1}^{N} \lambda_n c_n |\psi_n\rangle \\ &= \sum_{m=1}^{N} \sum_{n=1}^{N} c_m^* \lambda_n c_n \langle\psi_m|\psi_n\rangle\end{aligned}$$

但是如果特征函数 ψ_n 是正交的，那么只有 $n=m$ 的项才能保存下来，所以上式变成

$$\langle\psi| \widehat{O} |\psi\rangle = \sum_{n=1}^{N} \lambda_n c_n^* c_n = \sum_{n=1}^{N} \lambda_n |c_n|^2 = \langle o\rangle \qquad (2.58)$$

这与等式（2.56）有相同的形式，即用 $|c_n|^2$ 代替概率 P_n。所以只要 c_n 的模的平方表示得到结果 λ_n 的概率，表达式 $\langle\psi| \widehat{O} |\psi\rangle$ 就会得到期望值 $\langle o\rangle$。

本节中给出的期望值表达式可以扩展到结果用连续变量 x 而不是离散值 λ_n 表示的情况。在这种情况下，每个结果的离散概率 P_n 被连续概率密度函数 $P(x)$ 替代，并且和变成在无穷小增量 $\mathrm{d}x$ 上的积分。所以可观测量 x 的期望值为

$$\langle x\rangle = \int_{-\infty}^{\infty} xP(x)\mathrm{d}x \tag{2.59}$$

使用内积，期望值可以用 Dirac 符号和积分形式写成如下形式

$$\langle x\rangle = \langle\psi|\widehat{X}|\psi\rangle = \int_{-\infty}^{\infty}[\psi(x)]^*\widehat{X}[\psi(x)]\mathrm{d}x \tag{2.60}$$

其中 $\widehat{X}$ 表示与可观测量 x 相关的算子。

在量子力学中，期望值在确定如位置、动量或能量等量的不确定性方面起着重要作用。将位置的不确定性称为 Δx，不确定性的平方由下式给出

$$(\Delta x)^2 = \left\langle x^2\right\rangle - \langle x\rangle^2 \tag{2.61}$$

其中 $\langle x^2\rangle$ 表示位置平方 (x^2) 的期望值，$\langle x\rangle^2$ 表示 x 的期望值的平方。

对等式（2.61）两边取平方根，可以得到

$$\Delta x = \sqrt{\left\langle x^2\right\rangle - \langle x\rangle^2} \tag{2.62}$$

在本书的网站上可以看到，对于位置值 x 的分布，$(\Delta x)^2$ 等于 x 的方差，该方差定义为 x 的每个值和 x 的平均值之间的差的平方的平均值（该平均值是期望值 $\langle x\rangle$）：

$$x\text{ 的方差} = (\Delta x)^2 \equiv \left\langle (x - \langle x\rangle)^2\right\rangle \tag{2.63}$$

这意味着方差的平方根 Δx 是分布 x 的标准差。因此，位置 x 的不确定性可以使用等式（2.62）中 x 的平方的期望值和 x 的

期望值来确定。同样，动量 Δp 的不确定性由下式给出

$$\Delta p = \sqrt{\langle p^2 \rangle - \langle p \rangle^2} \tag{2.64}$$

能量 ΔE 的不确定性可以由下式给出

$$\Delta E = \sqrt{\langle E^2 \rangle - \langle E \rangle^2} \tag{2.65}$$

本节的主要思想

表达式 $\langle \psi | \hat{O} | \psi \rangle$ 给出了处于量子态 $|\psi\rangle$ 的系统中与算子 $\hat{O}$ 相关的可观测量的期望值。

与量子力学的关联性

薛定谔在 1926 年发表他的方程时，波函数 ψ 的意义成为争论的主题。同年晚些时候，德国物理学家 Max Born 发表了一篇论文，他将薛定谔方程的解与测量结果的概率联系起来，在脚注中指出“更精确的考虑表明，概率与（等式（2.58）中称为 c_n 的）量的平方成正比”。可以在第 4 章中阅读到更多关于“Born 定则（Born rule）”的内容。

2.6　习题

1. 给定向量 $\vec{A} = A_x\hat{i} + A_y\hat{j}$ 和矩阵 $\overline{\overline{R}} = \begin{pmatrix} \cos\theta & \sin\theta \\ -\sin\theta & \cos\theta \end{pmatrix}$，算子 $\overline{\overline{R}}$ 如何作用于向量 $\vec{A}$？（提示：对于 $\theta = 90°$ 和 $\theta = 180°$ 的情况，

请考虑 $\overline{\overline{R}}\vec{A}$ 。）

2. 证明复向量 $\begin{pmatrix}1\\ \mathrm{i}\end{pmatrix}$ 和 $\begin{pmatrix}1\\ -\mathrm{i}\end{pmatrix}$ 是习题 1 中的矩阵 $\overline{\overline{R}}$ 的特征向量，并求出每个特征向量对应的特征值。

3. 围绕等式（2.8）的讨论表明 $\sin(kx)$ 不是空间一阶导数算子 $\mathrm{d}/\mathrm{d}x$ 的特征函数，那么 $\cos(kx)$ 是该算子的特征函数吗？$(kx)+\mathrm{i}\sin(kx)$ 或 $\cos(kx)$ 或 $\cos(kx)-\mathrm{i}\sin(kx)$ 呢？如果是，求出这些特征函数对应的特征值。

4. 如果算子 $\widehat{M}$ 在二维 Cartesian 坐标系中的矩阵表示为 $\overline{\overline{M}}=\begin{pmatrix}2 & 1+\mathrm{i}\\ 1-\mathrm{i} & 3\end{pmatrix}$，

   a）证明 $\begin{pmatrix}1+\mathrm{i}\\ -1\end{pmatrix}$ 和 $\begin{pmatrix}\frac{1+\mathrm{i}}{2}\\ 1\end{pmatrix}$ 是 $\widehat{M}$ 的特征向量；

   b）归一化这些特征向量并证明它们是正交的；

   c）求出这些特征向量对应的特征值；

   d）在这些特征向量的基系统中求出算子 $\widehat{M}$ 的矩阵表示。

5. 考虑矩阵 $\overline{\overline{A}}=\begin{pmatrix}5 & 0\\ 0 & \mathrm{i}\end{pmatrix}$ 和 $\overline{\overline{B}}=\begin{pmatrix}3+\mathrm{i} & 0\\ 0 & 2\end{pmatrix}$。

   a）这两个矩阵可交换吗？

   b）矩阵 $\overline{\overline{C}}=\begin{pmatrix}a & 0\\ 0 & b\end{pmatrix}$ 和 $\overline{\overline{D}}=\begin{pmatrix}c & 0\\ 0 & d\end{pmatrix}$ 可交换吗？

   c）若矩阵 $\overline{\overline{E}}=\begin{pmatrix}2 & \mathrm{i}\\ 3 & 5\mathrm{i}\end{pmatrix}$ 和 $\overline{\overline{F}}=\begin{pmatrix}a & b\\ c & d\end{pmatrix}$ 可交换，找出 a，b，c 和 d 的关系。

6. 判断以下每个矩阵是否为 Hermitian 矩阵（对于 d 到 f 的矩阵，如果可以的话，请填写缺少的元素使这些矩阵为

Hermitian 矩阵）：

a）$\overline{\overline{A}}=\begin{pmatrix}5 & 1\\1 & 2\end{pmatrix}$　　b）$\overline{\overline{B}}=\begin{pmatrix}\mathrm{i} & -3\mathrm{i}\\3\mathrm{i} & 0\end{pmatrix}$　　c）$\overline{\overline{C}}=\begin{pmatrix}2 & 1+\mathrm{i}\\1-\mathrm{i} & 3\end{pmatrix}$

d）$\overline{\overline{D}}=\begin{pmatrix}0 & \frac{\mathrm{i}}{2}\\ & 4\end{pmatrix}$　　e）$\overline{\overline{E}}=\begin{pmatrix}\mathrm{i} & 3\\3 & \end{pmatrix}$　　f）$\overline{\overline{F}}=\begin{pmatrix}2 & \\5\mathrm{i} & 1\end{pmatrix}$

7. 在具有正交基向量$\vec{\epsilon}_1=4\hat{\imath}-2\hat{\jmath}, \vec{\epsilon}_2=3\hat{\imath}+6\hat{\jmath}$和$\vec{\epsilon}_3=\hat{k}$的坐标系中，求出投影算子 $\widehat{P}_1$，$\widehat{P}_2$ 和 $\widehat{P}_3$ 的矩阵表示的元素。

8. 使用习题 7 中的投影算子，将向量 $\vec{A}=7\hat{\imath}-3\hat{\jmath}+2\hat{k}$ 投影在$\vec{\epsilon}_1$，$\vec{\epsilon}_2$ 和$\vec{\epsilon}_3$ 方向上。

9. 考虑一个标有数字 1 到 6 的六面骰子。

a）如果骰子是公平的，任何数字（1 到 6）出现的概率是相等的。在这种情况下，求期望值和标准差；

b）如果骰子是“不公平的”，则每个数字出现的概率可能为：

数字	1	2	3	4	5	6
概率（%）	10	70	15	3	1	1

在这种情况下，期望值和标准差是多少？

10. 将算子 $\widehat{O}$ 作用于正交基 $|\epsilon_1\rangle$，$|\epsilon_2\rangle$ 和 $|\epsilon_3\rangle$ 上，得到$\widehat{O}|\epsilon_1\rangle=2|\epsilon_1\rangle$, $\widehat{O}|\epsilon_2\rangle=-\mathrm{i}|\epsilon_1\rangle+|\epsilon_2\rangle$和$\widehat{O}|\epsilon_3\rangle=|\epsilon_3\rangle$。如果$\psi=4|\epsilon_1\rangle+2|\epsilon_2\rangle+3|\epsilon_3\rangle$，那么期望值 $\langle o\rangle$ 是多少？

第 3 章

薛定谔方程

如果通读了第 1 章和第 2 章，那么你已经看到一些关于**薛定谔方程**及其解的参考文献。你将在本章学习到薛定谔方程是如何描述量子态随时间的演化的，理解这个方程的物理意义将有助于理解量子波函数的性能。这一章主要介绍薛定谔方程，第 4 章和第 5 章将介绍更多关于薛定谔方程解的内容。

3.1 节将介绍薛定谔方程的几种“推导”方式，并且知道为什么“推导”这个词需要加引号，3.2 节将描述薛定谔方程中每一项的含义，以及薛定谔方程对量子波函数性能的确切解释，3.3 节将介绍与时间无关的薛定谔方程，如果查阅更前沿的量子教材或选修量子力学课程，那么一定将会遇到类似问题。

为了集中精力在物理上而不陷入数学符号的泥潭，本章讨论的大部分薛定谔方程是一个只有一个空间变量 (x) 的函数。在后面的章节你会看到，即使是一维版本，也能解决好几个在量子力学中的有趣问题，但在某些情况下，需要薛定谔方程的三维版本，这是 3.4 节的主题。

3.1 薛定谔方程的起源

如果看现在流行的量子教材中对薛定谔方程的介绍，会发现有几种“推导”薛定谔方程的方法。但是，正如这些教材的作者所指出的那样，这些方法都不是严格地从首要原理派生出来的（因此才有引号）。正如才华横溢的物理学家 Richard Feynman 所说，“你所了解的任何东西都不可能推导出它，它来自薛定谔的思想。”

所以，如果 Erwin Schrödinger 不是从首要原理得到这个方程，那么他到底是怎么得到它的呢？答案是，尽管薛定谔的方法是从几篇论文中逐步发展而来的，但从一开始薛定谔就清楚地认识到，这需要法国物理学家 Louis de Broglie 提出的波动方程。但薛定谔也意识到，与经典波动方程不同，量子波动方程的形式在时间上应该是一阶的，而经典波动方程在空间和时间上都是二阶偏微分方程，其原因将在本章后面解释。重要的是，他还发现使方程复数化（即其中一个系数包含 $\sqrt{-1}$ 因子）会带来巨大的好处。

理解薛定谔方程基本概念的一种方法是从与动能与势能之和的总能量有关的经典方程开始。为了将这一原理应用于量子波函数[⊖]，首先从如下等式开始，该等式是 Max Planck 和 Albert Einstein 在 20 世纪早期提出的，它将光子的能量 (E) 及其频率 (f) 或角频率 ($\omega = 2\pi f$) 联系起来：

⊖ 可以在 4.2 节中了解到量子波函数与量子态的关系。

$$E = hf = \hbar\omega \tag{3.1}$$

其中，h 表示 **Planck 常数**，而 $\hbar$ 是修正 Planck 常数$\left(\hbar = \dfrac{h}{2\pi}\right)$。

另一个有用的等式来自 James Clerk Maxwell 在 1862 年对**辐射压力**的研究，他断定电磁波携带动量。动量的大小 (p) 与能量 (E) 和光的速度 (c) 有关，等式如下

$$p = \frac{E}{c} \tag{3.2}$$

1924 年，de Broglie 提出量子层级的粒子会展现出像波一样的表现，同时，这些“物质波”的动量可以通过联合 **Planck-Einstein 关系** ($E = \hbar\omega$) 和动量 - 能量的关系来确定

$$p = \frac{E}{c} = \frac{\hbar\omega}{c} \tag{3.3}$$

通过等式 $f = \dfrac{c}{\lambda}$ 可知，波的频率 (f) 与它的波长 (λ) 和速度 (c) 有关，所以，动量可以写成

$$\begin{aligned} p &= \frac{\hbar\omega}{c} = \frac{\hbar(2\pi f)}{c} = \frac{\hbar\left(2\pi \frac{c}{\lambda}\right)}{c} \\ &= \frac{\hbar 2\pi}{\lambda} \end{aligned}$$

根据波数$\left(k \equiv \dfrac{2\pi}{\lambda}\right)$的定义，可以得到

$$p = \hbar k \tag{3.4}$$

这个等式被称为 de Broglie 关系，它代表了**波粒二象性**概念中波和粒特征的混合。

在非相对论的情况下，由于动量等于质量和速度的乘积 $(p=mv)$，所以动能的经典方程是

$$KE=\frac{1}{2}mv^2=\frac{p^2}{2m} \tag{3.5}$$

根据等式（3.4），用 $\hbar k$ 代替动量 p 可以得到

$$KE=\frac{\hbar^2k^2}{2m} \tag{3.6}$$

现在，将总能量 (E) 表示为动能 (KE) 与势能 (V) 之和：

$$E=KE+V=\frac{\hbar^2k^2}{2m}+V \tag{3.7}$$

而且由于 $E=\hbar\omega$（等式（3.1）），所以总能量为

$$E=\hbar\omega=\frac{\hbar^2k^2}{2m}+V \tag{3.8}$$

当将薛定谔方程应用于量子波函数 $\Psi(x,t)$ 时，该等式将会帮助我们更好地理解它。

要从等式（3.8）得到薛定谔方程，一种方法是假设量子波函数具有波的形式，其恒定相位的表面是平面[⊖]。对于沿 x 正方向传播的**平面波**，波函数为

$$\Psi(x,t)=Ae^{i(kx-\omega t)} \tag{3.9}$$

其中，A 是波的振幅，k 是波数，ω 是波的角频率。

有了 Ψ 的表达式，然后对其取关于时间和空间的导数（有

⊖ 如果不熟悉平面波，可以在 3.4 节的图 3.4 中看到恒定相位的平面的图。

助于从等式（3.8）得到薛定谔方程）。对 $\Psi(x,t)$ 取关于时间 (t) 的一阶偏导数，有

$$\frac{\partial\Psi(x,t)}{\partial t}=\frac{\partial\left[A\mathrm{e}^{\mathrm{i}(kx-\omega t)}\right]}{\partial t}=-\mathrm{i}\omega\left[A\mathrm{e}^{\mathrm{i}(kx-\omega t)}\right]=-\mathrm{i}\omega\Psi(x,t) \quad (3.10)$$

因此，对于等式（3.9）中的平面波函数，取关于时间的一阶偏导数，可以得到原始波函数乘以 $-\mathrm{i}\omega$ 的结果：

$$\frac{\partial\Psi}{\partial t}=-\mathrm{i}\omega\Psi \quad (3.11)$$

这意味着，可以把 ω 写成如下形式

$$\omega=\frac{1}{-\mathrm{i}\Psi}\frac{\partial\Psi}{\partial t}=\mathrm{i}\frac{1}{\Psi}\frac{\partial\Psi}{\partial t} \quad (3.12)$$

其中用到了 $\frac{1}{\mathrm{i}}=\frac{-(\mathrm{i})(\mathrm{i})}{\mathrm{i}}=-\mathrm{i}$ 的关系。

现在，对 $\Psi(x,t)$ 取关于空间的一阶偏导数（在本例中是 x），有

$$\frac{\partial\Psi(x,t)}{\partial x}=\frac{\partial\left[A\mathrm{e}^{\mathrm{i}(kx-\omega t)}\right]}{\partial x}=\mathrm{i}k\left[A\mathrm{e}^{\mathrm{i}(kx-\omega t)}\right]=\mathrm{i}k\Psi(x,t) \quad (3.13)$$

因此，对平面波函数取关于距离 (x) 的一阶偏导数，可以得到原始波函数乘以 $\mathrm{i}k$ 的结果：

$$\frac{\partial\Psi}{\partial x}=\mathrm{i}k\Psi \quad (3.14)$$

对平面波函数取关于空间的二阶偏导数也是有用的，可以得到

$$\frac{\partial^2 \Psi(x,t)}{\partial x^2} = \frac{\partial \left[\mathrm{i}kA\mathrm{e}^{\mathrm{i}(kx-\omega t)} \right]}{\partial x} = \mathrm{i}k\left[\mathrm{i}kA\mathrm{e}^{\mathrm{i}(kx-\omega t)} \right] = -k^2 \Psi(x,t) \quad (3.15)$$

这意味着，取关于 x 的二阶偏导数会得到原始波函数乘以 $-k^2$ 的结果：

$$\frac{\partial^2 \Psi}{\partial x^2} = -k^2 \Psi \quad (3.16)$$

因此，正如角频率 ω 可以用波函数 Ψ 及其关于时间的偏导数 $\frac{\partial \Psi}{\partial t}$（等式（3.12））表示，波数 k 的平方可以用 Ψ 及其关于空间的二阶偏导数 $\frac{\partial^2 \Psi}{\partial x^2}$ 表示：

$$k^2 = -\frac{1}{\Psi}\frac{\partial^2 \Psi}{\partial x^2} \quad (3.17)$$

用波函数 Ψ 及其导数表示 ω 和 k^2 有什么好处呢？要理解这一点，请回顾等式（3.8），注意它在第二个等号的左侧包含一个因子 ω，右侧包含一个因子 k^2。将等式（3.12）中 ω 的表达式代入左侧，可以得到

$$E = \hbar\omega = \hbar\left(\mathrm{i}\frac{1}{\Psi}\frac{\partial \Psi}{\partial t}\right) = \mathrm{i}\hbar\frac{1}{\Psi}\frac{\partial \Psi}{\partial t} \quad (3.18)$$

同样，将等式（3.17）中 k^2 的表达式代入等式（3.8）的右侧，有

$$\frac{\hbar^2 k^2}{2m} + V = \frac{\hbar^2}{2m}\left(-\frac{1}{\Psi}\frac{\partial^2 \Psi}{\partial x^2}\right) + V \quad (3.19)$$

这使得关于总能量的等式如下：

$$i\hbar\frac{1}{\Psi}\frac{\partial[\Psi(x,t)]}{\partial t}=-\frac{\hbar^2}{2m}\frac{1}{\Psi}\frac{\partial^2[\Psi(x,t)]}{\partial x^2}+V \tag{3.20}$$

然后等号两边同时乘以波函数 $\Psi(x,t)$，可以得到

$$i\hbar\frac{\partial[\Psi(x,t)]}{\partial t}=-\frac{\hbar^2}{2m}\frac{\partial^2[\Psi(x,t)]}{\partial x^2}+V[\Psi(x,t)] \tag{3.21}$$

这就是一维与时间无关的薛定谔方程最常见的形式。这个方程每一项的物理意义都会在本章讨论，但是在讨论之前，应该考虑一下我们是如何得到这个方程的。把总能量写成动能和势能之和是很常见的，但是为了得到等式（3.21），我们使用平面波的表达式。具体来说，等式（3.12）的 ω 和等式（3.17）的 k^2 是平面波函数关于时间和空间的偏导数（等式（3.9））。为什么我们期望这个等式适用于其他形式的量子波函数呢？

一个答案是：它有效。也就是说，作为薛定谔方程的解的波函数，其预测结果与量子可观测量（如位置、动量和能量）的实验室测量结果一致。

一个基于简单平面波函数的方程描述了与平面波几乎没有关联的粒子和系统的表现，同时，注意薛定谔方程是线性的，这意味着方程的项包含波函数，如 $\frac{\partial[\Psi(x,t)]}{\partial t}$、$\frac{\partial^2[\Psi(x,t)]}{\partial x^2}$ 和 $V\Psi(x,t)$ 都是取一次方的[⊖]。你可能还记得，线性方程有一个非

⊖ 记住，二阶偏导数 $\frac{\partial^2\Psi}{\partial x^2}$ 表示 Ψ 关于 x 的斜率的变化，这与斜率的平方 $\left(\frac{\partial\Psi}{\partial x}\right)^2$ 是不一样的。所以 $\frac{\partial^2\Psi}{\partial x^2}$ 是一个二阶偏导数，但在薛定谔方程中是一次方的。

常有用的性质，即**叠加性**，这保证了解的组合还是解。而且由于平面波是薛定谔方程的解，所以方程的线性性质意味着平面波的叠加也是解。通过对平面波的合理组合，可以合成各种量子波函数，就像在 Fourier 分析中，正弦和余弦函数可以合成各种函数。

为了理解这一点，我们考虑一个粒子的波函数，它位于 x 轴的某个区域。由于一个单频平面波可以在两个方向 (±x) 扩展到无穷大，因此，显然需要额外的频率分量将粒子的波函数限定到指定区域。将这些分量以适当的比例组合起来，就可以形成一个“波包”，其振幅随着远离波包的中心而减小。

通过使用加权线性组合，将有限 (N) 个离散平面波分量组成波函数：

$$\begin{aligned}\Psi(x,t) &= A_1\mathrm{e}^{\mathrm{i}(k_1x-\omega_1t)} + A_2\mathrm{e}^{\mathrm{i}(k_2x-\omega_2t)} + \cdots + A_N\mathrm{e}^{\mathrm{i}(k_Nx-\omega_Nt)} \\ &= \sum\nolimits_{n=1}^{N} A_n\mathrm{e}^{\mathrm{i}(k_nx-\omega_nt)}\end{aligned} \tag{3.22}$$

其中，A_n、k_n 和 ω_n 分别表示第 n 个平面波分量的振幅、波数和角频率。注意，常数 A_n 决定了组合中每个平面波的“量”。

或者，满足薛定谔方程的波函数可以使用平面波的连续谱进行合成：

$$\Psi(x,t) = \int_{-\infty}^{\infty} A(k)\mathrm{e}^{\mathrm{i}(kx-\omega t)}\mathrm{d}k \tag{3.23}$$

其中，等式（3.22）的求和现在是一个积分，离散振幅 An 被波数的连续函数 $A(k)$ 所代替。在离散情况下，该函数作为波数函数，与平面波分量的振幅有关。具体来说，在连续情况下，

$A(k)$ 表示每单位波数的振幅。

就像在单个平面波的情况下一样，取由平面波合成的波函数的一阶时间导数和二阶空间导数，就可以得到薛定谔方程。

从加权函数 $A(k)$ 中提取一个常数因子 $1/\sqrt{2\pi}$，并将时间设为初始参考时间 $(t=0)$，可以得到等式（3.23）的一个很常见和有用的版本：

$$\psi(x) = \Psi(x,0) = \frac{1}{\sqrt{2\pi}} \int_{-\infty}^{\infty} \phi(k) e^{ikx} dk \tag{3.24}$$

这个版本明确了基于位置的波函数 $\psi(x)$ 和基于波数的波函数 $\phi(k)$ 之间的 Fourier 变换关系，这在第 4 章和第 5 章中发挥了重要作用。可以在 4.4 节中了解到 Fourier 变换。

在考虑薛定谔方程确切地说明了量子波函数的何种性能之前，有必要考虑另一种形式的薛定谔方程，你很可能在量子力学教材中遇到过这种方程。等式（3.21）有如下形式：

$$i\hbar \frac{\partial \Psi}{\partial t} = \widehat{H}\Psi \tag{3.25}$$

在这个等式中，$\widehat{H}$ 代表“哈密顿量（Hamiltonian)”或总能量算子。联合等式（3.25）的右侧与等式（3.21)，可以得到

$$\widehat{H}\Psi = -\frac{\hbar^2}{2m}\frac{\partial^2 \Psi}{\partial x^2} + V\Psi$$

这意味着 Hamiltonian **算子**即为

$$\widehat{H} \equiv -\frac{\hbar^2}{2m}\frac{\partial^2}{\partial x^2} + V \tag{3.26}$$

为什么这是可行的？我们使用 $p = \hbar k$ 和 $E = \hbar\omega$ 的关系来重写平面波函数，用动量 (p) 和能量 (E) 来表示，即

$$\begin{aligned}\Psi(x,t) &= A\mathrm{e}^{\mathrm{i}(kx-\omega t)} = A\mathrm{e}^{\mathrm{i}\left(\frac{p}{\hbar}x-\frac{E}{\hbar}t\right)} \\ &= A\mathrm{e}^{\frac{\mathrm{i}}{\hbar}(px-Et)}\end{aligned} \tag{3.27}$$

然后取一阶空间偏导数：

$$\frac{\partial\Psi}{\partial x} = \left(\frac{\mathrm{i}}{\hbar}p\right)A\mathrm{e}^{\frac{\mathrm{i}}{\hbar}(px-Et)} = \left(\frac{\mathrm{i}}{\hbar}p\right)\Psi$$

或

$$p\Psi = \frac{\hbar}{\mathrm{i}}\frac{\partial\Psi}{\partial x} = -\mathrm{i}\hbar\frac{\partial\Psi}{\partial x} \tag{3.28}$$

这表明与动量相关的（一维）微分算子可以写成

$$\widehat{p} = -\mathrm{i}\hbar\frac{\partial}{\partial x} \tag{3.29}$$

这本身就是一个非常有用的关系，现在可以用它来证明等式（3.26）的 Hamiltonian 算子。为此，写出经典总能量方程 $E = \frac{p^2}{2m} + V$ 的算子版本：

$$\widehat{H} = \frac{(\widehat{p})^2}{2m} + V = \frac{\left(-\mathrm{i}\hbar\frac{\partial}{\partial x}\right)^2}{2m} + V \tag{3.30}$$

其中，$\widehat{H}$ 是与总能量 E 相关的算子。

现在回想一下，与代数量的平方不同，算子的平方就是两次应用该算子。例如，作用在函数 Ψ 上的算子 $\widehat{O}$ 的平方是

$$(\widehat{O})^2\Psi = \widehat{O}(\widehat{O}\Psi)$$

所以

$$\begin{aligned}(\widehat{p})^2\Psi = \widehat{p}(\widehat{p}\Psi) &= -\mathrm{i}\hbar\frac{\partial}{\partial x}\left(-\mathrm{i}\hbar\frac{\partial \Psi}{\partial x}\right)\\ &= \mathrm{i}^2\hbar^2\frac{\partial^2\Psi}{\partial x^2} = -\hbar^2\frac{\partial^2\Psi}{\partial x^2}\end{aligned} \tag{3.31}$$

因此，算子 $(\widehat{p})^2$ 可以写成

$$(\widehat{p})^2 = -\hbar^2\frac{\partial^2}{\partial x^2} \tag{3.32}$$

把这个表达式代入等式（3.30），可以得到

$$\begin{aligned}\widehat{H} = \frac{(\widehat{p})^2}{2m} + V &= -\frac{\hbar^2\frac{\partial^2}{\partial x^2}}{2m} + V\\ &= \frac{-\hbar^2}{2m}\frac{\partial^2}{\partial x^2} + V\end{aligned}$$

与等式（3.26）一致。

下一节会介绍薛定谔方程中每一项的含义以及整个等式的含义。如果想看看“推导”薛定谔方程的其他方法，可以在本书的网站上找到关于“概率流”方法和“路径积分”方法的描述，同时还有这些方法相应的网站链接。

3.2　薛定谔方程的含义

一旦理解了薛定谔方程的由来，就有必要回过头来想一下“这个方程告诉了我什么?”为了帮助你理解这个问题的答案，

图 3.1 为薛定谔方程的展开图，其中，每一项都有定义和简短描述，并说明了每一项的大小和国际标准单位：

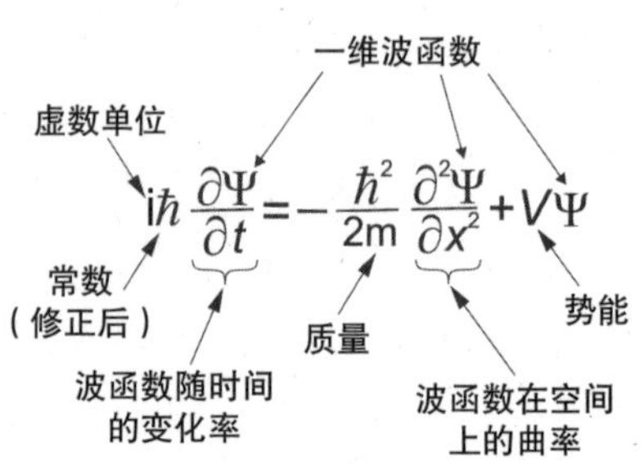

图 3.1　薛定谔方程的展开图

$\frac{\partial\Psi}{\partial t}$：量子波函数 $\Psi(x,t)$ 是时间和空间的函数，所以这一项只代表波函数随时间的变化（这就是为什么它是偏导数）。在图中可以看到，给定位置的波函数就是一个时间函数，这一项就是图的斜率。为了确定这一项的大小，请注意，一维量子波函数 Ψ 表示概率密度振幅（可以在第 4 章中了解到），它的平方表示每单位长度的概率。这相当于国际标准单位中的 $\frac{1}{\mathrm{m}}$，因为概率是无量纲的。如果 Ψ^2 的单位是 $\frac{1}{\mathrm{m}}$，那么 Ψ 的单位必须是 $\frac{1}{\sqrt{\mathrm{m}}}$，这意味着 $\frac{\partial\Psi}{\partial t}$ 的国际标准单位是 $\frac{1}{\mathrm{s}\sqrt{\mathrm{m}}}$。

i：如 1.4 节所述，虚数单位 i 的值为 $\sqrt{-1}$。当一个算子与 i 相乘，会在复平面上引起 90° 的旋转（图 1.7），例如将数字从正实轴移到正虚轴，或从正虚轴移到负实轴。薛定谔方程中 i 的存在意味着量子波函数的解可能是复的，这对组合波函数的结果有很大的影响，将会在第 4 章和第 5 章中看到此内容。因子 i 是无量纲的。

$\hbar$：修正 Planck 常数 $\hbar$ 是 Planck 常数 h 除以 2π。正如 h 是 $(E=hf)$ 中光子的能量 (E) 和频率 (f) 之间的比例常数，$\hbar$ 是量子波函数中总能量 (E) 和角频率 (ω) 以及动量 (p) 和波数 (k) 之间的比例常数，如等式 $E=\hbar w$ 和 $p=\hbar k$ 所示。

这两个等式解释了薛定谔方程中修正 Planck 常数的存在。因为 $\hbar$ 出现在总能量等式 $E=\hbar w$ 中，所以 $\hbar$ 在薛定谔方程一侧的乘以 $\frac{\partial\Psi}{\partial t}$ 的因子的分子中。又因为 $\hbar$ 出现在动量方程 $p=\hbar k$ 中，所以 $\hbar$ 的平方出现在乘以 $\frac{\partial^2\Psi}{\partial x^2}$ 的因子的分子中，从而可以得到动能表达式 $KE=\frac{(\hbar k)^2}{2m}$。

Planck 常数 h 的大小是每单位频率的能量，所以它的国际标准单位是焦耳每赫兹（即 Js 或 m^2kg/s），而 $\hbar$ 的单位是焦耳每赫兹每弧度（即 Js /rad 或 m^2kg /s rad），这两个常数在国际标准单位中的数值为 $h=6.62607\times10^{-34}$ Js 和 $\hbar=1.05457\times10^{-34}$ Js /rad。

m：与量子波函数 $\Psi(x,t)$ 相关的粒子或系统的质量是惯性的度量，也就是加速度的阻力。在国际标准单位中，质量的单位是千克。

$\frac{\partial^2\Psi}{\partial x^2}$：这个二阶导数项表示波函数在空间上的曲率（即一维情况下就是 x）。由于 $\Psi(x,t)$ 是空间和时间的函数，所以一阶偏导数 $\frac{\partial\Psi}{\partial x}$ 给出了波函数在空间上的变化（波函数相对于

x 的斜率），而二阶偏导数 $\frac{\partial^2\Psi}{\partial x^2}$ 给出了波函数的斜率在空间上变化（即波函数的曲率）。

由于 $\Psi(x,t)$ 的国际标准单位为 $\frac{1}{\sqrt{\mathrm{m}}}$，所以 $\frac{\partial^2\Psi}{\partial x^2}$ 的单位为 $\frac{1}{\mathrm{m}^2\sqrt{\mathrm{m}}}=\frac{1}{(\mathrm{m})^{5/2}}$。

V: 系统的势能可能随空间和时间而变化，在一维情况下将这个项写成 $V(x,t)$，在三维情况下写成 $V(\vec{r},t)$。注意，一些物理教材使用 V 表示静电势（每单位电荷的势能，单位是焦耳/库仑或伏特），但在量子力学教材中，“势”和“势能”往往可以互换使用。

在经典力学中，势能、动能和总能量都有精确的值，而且势能不可能超过总能量。与经典力学不同，在量子力学中，只有能量的平均值或期望值可以确定，粒子的总能量在某些区域可能小于势能。

量子波函数在这些经典的“不允许”区域中（其中 $E<V$）的表现与它们在经典的“允许”区域（其中 $E\geqslant V$）中的性能非常不同。我们将在 3.3 节看到，对于与时间无关的薛定谔方程的“稳定解”，总能量和势能之差决定了经典允许区域内振荡解的波长，以及经典不允许区域中消散解的衰减速率。

你可能已经猜到，薛定谔方程中的势能项描述了能量的大小，且它的国际标准单位是焦耳（即 $\mathrm{kg\,m^2/s^2}$）。

所以，薛定谔方程的各个项是容易理解的，但是这个方程真正的威力来自这些项之间的关系。薛定谔方程的项合起来就形成了一个抛物型二阶偏微分方程。以下是这些项适用的原因：

微分　因为方程包含波函数的变化（即 $\Psi(x,t)$ 在空间和时间上的导数）；

偏导数　因为波函数 $\Psi(x,t)$ 依赖于空间 (x) 和时间 (t)；

二阶　因为方程中的最高导数 $\left(\frac{\partial^2\Psi}{\partial x^2}\right)$ 是二阶导数；

抛物线　因为一阶微分项 $\left(\frac{\partial\Psi}{\partial t}\right)$ 和二阶微分项 $\left(\frac{\partial^2\Psi}{\partial x^2}\right)$ 的组合类似于抛物线方程 $(y=cx^2)$ 中一次项 (y) 和二次项 (x^2) 的组合。

这些项描述了薛定谔方程是什么，但它意味着什么？为了理解这一点，可能需要考虑经典物理学中的一个著名方程：

$$\frac{\partial[f(x,t)]}{\partial t}=D\frac{\partial^2[f(x,t)]}{\partial x^2} \tag{3.33}$$

这个一维“扩散”方程㊀描述了一个具有空间分布的 $f(x,t)$ 的表现，其空间分布可能随时间而改变，例如物质的浓度或流体的温度。在扩散方程中，一阶时间导数和二阶空间导数之间的比例因子“D”代表扩散系数。

为了了解经典扩散方程和薛定谔方程之间的相似性，应考虑势能 (V) 为零的情况，将等式（3.21）写成

$$\frac{\partial[\Psi(x,t)]}{\partial t}=\frac{\mathrm{i}\hbar}{2m}\frac{\partial^2[\Psi(x,t)]}{\partial x^2} \tag{3.34}$$

将这种形式的薛定谔方程与扩散方程相比较，可以看到两者都将函数的一阶时间导数和二阶空间导数联系起来。但如你

㊀ 这个方程也被称为热方程或 Fick 第二定律。

所料，薛定谔方程中“i”因子的存在对作为方程的解的波函数有着重要的影响，我们将在第 4 章和第 5 章中了解到这些含义。但现在应该确保理解这两个等式的基本关系：波形随时间的改变与波形在空间上的曲率成正比。

为什么函数的变化率会和它的空间曲率有关呢？为了理解这一点，考虑图 3.2 所示 $t=0$ 处的函数 $f(x,t)$ 。例如，该函数可以表示在 $x=0$ 区域内具有暖点的流体的初始温度分布。为了确定温度分布随时间如何变化，扩散方程表明要考虑波函数在不同区域的曲率。

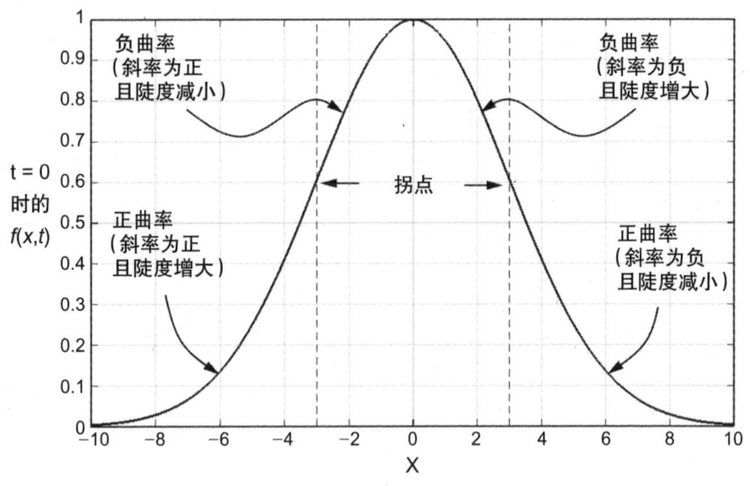

图 3.2 峰值波形的正、负曲率区域

如图所示，这个函数在 $x=0$ 处有最大值，在 $x=-3$ 和 $x=+3$ 处有拐点[⊖]。对于 $x=-3$ 处拐点左侧的区域，函数的斜率

⊖ 拐点是曲率符号发生变化的位置。

$\left(\frac{\partial f}{\partial x}\right)$ 是正的且随着 x 的增加而增加，这意味着这个区域的曲率（即斜率的变化 $\frac{\partial^2 f}{\partial x^2}$ ）是正的。同样地，对于 $x=+3$ 处拐点的右侧区域，函数的斜率是负的，但随着 x 的增加而增加，这意味着这个区域的曲率（同样是斜率的变化）也是正的。

现在考虑 $x=-3$ 和 $x=0$ 之间以及 $x=0$ 和 $x=+3$ 之间的区域。在 $x=-3$ 和 $x=0$ 之间，函数的斜率是正的，但随着 x 的增加，陡度减小，所以这个区域的曲率是负的。在 $x=0$ 和 $x=+3$ 之间，斜率是负的，且随着 x 的增加，陡度增大，所以这个区域的曲率也是负的。

因为扩散方程表明函数 $f(x,t)$ 的时间变化率与函数的曲率成正比，所以函数将如图 3.3 所示那样变化。

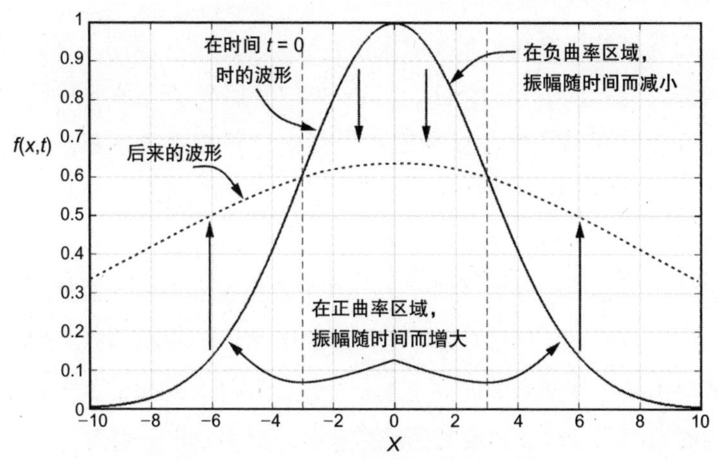

图 3.3　正、负曲率区域的时间演变

如图，函数 $f(x,t)$ 在曲率为正的区域（$x<-3$ 和 $x>+3$）会增大，在曲率为负的区域（$-3<x<+3$）会减小。例如，如果 $f(x,t)$ 表示温度，能量会从最初温暖的区域扩散到较冷的邻近区域。

鉴于薛定谔方程和经典扩散方程之间的相似性，这是否意味着随着时间的推移，所有的量子化的粒子和系统都会以某种方式在空间中“扩散”呢？如果是的话，到底是什么在扩散呢？

第一个问题的答案是“偶尔，但不总是。”这个答案的原因可以通过考虑薛定谔方程和扩散方程之间的一个重要区别来理解，这个区别就是薛定谔方程中的“i”因子，这意味着波函数（Ψ）可以是复数的。我们将在第 4 章和第 5 章中看到，在某些情况下，复的波函数可能展现出类似于波动（振荡）的表现，而不是扩散。

至于是什么在扩散（或振荡）？对于这个问题的答案，我们把目光转向 Max Born，1926 年，他解释了波函数 Ψ 可以作为概率振幅，这个解释现在已经被广泛接受且是量子力学 Copenhagen 解释的一个基本原则，我们可以在第 4 章中了解到相关内容。根据“Born 法则（Born rule)”，粒子的位置-空间波函数的模平方（$|\Psi|^2=\Psi^*\Psi$）给出了粒子的位置概率密度函数（即一维情况下每单位长度的概率），这意味着位置概率密度函数在任何空间间隔上的积分给出了在该间隔内找到粒子的概率。所以当波函数振荡或扩散时，概率分布会变化。

薛定谔方程的另一个有利特征：时间导数 $\frac{\partial \Psi}{\partial t}$ 是一阶的，

这与经典波动方程的二阶时间导数不同。这为什么有帮助？因为一阶时间导数表明波函数本身随时间的变化有多快，即在某一时刻可以完全了解波函数，所以，在未来所有时刻都能明确粒子或系统的状态，这与满足薛定谔方程的波函数表示“你所能知道的一切”关于粒子或系统状态的信息的原则是一致的。

如果有一个经典波动方程及其二阶时间和空间导数，你可能会想，对薛定谔方程再求一次时间导数是否有用。这当然是可能的，但回想一下，再求一次时间导数，会使平面波函数 $e^{i(kx-\omega t)}$ 的 ω 的另一个因子变小，而且，根据 de Broglie 关系（$E=\hbar\omega$），ω 与 E 成正比，这意味着得到的方程将包含把粒子的能量作为时间导数项的系数。

你可能会想，“难道所有的运动方程都依赖于能量吗？”当然不是，正如牛顿第二定律所示：$\vec{F}=m\vec{a}$，最好写成 $\vec{a}=\Sigma\vec{F}/m$，这说明物体的加速度与作用在它身上的力的向量和成正比，与物体的质量成反比。但在经典物理学中，加速度并不依赖于物体的能量、动量和速度。因此，如果薛定谔方程在量子力学中的作用类似于经典力学中的牛顿第二定律，那么波函数的时间演化不应该依赖于粒子或系统的能量或动量。因此，时间导数不能是二阶的。

所以尽管薛定谔方程不能从首要原理推导出来，但方程的形式是有意义的。更重要的是，它给出了预测和描述量子化的粒子和系统在空间和时间上的表现的结果。但薛定谔方程的一个非常有用的形式是与时间无关的薛定谔方程，这个版本将在 3.3 节中讨论。

3.3 与时间无关的薛定谔方程

把薛定谔方程中与时间和空间有关的项分离出来，有助于理解为什么量子波函数会有这样的表现。对于许多微分方程，这种分离可以通过变量分离的方法来实现。

这种方法首先假设解（在本例中为 $\Psi(x,t)$ ）可以写成两个独立函数的乘积，一个只依赖于 x ，另一个只依赖于 t 。你可能在物理课或数学课上用到过这种方法，但可能不记得为什么这种方法是可行的。然而它通常是可行的，在任何势能只随空间变化（而不是随时间变化）的情况下，可以使用变量分离来求解薛定谔方程。

这是如何做到的？首先把量子波函数写成函数 $\psi(x)$（只依赖于空间）和函数 $T(t)$（只依赖于时间）的乘积：

$$\Psi(x,t) = \psi(x)T(t) \tag{3.35}$$

把上式代入到薛定谔方程中，可以得到

$$\mathrm{i}\hbar\frac{\partial[\psi(x)T(t)]}{\partial t} = -\frac{\hbar^2}{2m}\frac{\partial^2[\psi(x)T(t)]}{\partial x^2} + V[\psi(x)T(t)]$$

这就是变量分离有用的原因：因为函数 $\psi(x)$ 只依赖于位置 (x) 而不依赖于时间 (t) ，所以，可以从关于 t 的偏导数中把 $\psi(x)$ 提取出来。同样，由于函数 $T(t)$ 只依赖于时间而不依赖于位置，可以从关于 x 的二阶偏导数中把 $T(t)$ 提取出来。那么，可以得到

$$\mathrm{i}\hbar\psi(x)\frac{d[T(t)]}{dt} = -\frac{\hbar^2 T(t)}{2m}\frac{\mathrm{d}^2[\psi(x)]}{\mathrm{d}x^2} + V[\psi(x)T(t)]$$

其中偏导数变成了全导数，因为它们是对单变量（x 或 t）的函数进行求导。这似乎不是特别有用，但是如果这个等式中的每个项都除以 $\psi(x)T(t)$，看看会发生什么：

$$\frac{1}{\cancel{\psi(x)}T(t)}\mathrm{i}\hbar\cancel{\psi(x)}\frac{\mathrm{d}[T(t)]}{\mathrm{d}t}=-\frac{1}{\psi(x)\cancel{T(t)}}\frac{\hbar^2\cancel{T(t)}}{2m}\frac{\mathrm{d}^2[\psi(x)]}{\mathrm{d}x^2}+\frac{1}{\cancel{\psi(x)T(t)}}V[\cancel{\psi(x)T(t)}] \tag{3.36}$$

$$\mathrm{i}\hbar\frac{1}{T(t)}\frac{\mathrm{d}[T(t)]}{\mathrm{d}t}=-\frac{\hbar^2}{2m}\frac{1}{\psi(x)}\frac{\mathrm{d}^2[\psi(x)]}{\mathrm{d}x^2}+V$$

现在来看看等式的两边，在任何情况下，势能 (V) 只依赖于位置，而不依赖于时间。在这种情况下，等式的左边是只与时间有关的函数，而右边是只与位置有关的函数。所以，要使等式成立，等式的左右两边都必须是常数。

为什么？想象一下，如果这个等式的左边随时间而变化，那么在给定的位置（也就是 x 的固定值）会发生什么。在这种情况下，等式的右边不会改变（因为它只依赖于位置，而位置没有发生变化），而左边会发生改变，因为它依赖于 t。同样，如果等式的右边随距离而变化，时间固定（t 不变），那么，从一个位置移动到另一个位置将导致等式的右边改变，而等式的左边不变。所以要让这个等式成立，两边必须都是常数。

许多学生感觉有点困惑，波函数 $\Psi(x,t)$ 不正是位置 (x) 和时间 (t) 的函数吗？是的。但请记住，我们并不是说波函数 $\Psi(x,t)$ 及其导数不随时间和空间而变化，而是说 $\mathrm{i}\hbar\frac{1}{T(t)}\frac{\mathrm{d}[T(t)]}{\mathrm{d}t}$（等式左边）和 $-\frac{\hbar^2}{2m}\frac{1}{\psi(x)}\frac{\mathrm{d}^2[\psi(x)]}{\mathrm{d}x^2}+V$（等式右边）必须是常数，

这和说 $\Psi(x,t)$ 或它的导数是常数是非常不同的。

那么，如果等式的两边都是常数意味着什么呢？先看左边：

$$\begin{aligned} \mathrm{i}\hbar\frac{1}{T(t)}\frac{\mathrm{d}[T(t)]}{\mathrm{d}t} &= (\text{常数}) \\ \frac{1}{T(t)}\frac{\mathrm{d}[T(t)]}{\mathrm{d}t} &= \frac{(\text{常数})}{i\hbar} \end{aligned} \tag{3.37}$$

把这个等式的两边都积分就可以得到

$$\begin{aligned} \int_0^t \frac{1}{T(t)}\frac{\mathrm{d}[T(t)]}{\mathrm{d}t}\mathrm{d}t &= \int_0^t \frac{(\text{常数})}{\mathrm{i}\hbar}\mathrm{d}t \\ \ln[T(t)] &= \frac{(\text{常数})}{\mathrm{i}\hbar}t = \frac{-\mathrm{i}(\text{常数})}{\hbar}t \\ T(t) &= \mathrm{e}^{-\mathrm{i}\frac{(\text{常数})}{\hbar}t} \end{aligned}$$

利用常量 E（选择 E 的原因将在后面的章节中解释）[⊖]可以得到

$$T(t) = \mathrm{e}^{-\mathrm{i}\frac{E}{\hbar}t} \tag{3.38}$$

这是 $\Psi(x,t)$ 的时间函数 $T(t)$ 部分的解，它表明了波函数是如何随时间变化的。在我们看过空间函数 $\psi(x)$ 之后，会再次看到它，其中方程是

$$-\frac{\hbar^2}{2m}\frac{1}{\psi(x)}\frac{\mathrm{d}^2[\psi(x)]}{\mathrm{d}x^2} + V = E \tag{3.39}$$

由于等式（3.36）的两侧相等，所以在该等式中，分离常数

⊖ 即使在时间函数讨论的早期阶段，也可以看出常数必须有能量的大小，因为 $-\mathrm{i}\frac{\text{常数}}{\hbar}t$ 必须有角度（弧度）的大小，i 是无量纲的，$\hbar$ 的大小是（能量 × 时间）/ 角度，而 t 的大小是时间。

(E) 必须与时间方程（等式（3.37））中的 E 相同。将等式（3.39）中的所有项都乘以 $\psi(x)$，可以得到

$$-\frac{\hbar^2}{2m}\frac{\mathrm{d}^2[\psi(x)]}{\mathrm{d}x^2}+V[\psi(x)]=E[\psi(x)] \tag{3.40}$$

这个等式被称为与时间无关的薛定谔方程（Time-Independent Schrodinger Equation，TISE），因为它的解 $\psi(x)$ 只描述了量子波函数 $\Psi(x,t)$ 的空间表现（时间表现由 $T(t)$ 函数描述）。尽管 TISE 的解依赖于区域内的势能 (V) 的性质，但只要仔细观察等式（3.40），就可以学到很多东西。

首先要注意到这是一个特征方程。要看到这点，考虑如下算子

$$\widehat{H}=-\frac{\hbar^2}{2m}\frac{\mathrm{d}^2}{\mathrm{d}x^2}+V \tag{3.41}$$

如 3.1 节所述，这是 Hamiltonian（总能量）算子的一维版本。在 TISE 中使用它会得到：

$$\widehat{H}[\psi(x)]=E[\psi(x)] \tag{3.42}$$

这正是特征方程的形式，且特征函数为 $\psi(x)$ 和特征值为 E，这就是为什么许多作者把求解 TISE 的过程称为“求 Hamiltonian 算子的特征值和特征函数”。

有时可能会遇到函数 $\psi(x)$ 的“定态”术语，但这并不意味着波函数 $\Psi(x,t)$ 是“固定的”或不随时间变化。相反，这意味着对于任何可以分为空间和时间函数的波函数 $\Psi(x,t)$（正如我们在等式（3.35）中写出的 $\Psi(x,t)=\psi(x)T(t)$ 那样），诸如概

率密度和期望值之类的量不会随时间而变化。要知道这是为什么，我们来看看这样一个可分离波函数和它自身的内积：

$$\begin{aligned}\langle\Psi(x,t)|\Psi(x,t)\rangle \propto \Psi^*\Psi &= [\psi(x)T(t)]^*[\psi(x)T(t)] \\ &= [\psi(x)\mathrm{e}^{-\mathrm{i}\frac{E}{\hbar}t}]^*[\psi(x)\mathrm{e}^{-\mathrm{i}\frac{E}{\hbar}t}] \\ &= [\psi(x)]^*\mathrm{e}^{\mathrm{i}\frac{E}{\hbar}t}[\psi(x)]\mathrm{e}^{-\mathrm{i}\frac{E}{\hbar}t} = [\psi(x)]^*[\psi(x)]\end{aligned}$$

其中，时间依赖性消失了。因此，当 $\Psi(x,t)$ 可分离时，任何涉及 $\Psi^*\Psi$ 的量都不会随时间变化（它将变为“固定的”）。

还应该注意到，由于 TISE 是一个特征方程，可以使用第 2 章的方法来求出这个方程的解，并理解它的含义。第 4 章和第 5 章将介绍这是如何做到的，但是在此之前，我们先看看薛定谔方程的三维版本，这是 3.4 节的主题。

3.4　三维薛定谔方程

到目前为止，我们一直认为量子波函数的空间变化依赖于单变量 x，但量子力学中许多有趣的问题本质上是三维的。正如我们所推测的那样，将薛定谔方程扩展到三维空间需要把波函数写成 $\Psi(\vec{r},t)$ 而不是 $\Psi(x,t)$。

这种改变是必要的，因为在一维情况下，位置可以由标量 x 指定，但是要在三维空间中指定位置，则需要一个包含三个分量的位置向量，每个分量与不同的基向量有关。例如，在三维 Cartesian 坐标系中，可以使用正交基向量（$\hat{i},\hat{j}$ 和 $\hat{k}$）来表

示位置向量 $\vec{r}$：

$$\vec{r} = x\hat{i} + y\hat{j} + z\hat{k} \tag{3.43}$$

同样，在一维情况下，波的传播方向被限制在单一轴上，这意味着我们可以使用标量波数 k。但是在三维情况下，波可以向任何方向传播，如图 3.4 所示，这意味着在三维 Cartesian 坐标系中，波数变成一个向量 $\vec{k}$，它可以用向量分量 k_x,k_y 和 k_z 表示为

$$\vec{k} = k_x\hat{i} + k_y\hat{j} + k_z\hat{k} \tag{3.44}$$

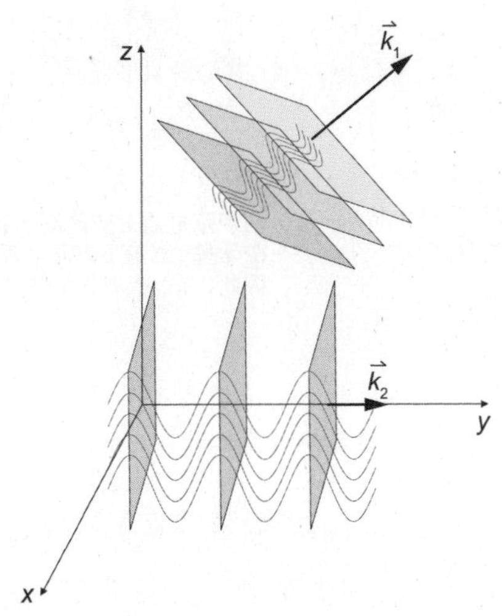

图 3.4　三维平面波

注意，向量波数的大小 ($|\vec{k}|$) 与波长 (λ) 之间的关系保持不变：

$$|\vec{k}| = \sqrt{k_x^2 + k_y^2 + k_z^2} = \frac{2\pi}{\lambda} \tag{3.45}$$

将三维位置向量 $\vec{r}$ 和传播向量 $\vec{k}$ 引入平面波函数，得到如下表达式：

$$\Psi(\vec{r},t)=Ae^{i(\vec{k}\circ\vec{r}-\omega t)} \tag{3.46}$$

其中 $\vec{k}\circ\vec{r}$ 表示向量 $\vec{r}$ 和 $\vec{k}$ 之间的标量积。

如果想知道为什么点积会出现在这个表达式中，请看图 3.5 中沿 y 轴传播的平面波的图示。

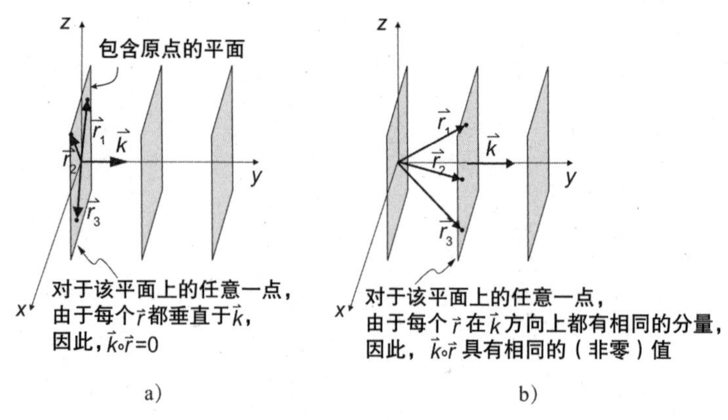

图 3.5　图 a 为包含原点的平面的平面波点积，图 b 为偏离原点的平面的平面波点积

如图所示，恒定相位的表面是垂直于传播方向的平面，因此，在这种情况下，这些平面平行于 xz 平面。为了清楚起见，只显示了正弦函数正峰值处的那些平面，但是可以想象到在波的任何其他相位（或所有其他相位）处都存在类似的平面。

在每个平面上，原点和平面上任意一点之间的位置向量的点积 $\vec{k}\circ\vec{r}$ 数值都相同。如图 3.5a 所示，在穿过原点的平面上最容易看到这样的结果。由于该平面上所有点的位置向量都垂直于传播向量 $\vec{k}$，因此该平面的点积 $\vec{k}\circ\vec{r}$ 恒为零。

现在考虑从原点到右侧下一个平面的点的位置向量，如图 3.5b 所示。记住，两个向量之间的点积与其中一个向量在另一个向量方向上的投影成正比。由于该平面上每个点的位置向量都有相同的 y 分量，因此该平面的点积 $\vec{k}\circ\vec{r}$ 恒为非零值。

那这个值是多少呢？首先，我们知道 $\vec{k}\circ\vec{r}=|\vec{k}||\vec{r}|\cos(\theta)$，其中 θ 是向量 $\vec{k}$ 和 $\vec{r}$ 之间的夹角。其次，$|\vec{r}|\cos(\theta)$ 是原点到沿 $\vec{k}$ 方向距离原点最近的平面上的点的距离（即原点到平面的垂直距离），所以，这个点积给出了沿 $\vec{k}$ 方向原点到平面的距离再乘以 $|\vec{k}|$。又因为 $|\vec{k}|=\dfrac{2\pi}{\lambda}$，所以，$k$ 的大小乘以任何距离，其结果都相当于将该距离除以波长 λ（它表明多长的波长适合该距离），再乘以 2π（由于每个波长代表相位的 2π 弧度，所以这就将波长数转换为弧度）。

相同的逻辑扩展到任意恒定相位的平面，就可以解释在三维波函数 $\Psi(\vec{r},t)$ 中出现点积 $\vec{k}\circ\vec{r}$ 的原因：它以弧度为单位给出了从原点到平面的距离，这正是解释波沿 $\vec{k}$ 方向传播时 $\Psi(\vec{r},t)$ 的相位变化所需要的。

这就是为什么 $\vec{k}\circ\vec{r}$ 会出现在三维波函数中，而且可以看到点积在 Cartesian 坐标系中展开为

$$\begin{aligned}\vec{k}\circ\vec{r}&=(k_x\hat{\imath}+k_y\hat{\jmath}+k_z\hat{k})\circ(x\hat{\imath}+y\hat{\jmath}+z\hat{k})\\&=k_xx+k_yy+k_zz\end{aligned}$$

这使得 Cartesian 坐标系中的三维平面波函数如下所示：

$$\Psi(\vec{r},t) = A\mathrm{e}^{\mathrm{i}[(k_x x + k_y y + k_z z) - \omega t]} \tag{3.47}$$

除了将波函数 $\Psi(x,t)$ 扩展到三维，即 $\Psi(\vec{r},t)$，还需要将二阶空间导数 $\dfrac{\partial^2}{\partial x^2}$ 扩展到三维。要想知道如何做到这一点，我们先从 $\Psi(\vec{r},t)$ 关于 x 的一阶和二阶空间导数开始：

$$\begin{aligned}\frac{\partial\Psi(\vec{r},t)}{\partial x} &= \frac{\partial\left[A\mathrm{e}^{\mathrm{i}[(k_x x+k_y y+k_z z)-\omega t]}\right]}{\partial x} = \mathrm{i}k_x\left[A\mathrm{e}^{\mathrm{i}[(k_x x+k_y y+k_z z)-\omega t]}\right] \\ &= \mathrm{i}k_x\Psi(\vec{r},t)\end{aligned}$$

和

$$\begin{aligned}\frac{\partial^2\Psi(\vec{r},t)}{\partial x^2} &= \frac{\partial\left[\mathrm{i}k_x A\mathrm{e}^{\mathrm{i}[k_x x+k_y y+k_z z)-\omega t]}\right]}{\partial x} = \mathrm{i}k_x\left[\mathrm{i}k_x A\mathrm{e}^{\mathrm{i}[k_x x+k_y y+k_z z)-\omega t]}\right] \\ &= -k_x^2\Psi(\vec{r},t)\end{aligned}$$

关于 y 和 z 的二阶空间导数是

$$\frac{\partial^2\Psi(\vec{r},t)}{\partial y^2} = -k_y^2\Psi(\vec{r},t)$$

和

$$\frac{\partial^2\Psi(\vec{r},t)}{\partial z^2} = -k_z^2\Psi(\vec{r},t)$$

把这些二阶导数加在一起可以得到

$$\begin{aligned}\frac{\partial^2\Psi(\vec{r},t)}{\partial x^2} + \frac{\partial^2\Psi(\vec{r},t)}{\partial y^2} + \frac{\partial^2\Psi(\vec{r},t)}{\partial z^2} &= -k_x^2\Psi(\vec{r},t) - k_y^2\Psi(\vec{r},t) - k_z^2\Psi(\vec{r},t) \\ &= -(k_x^2 + k_y^2 + k_z^2)\Psi(\vec{r},t)\end{aligned}$$

且由等式（3.45）可知，$\vec{k}$ 的各分量的平方和等于 $\vec{k}$ 的大小的平方，所以

$$\frac{\partial^2\Psi(\vec{r},t)}{\partial x^2}+\frac{\partial^2\Psi(\vec{r},t)}{\partial y^2}+\frac{\partial^2\Psi(\vec{r},t)}{\partial z^2}=-|\vec{k}|^2\Psi(\vec{r},t) \qquad (3.48)$$

将该等式与等式（3.16）进行比较，可以发现二阶空间导数之和在平面波指数中降低了 $-|\vec{k}|^2$，正如在一维情况下 $\frac{\partial^2\Psi(x,t)}{\partial x^2}$ 降低了 $-k^2$ 一样。

这个二阶空间导数之和还可以写成微分算子的形式：

$$\frac{\partial^2\Psi(\vec{r},t)}{\partial x^2}+\frac{\partial^2\Psi(\vec{r},t)}{\partial y^2}+\frac{\partial^2\Psi(\vec{r},t)}{\partial z^2}=\left(\frac{\partial^2}{\partial x^2}+\frac{\partial^2}{\partial y^2}+\frac{\partial^2}{\partial z^2}\right)\Psi(\vec{r},t)$$

这就是 **Laplacian 算子**（有时称为“del-squared”算子）的 Cartesian 版本，大多数教材都使用如下表示[⊖]：

$$\nabla^2=\frac{\partial^2}{\partial x^2}+\frac{\partial^2}{\partial y^2}+\frac{\partial^2}{\partial z^2} \qquad (3.49)$$

有了 Laplacian 算子 ∇^2 和三维波函数 $\Psi(\vec{r},t)$，薛定谔方程可以表示为

$$\mathrm{i}\hbar\frac{\partial\Psi(\vec{r},t)}{\partial t}=-\frac{\hbar^2}{2m}\nabla^2\Psi(\vec{r},t)+V[\Psi(\vec{r},t)] \qquad (3.50)$$

这个依赖于时间的薛定谔方程的三维版本与一维版本有一些相同的特征，但是在对 Laplacian 算子的解释上有一些细微之处，这有待进一步研究。在一维情况下，与扩散方程进行比较是一个很好的开始。扩散方程的三维版本是

⊖ 一些教材把 Laplacian 算子写成 Δ，而不是 ∇^2。

$$\frac{\partial[f(\vec{r},t)]}{\partial t}=D\nabla^2[f(\vec{r},t)] \qquad (3.51)$$

正如在一维情况下，这个三维扩散方程描述了具有空间分布（可能随时间变化）的 $f(\vec{r},t)$ 的表现，而一阶时间导数 $\frac{\partial f}{\partial t}$ 和二阶空间导数 $\nabla^2 f$ 之间的比例因子 “D” 仍然表示为扩散系数。

为了看到三维扩散方程与三维薛定谔方程之间的相似性，再次考虑势能 (V) 为零的情况，并将等式（3.50）写成

$$\frac{\partial[\Psi(\vec{r},t)]}{\partial t}=\frac{\mathrm{i}\hbar}{2m}\nabla^2[\Psi(\vec{r},t)] \qquad (3.52)$$

与一维情形一样，薛定谔方程中的因子 “i” 具有重要的含义，但这两个方程的基本关系是：波函数随时间的变化与波函数的 Laplacian 算子成正比。

理解 Laplacian 算子的本质有助于从另一个角度来看待空间曲率，即比较一个函数在定点的函数值与该函数在等距相邻点的平均值。

对于一维函数 $\psi(x)$ 来说，这个想法很简单，例如，它可以表示为一根棒上的温度分布。从图 3.6 中可以看出，函数的曲率决定了函数在任意点上的函数值是等于、大于还是小于函数在等距相邻点的平均值。

首先考虑图 3.6a 中零曲率的情况。零曲率意味着 $\psi(x)$ 在该区域的斜率是恒定的，因此，ψ 在 x_0 两侧距离相等处的函数值可以连成一条直线，而 ψ 在 x_0 处的函数值就在这条直线上。也就是说，$\psi(x_0)$ 的值必须等于 x_0 两侧距离相等处（如

图中所示 Δx ）的函数值的平均值。所以在这种情况下，有 $\psi(x_0)=\frac{1}{2}[\psi(x_0+\Delta x)+\psi(x_0-\Delta x)]$ 。

但如果函数 $\psi(x)$ 具有正曲率，如图 3.6b 所示， $\psi(x)$ 在 x_0 处的函数值小于两侧距离相等处 $x_0+\Delta x$ 和 $x_0-\Delta x$ 的函数值的平均值。因此，对于正曲率 $\psi(x_0)<\frac{1}{2}[\psi(x_0+\Delta x)+\psi(x_0-\Delta x)]$ ，曲率为正且越大， $\psi(x_0)$ 越比周围点的函数值的平均值小。

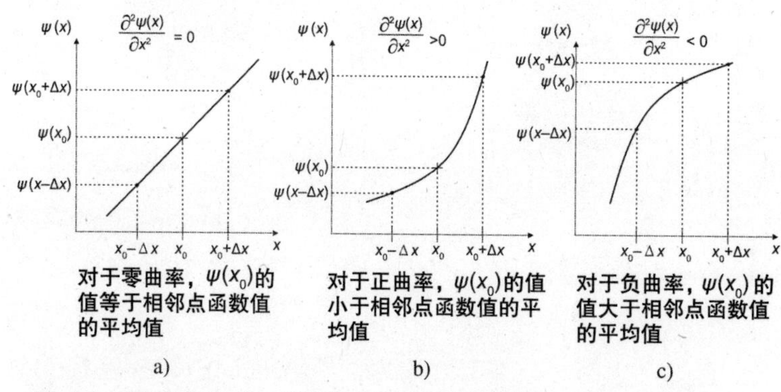

图 3.6　零曲率（a）、正曲率（b）和负曲率的 Laplacian 算子（c）

同样，如果函数 $\psi(x)$ 具有负曲率，如图 3.6c 所示， $\psi(x)$ 在 x_0 处的函数值大于两侧距离相等处 $x_0+\Delta x$ 和 $x_0-\Delta x$ 的函数值的平均值。因此，对于负曲率 $\psi(x_0)>\frac{1}{2}[\psi(x_0+\Delta x)+\psi(x_0-\Delta x)]$ ，曲率为负且越小， $\psi(x_0)$ 越比周围点的函数值的平均值大。

归根到底，函数在任何位置的曲率都是在该位置的函数值等于、大于或小于函数在周围点的函数值的平均值的度量。

为了将这种逻辑扩展到二维及多维空间的函数，考虑二维函数 $\psi(x,y)$ 。这个函数可以表示一块平板上不同点 (x,y) 的温度，或者表示河流表面颗粒物的浓度，还可以表示某个基准面（如海平面）上方的地面高度。

二维函数可以方便地绘制成三维图形，如图 3.7 所示。在这种类型的图中，z 轴表示我们感兴趣的量，例如上述例子中提到的温度、浓度或高于海平面的高度。

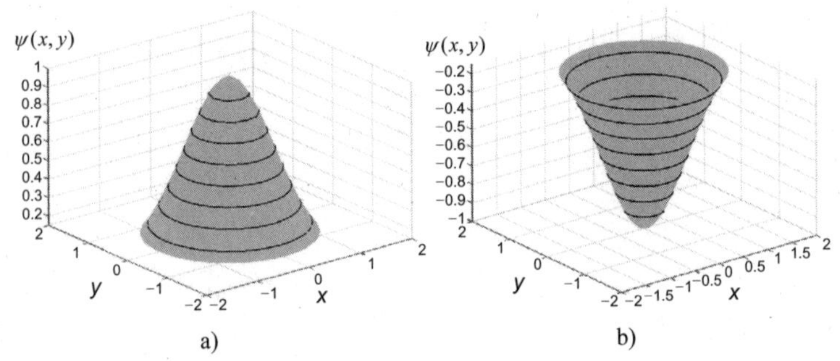

图 3.7　带有等高线的二维函数 $\psi(x,y)$。a）最大值在原点，b）最小值在原点

首先考虑图 3.7a 所示的函数，它在 $(x=0,y=0)$ 处有一个正峰值（最大值）。该函数在峰值处的函数值 $\psi(0,0)$ 绝对大于函数在等距周围点（如图中所示的圆形等高线上的点）的函数值的平均值，这与本节前面讨论的一维例子中的负曲率情况一致。

现在看图 3.7b 所示的函数，它在位置 $(x=0,y=0)$ 处有一个圆形的山谷（最小值）。在这种情况下，这个函数在山谷中心的值 $\psi(0,0)$ 绝对小于函数在等距周围点的函数值的平均值，这与一维例子中的正曲率情况一致。

想象一下沿着 x 和 y 方向将函数 $\psi(x,y)$ 的图像切开，因为沿着每个轴的方向移动时斜率都会减小（即 $\partial/\partial x\left(\dfrac{\partial\psi}{\partial x}\right)$ 和

$\partial/\partial y\left(\dfrac{\partial\psi}{\partial y}\right)$都是负的)，所以在图 3.7 中正峰值函数的峰值附近，曲率是负的。

另一种理解二维函数表现的方法是把 Laplacian 算子看作两个微分算子的组合：梯度和散度。你可能在多变量微积分或电磁学课程中遇到过这些算子，但是如果不清楚它们的含义，请不必担心，下面的解释将帮助你理解它们及其在 Laplacian 算子中的作用。

在口语中，“梯度”一词通常用来描述一些随位置变化的量，如倾斜道路高度的变化，照片中颜色强度的变化，或房间内不同位置温度的增减。这种常见用法为梯度算子的数学定义提供了良好的基础，在三维 Cartesian 坐标系中，梯度如下表示：

$$\vec{\nabla} = \hat{\imath}\frac{\partial}{\partial x} + \hat{\jmath}\frac{\partial}{\partial y} + \hat{k}\frac{\partial}{\partial z} \tag{3.53}$$

其中，符号∇被称为“ del”或“ nabla”。把单位向量（$\hat{\imath},\hat{\jmath}$，$\hat{k}$）写在偏导数的左边是为了清楚地表明这些导数是作用在函数上的，而不是作用在单位向量上的。

与其他算子一样，del 算子在向它提供可操作的函数之前不会执行任何操作。所以函数 $\psi(x,y,z)$ 在 Cartesian 坐标系中的梯度为

$$\vec{\nabla}\psi(x,y,z) = \frac{\partial\psi}{\partial x}\hat{\imath} + \frac{\partial\psi}{\partial y}\hat{\jmath} + \frac{\partial\psi}{\partial z}\hat{k} \tag{3.54}$$

从这个定义中可以看到，用一个标量函数（如 ψ）的梯度可以

得到一个向量结果，这个向量的方向和大小都是有意义的。梯度向量的方向表明函数增长最快的方向，梯度的大小表明函数在这个方向上的变化率。

可以在图 3.8 中看到梯度的作用。由于梯度向量指向函数增长最快的方向，因此在图的 a 部分，它们指向“上坡”的顶点，而在图的 b 部分，则指向远离谷底的方向。由于等高线表示函数 ψ 的常值线，所以，梯度向量的方向必须始终与等高线垂直（这些等高线如图 3.7 所示）。

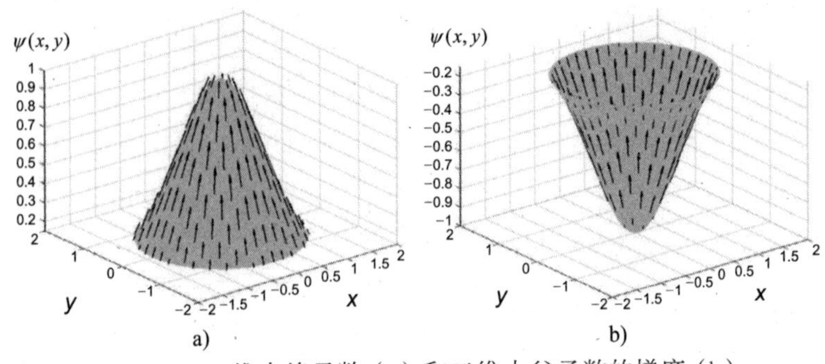

图 3.8　二维山峰函数（a）和二维山谷函数的梯度（b）

为了理解梯度在 Laplacian 算子中的作用，考虑山峰函数和山谷函数的梯度俯视图，如图 3.9 所示。从这个角度来看，可以看到梯度向量收敛于正峰值的顶部，并从谷底发散（如前一段所述，与等值等高线垂直）。

这个俯视图之所以有用，是因为它清楚地说明了另一个算子的作用，该算子与梯度协同工作，产生 Laplacian 算子，这个算子就是散度，它被写成梯度算子 $\vec{\nabla}$ 和向量（如 $\vec{A}$ ）之间的标量（点）积。在三维 Cartesian 坐标系中，这意味着

$$\begin{aligned}\vec{\nabla}\circ\vec{A} &= \left(\hat{\imath}\frac{\partial}{\partial_x}+\hat{\jmath}\frac{\partial}{\partial_y}+\hat{k}\frac{\partial}{\partial_z}\right)\circ(A_x\hat{\imath}+A_y\hat{\jmath}+A_z\hat{k}) \\ &= \frac{\partial A_x}{\partial_x}+\frac{\partial A_y}{\partial_y}+\frac{\partial A_z}{\partial_z}\end{aligned} \quad (3.55)$$

注意，散度作用于向量函数并产生一个标量结果。

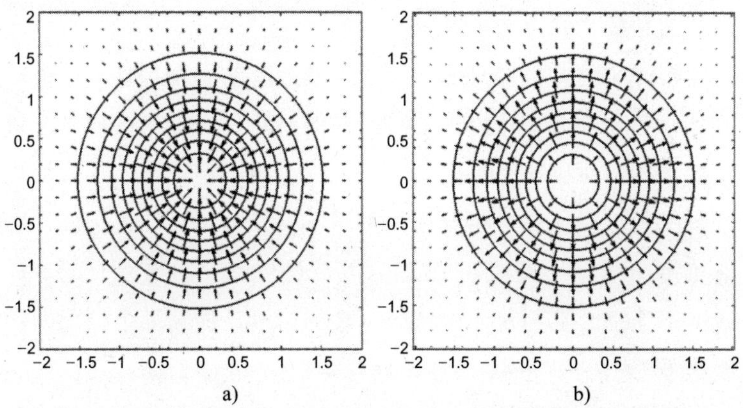

图 3.9　二维山峰函数（a）和二维山谷函数等高线和梯度的俯视图（b）

取一个向量函数的散度的标量结果能告诉我们什么？在任何位置上，散度都会表明函数在那一点上是发散的（即“扩散”）还是收敛的（即“聚集”）。将向量函数的散度的意义形象化的一种方法是想象这些向量表示流动流体的速度向量。在具有大的正散度的位置，有更多的流体流出该位置而不是流向该位置，因此流向量从该位置发散（并且在该点存在流体的“源”）。对于散度为零的位置，从这个位置流出的流体恰好等于流向该位置的流体。正如我们所料，在具有小的负散度的位置，有更多的流体流向该位置而不是流出该位置（在这一点上存在一个流体的“汇”)。

当然，大多数向量场并不表示流体的流动，但是流向或流出某一个点的向量“流”的概念仍然有用。想象一个周围围绕着点的小球体，然后确定向量场的向外通量（可以认为是从内到外穿过表面的向量数）是大于、等于还是小于向内通量（从外到内穿过表面的向量数)。

有一个经常被用来测试给定点的散度的思想实验——模拟流体，想象向流动流体中洒落松散的材料，如锯末或粉末。如果洒落的物质扩散（也就是说，如果它的密度减小)，那么那个位置的散度是正的；但是如果洒落的物质压缩（也就是说，它的密度增加)，那么那个位置的散度是负的；如果物质既不扩散也不压缩，它随流动保持其原来的密度，那么那个位置的散度为零。

似乎我们已经偏离 Laplacian 算子和扩散方程了，但这是有用的。我们可以知道函数的 Laplacian 算子 ($\nabla^2\psi$) 与函数梯度的散度 ($\vec{\nabla}\circ\vec{\nabla}\psi$) 是相同的。通过取散度和 ψ 的梯度的点积，可以看到：

$$\vec{\nabla}\circ\vec{\nabla}\psi = \frac{\partial\left(\frac{\partial\psi}{\partial x}\right)}{\partial x} + \frac{\partial\left(\frac{\partial\psi}{\partial y}\right)}{\partial y} + \frac{\partial\left(\frac{\partial\psi}{\partial z}\right)}{\partial z}$$

$$= \frac{\partial^2\psi}{\partial x^2} + \frac{\partial^2\psi}{\partial y^2} + \frac{\partial^2\psi}{\partial z^2} = \nabla^2\psi$$

所以，梯度的散度等于 Laplacian 算子。这将梯度向量收敛于峰值（这意味着在峰值处，梯度的散度为负）和峰值处的值大于周围点函数值的平均值（这意味着在峰值处，Laplacian 算子为负）联系在一起。

所有这些和扩散方程以及薛定谔方程有什么关系？回想一下，扩散方程说明函数 ψ 随时间的变化（即 $\frac{\partial \psi}{\partial t}$）与 ψ 的 Laplacian 算子（由 $\nabla^2\psi$ 给出）成正比。因此，如果 ψ 表示温度，扩散将导致温度超过周围点平均温度的区域（即函数 ψ 在该区域具有正峰值）冷却，而温度低于周围点平均温度的区域（其中函数 ψ 具有山谷）会变暖。

类似的分析也适用于薛定谔方程，但其中有一个非常重要的区别。正如在一维情况下，薛定谔方程一侧的虚数单位（i）意味着解通常是复的，而不是纯实的，即除了函数在山峰和山谷处随时间趋于平滑的“扩散”解外，也支持振荡解。第 4 章和第 5 章将介绍这些解。

在讨论这个问题之前，值得注意的是，我们可以用一种类似于一维情形的方法，求出与时间无关的薛定谔方程（TISE）的三维版本。为此，将三维波函数 $\Psi(\vec{r},t)$ 分为空间和时间两部分：

$$\Psi(\vec{r},t) = \psi(\vec{r})T(t) \tag{3.56}$$

同时，写出势能的三维版本 $V(\vec{r})$。与一维情况一样，方程的时间部分得到的解是 $T(t)=\mathrm{e}^{-\mathrm{i}\frac{E}{\hbar}t}$，但三维空间部分的方程是

$$-\frac{\hbar^2}{2m}\nabla^2[\psi(\vec{r})] + V[\psi(\vec{r})] = E[\psi(\vec{r})] \tag{3.57}$$

这个三维 TISE 的解取决于势能 $V(\vec{r})$ 的性质，在这种情况下，三维 Hamiltonian 算子（总能量）为

$$\widehat{H} = -\frac{\hbar^2}{2m}\nabla^2 + V \tag{3.58}$$

关于出现在三维薛定谔方程中的 Laplacian 算子的最后一点说明：尽管 Laplacian 算子的 Cartesian 版本的形式最简单，但一些问题（特别是那些具有球面对称性的问题）的几何形式表明，用球坐标表示的 Laplacian 算子可能更容易应用，该形式如下所示：

$$\nabla^2 = \frac{1}{r^2}\frac{\partial}{\partial r}\left(r^2\frac{\partial}{\partial r}\right) + \frac{1}{r^2 \sin\theta}\frac{\partial}{\partial\theta}\left(\sin\theta\frac{\partial}{\partial\theta}\right) + \frac{1}{r^2\sin^2\theta}\frac{\partial^2}{\partial\phi^2} \tag{3.59}$$

可以在 3.5 节的习题中看到该形式的 Laplacian 算子的应用。

3.5　习题

1. 求与以下各项相关的物质波的 de Broglie 波长

   a）以 5×10^6 米 / 秒的速度运动的电子；

   b）一个 160 克重的板球以每小时 100 英里的速度滚动。

2. 给定波数函数 $\phi(k)=A$ 的波数范围为 $-\frac{\Delta k}{2}<k<\frac{\Delta k}{2}$，在其他地方为零，使用等式（3.24）求出相应的位置波函数 $\psi(x)$。A 表示一个常数。

3. 请写出二维基系统中动量算子 $\hat{p}$ 的矩阵表示，其中基向量由 $|\epsilon_1\rangle=\sin kx$ 和 $|\epsilon_2\rangle=\cos kx$ 表示。

4. 在与习题 3 相同的二维基系统中，写出在具有恒定势能 V 的区域的 Hamiltonian 算子 $\widehat{H}$ 的矩阵表示。

5. 利用函数表示（等式（3.29）和等式（3.30））和习题 3、4 中的基系统的算子的矩阵表示来证明动量算子和具有恒定势能的 Hamiltonian 算子可交换。

6. 对于具有向量波数 $\vec{k}=\hat{i}+\hat{j}+5\hat{k}$ 的平面波，

 a）在三维 Cartesian 坐标系中画出这个波的几个恒定相位的平面；

 b）求出这个波的波长 λ；

 c）沿着 $\vec{k}$ 的方向，求出从原点到包含点（$x=4$，$y=2$，$z=5$）的平面的最小距离。

7. 对于二维 Gaussian 波函数 $f(x,y)=A\mathrm{e}-\left[\frac{(x-x_0)^2}{2\sigma_x^2}+\frac{(y-y_0)^2}{2\sigma_y^2}\right]$，证明

 a）在函数峰值处 $(x=x_0, y=y_0)$ 的梯度 $\vec{\nabla}f$ 为零；

 b）在峰值处的 Laplacian 算子 $\nabla^2 f$ 为负；

 c）峰越尖（σ_x 和 σ_y 越小），Laplacian 算子越大。

8. 证明：在三维 Cartesian 坐标系下，如果 $E_n=\frac{k_n^2\hbar^2}{2m}$，其中 $k_n^2=(k_{n,x})^2+(k_{n,y})^2+(k_{n,z})^2$，同时在恒定势能的区域中，有 $k_{n,x}=\frac{n_x\pi}{a_x}, k_{n,y}=\frac{n_y\pi}{a_y}$ 和 $k_{n,z}=\frac{n_z\pi}{a_z}$，那么 $\psi_n(x,y,z,t)=\sqrt{\frac{8}{a_x a_y a_z}}\sin(k_{n,x}x)\sin(k_{n,y}y)\sin(k_{n,z}z)\mathrm{e}^{-\mathrm{i}E_n t/\hbar}$ 是薛定谔方程的解。

9. 利用变量分离将球坐标系下的三维薛定谔方程写成两个独立的方程，一个只依赖于径向坐标（r），另一个只依赖于角坐标（θ 和 ϕ），势能只依赖于径向坐标（所以 $V=V(r)$）。

10. 证明函数 $R(r)=\frac{1}{r\sqrt{2\pi a}}\sin\left(\frac{n\pi r}{a}\right)$ 是球坐标系下 $V=0$ 的三维薛定谔方程径向部分的解，且分离常数为 $E_n=\frac{n^2\pi^2\hbar^2}{2ma^2}$。

第 4 章

解薛定谔方程

如果想知道第 1、2 章提出的抽象向量空间、正交函数、算子和特征值与第 3 章提出的薛定谔方程的波函数解之间的关系，那么这一章会很有帮助。这种关系不是很明显，其中一个原因可能是量子力学是沿着两条平行的方向发展的，这两个方向后来被称为 Werner Heisenberg 的**矩阵力学**和 Erwin Schrödinger 的**波动力学**。尽管这两种方法都能产生相同的结果，但每一种方法都有其优势，这就是为什么第 1、2 章着重于矩阵代数和 Dirac 符号，而第 3 章着重于平面波和微分算子。

为了帮助你理解矩阵力学和波动力学之间的联系，4.1 节使用 Born 法则解释薛定谔方程的解的含义，Born 法则是量子力学 Copenhagen 解释的基础，4.2 节会讨论量子态、波函数和算子，以及解释一些误解，这些误解通常是在学生们尝试将量子理论应用到实际问题时产生的。4.3 节将讨论量子波函数的必要条件和一般特征，4.4 节将介绍 Fourier 理论如何应用

于量子波函数，4.5 节会介绍和解释在位置和动量空间中位置和动量算子的形式。

4.1 Born 法则和 Copenhagen 解释

当薛定谔在 1926 年初发表薛定谔方程时，没有人（包括薛定谔本人）确切地知道波函数 ψ 表示什么。薛定谔认为带电粒子的波函数可能与电荷密度的空间分布有关，于是提出了对波函数的字面解释，即一种真正的干扰——“物质波”。其他人推测波函数可能表示某种“引导波”，这种引导波伴随每个物理粒子，并控制着粒子在某些方面的表现。尽管每一种观点都有其优点，但是在薛定谔方程的量子波函数解中，究竟是什么在“波动”这个问题是非常值得讨论的。

这个问题的答案出现在 1926 年末，当时 Max Born 发表了一篇论文，他在论文中陈述了他认为对薛定谔方程波函数解唯一可能的解释，这个解释现在被称为“ Born 法则”，它指出量子波函数表示一个“概率振幅”，其大小的平方决定了观察时得到某种结果的概率。我们可以在 4.2 节阅读到更多关于波函数和概率的内容，但现在最重要的一点是，Born 法则将量子波函数从物理介质的可测量干扰领域中移除，并将 ψ 归类为统计工具（非常有用的工具）。具体地说，可以用波函数来确定量子可观测量的可能测量结果，并计算每个结果的概率。

Born 法则在量子力学中扮演着极其重要的角色，因为它以一种与实验结果相符的方式解释了薛定谔方程解的含义。但是，Born 法则对量子力学的其他关键方面缄口不提，而且这些方面在近一个世纪里一直是人们持续争论的主题。

这场争论没有形成一套人们普遍同意的原则。对量子力学的解释中，最为人们广泛接受（也是最具争议）的解释被称为“Copenhagen 解释”，它在 Copenhagen 的 Niels Bohr 研究所被提出。尽管许多量子理论家对 Copenhagen 解释的态度是矛盾的，但还是值得我们花时间去理解它的基本宗旨。这样，就能够理解 Copenhagen 解释的特点和缺点，以及其他解释的优点和困难。

那么这些宗旨到底是什么呢？要说清楚这些宗旨一点都不容易，因为 Copenhagen 解释的版本非常多。但 Copenhagen 解释的原理通常包括量子态信息的完备性、量子态的平稳时间演化、波函数坍缩、算子特征值与测量结果的关系、测不准原理、Born 法则、经典和量子物理学之间的对应原理，以及物质的互补波和粒子方面。

以下是对这些原理的简短描述：

信息内容：量子态 Ψ 包含关于量子系统的所有可能的信息，但没有包含额外信息的“隐变量”。

时间演化：随着时间的推移，除非进行测量，否则量子态会按照薛定谔方程平稳地演化。

波函数坍缩：每当对一个量子态进行测量时，该态**坍缩**成与被测量的可观测量相关的算子的特征态。

测量结果：一个可观测量的测量值是原始量子态坍缩到的

特征态的特征值。

测不准原理：某些"不相容"的可观测量（如位置和动量）不可能以任意高精度同时被测量到。

Born 法则：量子态在测量时坍缩到给定特征态的概率，由初始态（波函数）中特征态的量的平方所决定。

对应原理：在非常大的量子数的限制下，量子可观测量的测量结果必须与经典物理的结果相匹配。

互补性：每个量子系统都包括类波和类粒子的互补，系统被测量时是像波还是像粒子，这取决于测量的性质。

令人高兴的是，无论喜欢 Copenhagen 解释还是其他解释，量子力学中的"力学"都是可行的。也就是说，用于预测量子可观测量的测量结果和计算每一个结果的概率的量子力学技巧已经被反复证明能够得出正确的答案。

可以在后面的章节中阅读到更多关于作为薛定谔方程的解的量子波函数的内容，4.2 节将回顾一些量子术语，并讨论人们对波函数、算子和测量的一些常见误解。

4.2 量子态、波函数和算子

正如在前几章中看到的，经典力学的一些概念和数学技巧可以扩展到量子力学的领域。但是量子力学的基本概率性质导致了一些深刻的差异，理解这些差异是非常重要的，例如需要理解某些经典物理术语是否适用于量子力学。

幸运的是，量子力学在诞生以来的约 100 年里，在发展统一术语方面已经取得了进展，但是如果阅读最前沿的量子教材或在线资源，你可能会注意到“量子态”和“波函数”这两个术语的用法有所不同。尽管有些作者交替使用这两个术语，但也有人对它们进行了显著的区分，本节将对此进行解释。

最常用的术语中，粒子或系统的量子态是一种描述，它包含了关于粒子或系统的所有已知信息。量子态通常写为 ψ（有时是大写 Ψ，特别是当包含时间依赖性时），并且可以用与基无关的 $|\psi\rangle$ 或 $|\Psi\rangle$ 来表示。量子态是抽象向量空间的一员，并且遵循该空间的规则，而薛定谔方程描述了量子态如何随时间演化。

那么量子态和量子波函数有什么区别呢？在许多量子教材中，量子波函数被定义为量子态在特定基下的展开式。那么这组基是什么呢？无论选择哪一组基，与可观测量相对应的基都是符合逻辑的选择。回想一下，每一个可观测量都与一个算子相关，并且该算子的特征函数构成了一组完备正交基，这意味着任何函数都可以通过这些特征函数的加权组合（叠加）来合成。如 1.6 节所述，如果用特征函数 $(\psi_1,\psi_2,\cdots,\psi_N)$ 的加权和展开量子态，那么 $|\psi\rangle$ 可以写成

$$|\psi\rangle = c_1\,|\psi_1\rangle + c_2\,|\psi_2\rangle + \cdots + c_N\,|\psi_N\rangle = \sum_{n=1}^{N} c_n\,|\psi_n\rangle \quad (1.35)$$

而且波函数是每一个特征函数 $|\psi_n\rangle$ 在状态 $|\psi\rangle$ 下的量 (c_n)。所以，在特定基下的波函数是这组基的 c_n（可能为复值）的集合。

1.6 节还提到，每个 c_n 都可通过将 $|\psi\rangle$ 投影到相应的（归一

化）特征函数$|\psi_n\rangle$上得到：

$$c_n = \langle\psi_n|\psi\rangle \tag{4.1}$$

可能的测量结果是与可观测量对应的算子的特征值，并且每个结果的概率与波函数值c_n的平方成正比。因此，波函数表示每个结果的“概率振幅”㊀。

如果将“函数”一词应用到一组离散值c_n上似乎有些奇怪，那么当考虑一个量子系统（例如**自由粒子**）时，使用这个术语的原因应该就很清楚了，因为在这个系统中，可能的测量结果（与可观测量对应的算子的特征值）是连续函数，而不是离散值。在量子教材中，这有时被描述为具有“连续谱”特征值的算子。

在这种情况下，与可观测量（如位置或动量）对应的算子的矩阵表示具有无穷多的行和列，并且存在无穷多个该可观测量的特征函数。例如，（一维）位置基函数可以用$|x\rangle$表示，因此在位置基下展开$|\psi\rangle$，如下所示：

$$|\psi\rangle = \int_{-\infty}^{\infty} \psi(x)\,|x\rangle\,\mathrm{d}x \tag{4.2}$$

注意，基函数$|x\rangle$在连续变量x的每个值处的“量”现在是连续函数$\psi(x)$。所以在这种情况下，波函数不是离散值的集合（如c_n），而是位置的连续函数$\psi(x)$。

与离散情况一样，为了确定$\psi(x)$，将$|\psi\rangle$投影到位置基函数上：

㊀ “振幅”一词用于类比其他类型的波，其大小与波的振幅的平方成正比。

$$\psi(x) = \langle x|\psi\rangle \tag{4.3}$$

正如离散情况一样，每个结果的概率与波函数的平方有关。但在连续的情况下，$|\psi(x)|^2$ 给出了概率密度（一维情况下每单位长度的概率），必须在 x 的范围内对其积分，以确定在该范围内结果的概率。

动量波函数也可以采用同样的方法。（一维）动量基函数可以用 $|p\rangle$ 表示，在动量基中展开 $|\psi\rangle$，如下：

$$|\psi\rangle = \int_{-\infty}^{\infty} \tilde{\phi}(p)\,|p\rangle\,\mathrm{d}p \tag{4.4}$$

在这种情况下，基函数在连续变量 p 的每个值处的"量"是连续函数 $\tilde{\phi}(p)$。

为了确定 $\tilde{\phi}(p)$，将 $|\psi\rangle$ 投影到动量基函数上：

$$\tilde{\phi}(p) = \langle p|\psi\rangle \tag{4.5}$$

因此，对于由 $|\psi\rangle$ 表示的给定量子态，在特定基下求波函数的正确方法是用内积将量子态投影到该基的特征函数上。但是研究表明⊖，即使已经学习了量子力学的入门课程，许多学生仍然不清楚量子态、波函数和算子之间的关系。

关于量子算子的一个常见误解是，如果给定一个量子态 $|\psi\rangle$，可以用位置算子或动量算子作用于 $|\psi\rangle$，从而确定位置空间波函数 $\psi(x)$ 或动量空间波函数 $\tilde{\phi}(p)$，这是不正确的。如前所述，确定位置或动量波形的正确方法是利用内积将 $|\psi\rangle$ 投影

⊖ 例如 [4]。

到位置或动量的特征态上。

一个相应的误解是，存在可以转换位置空间波函数 $\psi(x)$ 和动量空间波函数 $\tilde{\phi}(p)$ 的算子。我们将在 4.4 节看到，位置基波函数和动量基波函数是通过 **Fourier 变换**相互联系的，而不是通过使用位置或动量算子。

对于刚接触量子力学的学生来说，将一个算子作用于量子态上，在分析上等同于对与该算子对应的可观测量进行物理测量，这样的认识是很常见的。同时，这样的混淆也是可以理解的，对一个状态进行作用确实会产生一个新的状态，而且许多学生都知道，进行测量会导致量子波函数的坍缩。应用算子和进行测量之间的实际关系要复杂一些，但也提供了更多信息。对一个可观测量的测量确实会导致量子态坍缩为与该可观测量对应的算子的特征态之一（除非该状态已经是该算子的特征态），但当将一个算子作用于量子态时，这种情况并不会发生。

相反，应用算子产生一个新的量子态，它是该算子特征态的叠加（即加权组合）。在特征态的叠加中，每个特征态的加权系数不只是特征态的“量”(c_n)，作用前的状态为：

$$|\psi\rangle = \Sigma_n c_n |\psi_n\rangle$$

但是，将算子作用于量子态后，由于算子已经给出了特征值 (o_n) 的因子，所以每个特征态的加权因子包括该特征态的特征值：

$$\widehat{O}|\psi\rangle = \Sigma_n c_n \widehat{O}|\psi_n\rangle = \Sigma_n c_n o_n |\psi_n\rangle \tag{4.6}$$

如 2.5 节所述，这个新状态 $\widehat{O}|\psi\rangle$ 与初始状态 $|\psi\rangle$ 的内积给出了

与算子对应的可观测量的期望值。所以，在算子 $\widehat{O}$ 对应的可观测量为 O，特征值为 o_n，期望值为 $\langle O\rangle$ 的情况下，

$$\begin{aligned}\langle\psi|\,\widehat{O}\,|\psi\rangle &= \Sigma_m(c_m^*\langle\psi_m|)\Sigma_n(c_n o_n|\psi_n\rangle)\\ &= \Sigma_m\Sigma_n(c_m^* o_n c_n)\langle\psi_m|\psi_n\rangle = \Sigma_n o_n(|c_n|)^2 = \langle O\rangle\end{aligned}$$

根据正交波函数可知 $\langle\psi_m|\psi_n\rangle = \delta_{m,n}$。注意算子的作用：执行一个产生新状态的函数，其中每个特征函数的加权系数乘以该特征函数的特征值，这是确定可观测量期望值的关键步骤。

归根到底：将算子应用于系统的量子态，是通过将特征值（等式（4.6））乘以每个特征函数来改变量子态，而测量系统的量子态，是通过让波函数坍缩为其中一个特征函数来改变量子态。所以算子和测量都可以改变系统的量子态，只是方式不同。

我们可以在本章后面和第 5 章看到量子算子的例子，但在开始之前，可能需要了解量子波函数的一般特征，这是 4.3 节的主题。

4.3　量子波函数的特征

为了确定量子波函数（薛定谔方程的解）的细节，需要知道在指定区域的势能 V。第 5 章将介绍几种特定势的解，但是量子波函数的一般表现可以通过考虑薛定谔方程的性质和它的解的 Copenhagen 解释来辨别。

一个函数若是量子波函数，首先它必须是薛定谔方程的解，其次它还必须满足 Born 法则的要求——函数的平方与概

率或概率密度有关。许多量子教材中将这类函数描述为“表现良好（well-behaved)”，这通常意味着该函数必须是单值的、光滑的、平方可积的。下面给出了简短的解释，解释了这些术语在本文中的含义，以及为什么量子波函数需要这些特征：

单值：这意味着对于函数的任意自变量（例如波函数 $\psi(x)$ 在一维位置基情况下的 x），波函数都只有一个值。对于量子力学波函数，这一定是正确的，因为 Born 法则表明波函数的平方给出了概率（或连续波函数情况下的概率密度），这意味着在任意位置上只能有一个值。

平滑：这意味着波函数及其一阶空间导数必须是连续的，也就是说，没有间隙或间断。因为薛定谔方程在空间坐标系下是二阶微分方程，如果 $\psi(x)$ 或 $\frac{\partial\psi(x)}{\partial x}$ 不是连续的，就不存在二阶空间导数。一个例外是无限势的情况，可以在第 5 章关于无限势阱的讨论中了解到相关内容。

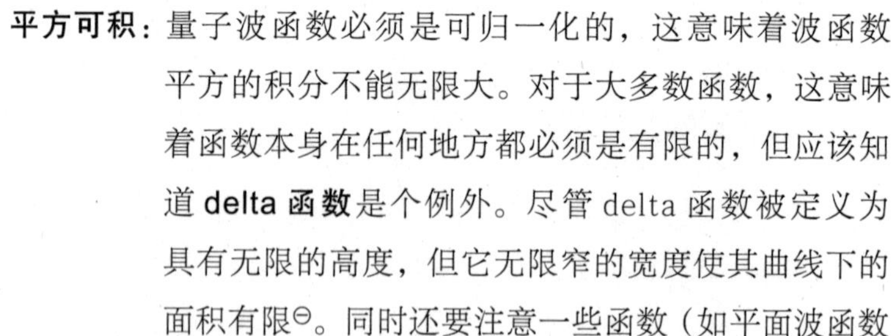

平方可积：量子波函数必须是可归一化的，这意味着波函数平方的积分不能无限大。对于大多数函数，这意味着函数本身在任何地方都必须是有限的，但应该知道 **delta 函数**是个例外。尽管 delta 函数被定义为具有无限的高度，但它无限窄的宽度使其曲线下的面积有限⊖。同时还要注意一些函数（如平面波函数

⊖ 从技术上讲，Dirac delta 函数不是一个函数，因为当自变量为 0 时，它的值是无穷大的，所以，它实际上是一个“广义函数”或“**分布**”，它在数学上等价于一个黑盒子，为给定的输入产生已知的输出。在物理学中，Dirac delta 函数的作用通常会在积分中体现，这将在 4.4 节的 Fourier 分析中讨论。

$Ae^{i(kx-\omega t)}$）具有无限的空间范围，并且不是单独平方可积的，但是可以构造具有有限空间范围且满足平方可积要求的函数组合。

除了满足这些要求，量子波函数还必须匹配特定问题的边界条件。如前所述，为了完全确定相关的量子波函数，有必要知道在指定区域的特定势 $V(x)$。然而，在 TISE 中，通过考虑总能量 E 的波函数曲率和势能 V 的关系，可以看到波函数的表现中的一些重要方面。

为了理解这种表现，重排一下 TISE（等式（3.40））：

$$\frac{d^2[\psi(x)]}{dx^2} = -\frac{2m}{\hbar^2}(E - V)\psi(x) \tag{4.7}$$

等式左边就是空间曲率，它指的是函数 $\psi(x)$ 图形的斜率随位置的变化而变化。根据这个等式，曲率与波函数 $\psi(x)$ 本身成正比，其中一个比例因子是 $E-V$，即所考虑位置的总能量和势能之差。

现在想象如下情况，在指定区域的任何位置，总能量 (E) 都大于势能 (V)（这并不一定意味着势能是固定的，只是该区域每个位置的总能量都大于势能）。因此，$E-V$ 为正，曲率与波函数的符号相反（由于等式（4.7）右边的负号）。

为什么曲率和波函数的符号如此重要？在波函数 $\psi(x)$ 为正的区域（图 4.1 中 x 轴上方），当向正 x 移动时，观察波函数的表现。由于 $E-V$ 为正，所以在该区域 $\psi(x)$ 的曲率必须为负（因为如果 $E-V$ 为正，那么曲率和波函数的符号就会相反），这意味着 $\psi(x)$ 图形的斜率随着 x 的增大而变小，因此波形必须向

x 轴弯曲，最终穿过 x 轴。当这种情况发生时，波函数 $\psi(x)$ 变为负，曲率变为正，这意味着波形再次向 x 轴弯曲，直到它最终回到 ψ 为正的区域，此时曲率再次变为负。

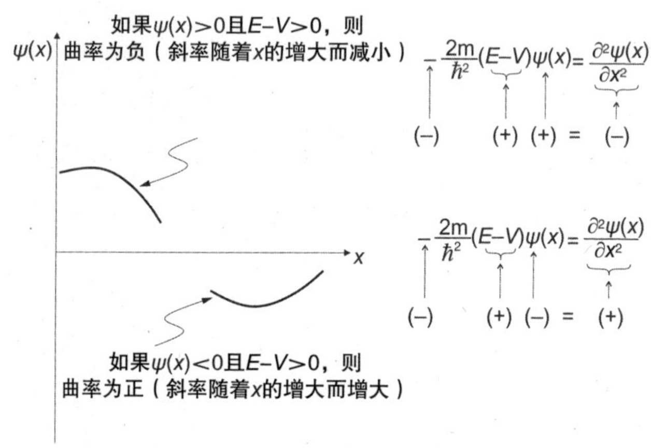

图 4.1　$E-V>0$ 情况下的波函数曲率

因此，无论势能函数 $V(x)$ 的表现怎样，只要总能量大于势能，波函数 $\psi(x)$ 就会作为位置函数振荡。我们在本章后面和第 5 章可以看到，这些振荡的波长和振幅由 E 和 V 的差所决定。

现在考虑总能量小于势能的区域，这意味着 $E-V$ 为负，所以曲率和波函数有相同的符号。

如果刚开始学量子力学，那么在物理上总能量小于势能似乎是不可能的。毕竟，如果总能量等于势能加动能，要使总能量小于势能，那动能岂不是必须为负的吗？而动能的表达式为 $\frac{1}{2}mv^2=\frac{p^2}{2m}$，怎么可能是负的呢？

在经典物理学中，这种推理是正确的，这就是为什么一个物体的势能大于其总能量的区域被称为**“经典禁止”**或“经典不允许”区域。但在量子力学中，在势能大于总能量的区域中求解薛定谔方程会得到完全可以接受的波函数。我们将在本节后面看到，波函数在这些区域内随距离呈指数减小。如果测量其中一个区域的动能，波函数会坍缩成动能算子的一个特征态，而测量结果就是这个特征态的特征值，同时这些特征值都是正的，所以肯定不会测量到负的动能。

该结果与这个区域的势能大于总能量的结果为什么是一致的？答案就在“这个区域”中。由于位置和动量是不相容的可观测量，而动能取决于动量的平方，测不准原理指出，不能同时以任意高的精度测量位置和动能。具体来说，测量动能时越精确，位置的不确定性就越大。所以当测量动能并得到一个正值时，量子粒子或系统的可能位置总是包含一个总能量大于势能的区域。

理解了这些以后，我们现在来看图 4.2，波函数 $\psi(x)$ 在最初为正的（在 x 轴上方）区域中，当向 x 轴正向移动时 $\psi(x)$ 的表现是怎样的。如果在该区域 $E-V$ 为负，那么曲率必须为正，又因为曲率和波函数必须具有相同的符号，所以 $\psi(x)$ 为正，这意味着 $\psi(x)$ 图形的斜率随着 x 的增大而增大，即波形必须向远离 x 轴的方向弯曲。如果 $\psi(x)$ 在所示位置的斜率为正（或零），那么波函数最终将变得无穷大。

现在考虑一下，如果 $\psi(x)$ 的斜率在所示位置为负会发生什么？这取决于负斜率到底有多小。如图所示，即使初始斜率略负，正曲率也会使斜率变为正，$\psi(x)$ 的图形在穿过 x 轴之前会向上延伸，这意味着 $\psi(x)$ 的值最终会变得无穷大。

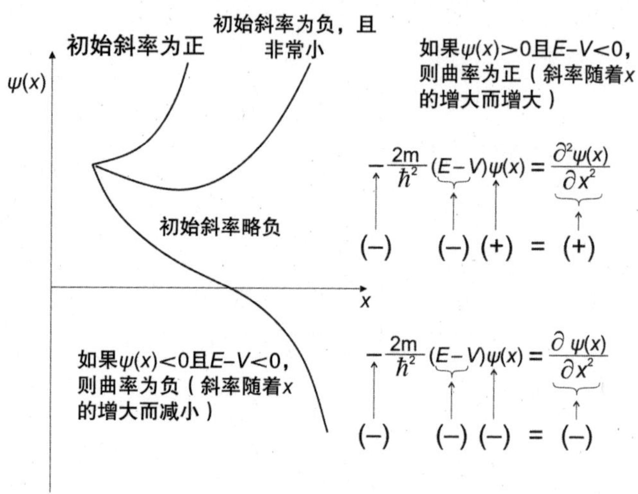

图 4.2　$E-V<0$ 情况下的波函数曲率

但如果在所示位置的负斜率足够小，$\psi(x)$ 将穿过 x 轴并变为负值。当 $\psi(x)$ 变为负时，因为 $E-V$ 为负，所以曲率也会变为负。当负曲率在 x 轴下方时，$\psi(x)$ 将向远离 x 轴的方向弯曲，最终在负方向上变得无穷小。

因此，对于图 4.2 所示的每个初始斜率，波函数 $\psi(x)$ 的值最终将达到 $+\infty$ 或 $-\infty$。由于具有无穷大振幅的波函数在物理上是不可实现的，因此波函数的斜率在所示位置上不可能是这些值。相反，波函数的曲率必须使 $\psi(x)$ 的振幅在所有位置都是有限的，这样波函数才能归一化，这意味着 $\psi(x)$ 的平方的积分必须收敛到一个有限值，即当 x 趋向 $\pm\infty$ 时，$\psi(x)$ 的值必须趋于零。为了实现这一点，斜率 $\frac{\partial\psi}{\partial x}$ 必须有一个适当的值，从

而使 $\psi(x)$ 逐渐接近 x 轴，且不会偏离 x 轴，同时也不会穿过 x 轴。在这种情况下，当 x 趋向 ∞ 时，$\psi(x)$ 将趋于零，如图 4.3 所示。

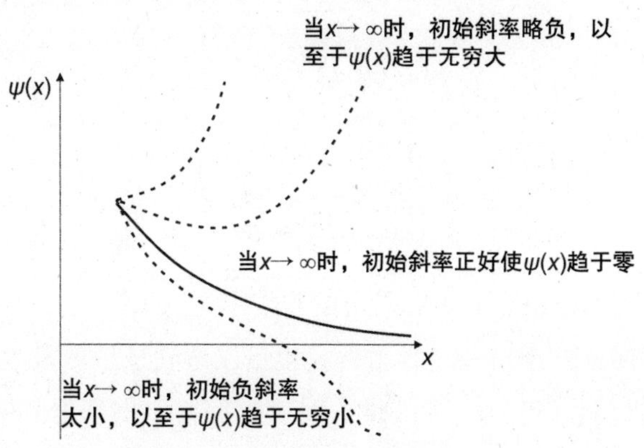

图 4.3　$E-V<0$ 情况下的初始斜率对 $\psi(x)$ 的影响

在 $E-V$ 为负的区域中，关于波函数 $\psi(x)$ 的表现能得出什么结论？结论如下：在这些区域内不可能出现振荡，因为当 x 趋向 $\pm\infty$ 时，波函数在任何位置的斜率都会使波函数向零减小。

所以只要考虑薛定谔方程中波函数曲率与 $E-V$ 的关系，就可以确定 $\psi(x)$ 在总能量 E 大于势能 V 的区域振荡，在 E 小于 V 的区域减小。通过求解特定势能的薛定谔方程可以知道更多细节，我们将在第 5 章看到相关内容。

为了更好地理解波函数的表现，在势能 $V(x)$ 为常数的区域，考虑总能量 E 大于或小于势能的情况。

首先，在 $E-V$ 为正的情况下，TISE（等式（4.7））可以写成

$$\frac{d^2[\psi(x)]}{dx^2} = -\frac{2m}{\hbar^2}(E-V)\psi(x) = -k^2\psi(x) \tag{4.8}$$

其中常数 k 由下式给出

$$k = \sqrt{\frac{2m}{\hbar^2}(E-V)} \tag{4.9}$$

这个方程的通解是

$$\psi(x) = Ae^{ikx} + Be^{-ikx} \tag{4.10}$$

其中 A 和 B 是由边界条件确定的常数⊖。

即使不知道这些边界条件，也可以看到量子波函数在 E 大于 V 的区域（经典允许区域）中正弦振荡，根据 Euler 关系，有 $e^{\pm ikx} = \cos kx \pm i\sin kx$，这与前面介绍的曲率分析相吻合。

从等式（4.10）的解的形式还可以得出另一个结论：k 表示这个区域的波数，根据 $k = 2\pi/\lambda$ 可以确定量子波函数的波长。波数决定了波函数随距离振荡的“快慢”(每米周期数，而不是每秒周期数)，同时，等式（4.9）表明，$E-V$ 越大则 k 越大，波数越大则波长越短。因此，粒子的总能量 E 和势能 V 之间的差越大，则曲率越大，那么粒子波函数随 x（每米更多的周期数）振荡的速度就越快。

在两个具有不同势能的经典允许区域的边界上，加强连续

⊖ 注意，这相当于 $A_1\cos(kx)+B_1\sin(kx)$ 和 $A_2\sin(kx+\phi)$。可以在 4.6 节的习题和在线答案中了解到为什么该结论成立以及这些等价表达式的系数之间的关系。

$\psi(x)$ 和连续斜率 $\left(\frac{\partial\psi(x)}{\partial x}\right)$ 的边界条件，可以帮助我们理解波函数在这两个区域的相对振幅。为了了解它是如何实现的，利用等式（4.10）可以写出波函数及其在边界两侧的一阶空间导数。因为求导数会得到因子 k，所以边界两侧的振幅比与波数比成反比⊖。因此，在经典允许区域间，能量差 $E-V$ 较大（即 k 较大）一侧的波函数的振幅必须小于另一侧的振幅。

现在考虑势能大于总能量的情况，即 $E-V$ 为负。在这种情况下，TISE（等式（4.7））可以写成

$$\frac{\mathrm{d}^2[\psi(x)]}{\mathrm{d}x^2} = -\frac{2m}{\hbar^2}(E-V)\psi(x) = +\kappa^2\psi(x) \tag{4.11}$$

其中常数 κ 由下式给出

$$\kappa = \sqrt{\frac{2m}{\hbar^2}(V-E)} \tag{4.12}$$

这个方程的通解是

$$\psi(x) = C\mathrm{e}^{\kappa x} + D\mathrm{e}^{-\kappa x} \tag{4.13}$$

其中 C 和 D 是由边界条件确定的常数。

如果某区域是一个向 $+\infty$ 延伸的经典禁止区域（x 可以在该区域内取较大的正值），那么，除非系数 C 为零，否则等式（4.13）的第一项将为无穷大。在这个区域中，$\psi(x)=D\mathrm{e}^{-\kappa x}$，并随着正 x 的增加而指数减小。

同样，如果某区域是一个向 $-\infty$ 延伸的经典禁止区域，当

⊖ 如果需要帮助以得到该结果，请查看 4.6 节的习题和在线答案。

x 取非常小的负值时，等式（4.13）的第二项将变为无穷大，因此在这种情况下，系数 D 必须为零。这使得这个区域内的 $\psi(x)=Ce^{\kappa x}$，同时波函数的振幅随负 x 的减小而指数减小。

所以再重复一次，即使不知道精确的边界条件，也可以得出结论：量子波函数在 E 大于 V 的区域（即经典禁止区域）指数减小，这同样与前面介绍的曲率分析一致。

我们还可以从等式（4.13）中得到：常数 κ 是一个“减小常数”，它决定波函数趋于零的速率。同时，由于等式（4.12）指出，κ 与 $V-E$ 的平方根成正比，所以势能 V 与总能量 E 的差越大，减小常数 κ 越大，波函数随 x 的增加而减小得越快。

在图 4.4 中可以看到这些特征的作用，图中显示了五个不同势能的区域（但每个区域内 $V(x)$ 是恒定的）。这种“分段恒定”势能有助于理解量子波函数的表现，也有助于模拟连续变化的势能。

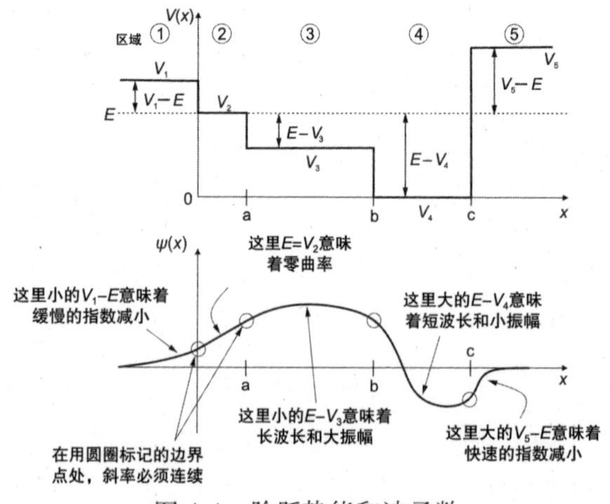

图 4.4　阶跃势能和波函数

尽管区域 1（最左边）的势能 V_1 和区域 5（最右边）的势能 V_5 不同，但它们都大于粒子的能量 E。在区域 2、3 和 4 中，尽管每个区域的粒子能量也是不同的，但它们都大于势能。

在经典禁止区域 1 和 5 中，波函数指数减小，而且由于区域 5 中的 $V-E$ 大于区域 1，因此该区域随距离减小得更快。

在经典允许区域 2 中，总能量和势能相等，因此该区域的曲率为零。还要注意，波函数的斜率是连续的，穿过经典禁止区域 1 和经典允许区域 2 之间的边界。

在经典允许区域 3 和 4 中，波函数会振荡，且由于区域 3 中的总能量和势能之差较小，所以该区域的波数 k 较小，这意味着波长更长，振幅更大。区域 4 的 $E-V$ 越大，则该区域的波长越短，振幅越小。

在两个区域间的每条边界处（图 4.4 中用圆圈标记），无论在经典允许还是经典禁止区域，波函数 $\psi(x)$ 和斜率 $\frac{\partial\psi}{\partial x}$ 必须都是连续的（即边界两侧相同）。

关于图 4.4 所示的势能和波函数，还有另一个方面值得考虑：对于图中所示总能量为 E 的粒子，当 x 趋向 $\pm\infty$ 时，求出该粒子减小到零的概率。这意味着粒子处于束缚态，也就是说，局限于空间的某个区域。与这种束缚粒子不同，自由粒子能够“逃到无穷远”，因为它们的波函数在整个空间都是振荡的。我们将在第 5 章看到，束缚态的粒子有一个离散的能量谱，而自由粒子有一个连续的能量谱。

4.4 Fourier 理论和量子波包

如果你已经通读了前几章，那么应该已经简要地了解了 Fourier 理论的两个主要方面：分析和合成。1.6 节讲解了如何使用内积求波函数的分量，而 Fourier 分析是“谱分解”的一种类型。3.1 节中讲解了如何通过平面波函数的加权加法产生一个复合波函数，而正弦函数的叠加是 Fourier 合成的基础。

本节的目标是帮助你理解为什么 Fourier 变换在分析和合成中起着关键作用以及它是如何转换的。同时，还将看到如何用 Fourier 理论理解量子**波包**，以及它与测不准原理的关系。

为了准确理解 Fourier 变换对函数的作用，考虑位置函数 $\psi(x)$ 的 Fourier 变换：

$$\phi(k)=\frac{1}{\sqrt{2\pi}}\int_{-\infty}^{\infty}\psi(x)\mathrm{e}^{-\mathrm{i}kx}\mathrm{d}x \tag{4.14}$$

其中，$\phi(k)$ 是关于波数 (k) 的函数，称为波数谱。

如果已经知道了波数谱 $\phi(k)$，而现在想确定相应的位置函数 $\psi(x)$，需要的工具是 Fourier 逆变换

$$\psi(x)=\frac{1}{\sqrt{2\pi}}\int_{-\infty}^{\infty}\phi(k)\mathrm{e}^{\mathrm{i}kx}\mathrm{d}k \tag{4.15}$$

Fourier 理论（包括分析和合成）源于一个思想：任何表现良好的⊖函数都可以表示为正弦函数的加权组合。在位置函数为 $\psi(x)$ 的情况下，构成正弦函数的形式为 $\cos kx$ 和 $\sin kx$，

⊖ 在这里，“表现良好”是指函数满足有限个极值和有限个非无穷间断点的 Dirichlet 条件。

其中 k 表示每个分量的波数（回想一下，波数有时被称为“空间频率”，其大小为每单位长度的角的大小，国际标准单位为弧度 / 米）。

为了理解 Fourier 变换的含义，假设有一个位置函数 $\psi(x)$，并且想知道在 $\psi(x)$ 中，每一个波数 k 对应的余弦和正弦函数是“多少”。等式（4.14）告诉我们：为了求出这些量，将 $\psi(x)$ 乘以 e^{-ikx}（这等价于 Euler 关系中的 $\cos kx - i\sin kx$），并在全空间上对该乘积进行积分，这个过程的结果是复函数 $\phi(k)$。对于每一个 k，如果 $\psi(x)$ 是实的，那么从 $\phi(k)$ 的实部可以知道 $\psi(x)$ 中的 $\cos kx$ 是多少，从 $\phi(k)$ 的虚部可以知道 $\psi(x)$ 中的 $\sin kx$ 是多少。

为什么这个乘法和积分的过程可以表明函数 $\psi(x)$ 中每个正弦函数是多少？有几种方法可以证明这一点，但有些学生发现，最简单的方法是使用 Euler 关系将 Fourier 变换写成

$$\begin{aligned}\phi(k) &= \frac{1}{\sqrt{2\pi}}\int_{-\infty}^{\infty}\psi(x)e^{-ikx}dx \\ &= \frac{1}{\sqrt{2\pi}}\int_{-\infty}^{\infty}\psi(x)\cos(kx)dx - i\frac{1}{\sqrt{2\pi}}\int_{-\infty}^{\infty}\psi(x)\sin(kx)dx\end{aligned} \tag{4.16}$$

现在假设函数 $\psi(x)$ 是具有单波数 k_1 的余弦函数，那么 $\psi(x) = \cos(k_1 x)$。将其代入等式（4.16），可以得到 $\phi(k) = \frac{1}{\sqrt{2\pi}}\int_{-\infty}^{\infty}\cos(k_1 x)\cos(kx)dx - i\frac{1}{\sqrt{2\pi}}\int_{-\infty}^{\infty}\cos(k_1 x)\sin(kx)dx$。

在许多解释中，下一步要用到“正交关系”，即只有当 $k = k_1$ 时，第一个积分才是非零的（因为在全空间积分时，不同空间频率的余弦波是相互正交的），而无论 k 的值是多少，第二个积分都为零（因为在全空间积分时，正弦和余弦函数也是正交的）。但是如果不清楚为什么会这样，请看图 4.5，它提供了更多关于正弦函数正交性的细节，如 1.5 节所述。

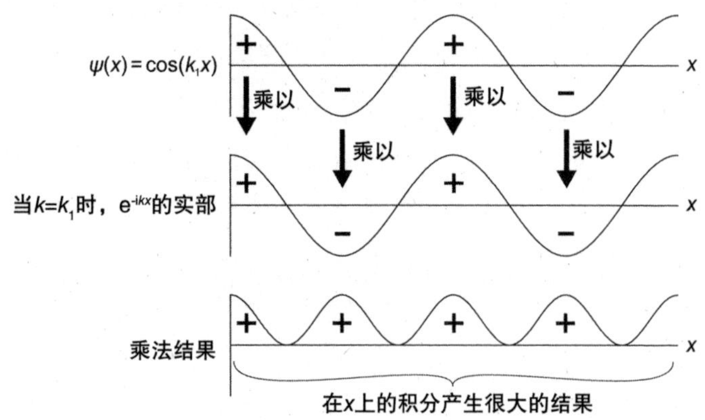

图 4.5　当 $k = k_1$ 时，将 $\cos k_1 x$ 乘以 e^{-ikx} 的实部并积分

图中的顶部图显示了单波数波函数 $\psi(x) = \cos(k_1 x)$，中间的图显示了当 $k = k_1$ 时函数 e^{-ikx} 的实部（即 $\cos kx$）。垂直箭头表示这两个函数的逐点乘法，底部图显示了乘法的结果。如我们所见，由于 $\psi(x)$ 的所有正、负部分与 e^{-ikx} 的实部对齐且具有相同符号，因此乘法过程的结果都是正的（尽管由于两个函数的振荡，导致振幅有所变化，如底部图所示）。在 x 上对乘积进行积分等价于求曲线下的面积，当乘积的符号总是相同时，面积将是一个很大的值。事实上，如果积分区间是 $-\infty$ 到 $+\infty$ 且乘

积都是正的，那么曲线下的面积将是正无穷，这意味着 k 正好等于 k_1。但即使 k 和 k_1 之间有微小的差异，也会导致这两个函数以某个速率从同相到异相，再回到同相，而该速率由 k 和 k_1 之差决定，这将导致 $\cos kx$ 和 $\cos k_1x$ 的乘积在正负值之间振荡。这意味着，当 $k=k_1$ 时，在全空间上的积分结果趋于无穷大，而当 k 为任意其他值时积分结果趋于零，导致该函数无穷高但无限窄，这就是 delta 函数，可以在本节后面了解到更多的内容。

所以恒定振幅（因此无穷宽）的波函数 $\psi(x)=\cos k_1x$ 的 Fourier 变换 $\phi(k)$ 在波数 k_1 时有无穷大的实值。那么 $\phi(k)$ 的虚部呢？由于 $\psi(x)$ 是一个纯（实）余弦波，所以可以猜测 $\psi(x)$ 中不包含正弦函数，即使 k_1 波数也是如此，这正是 Fourier 变换产生的结果，如图 4.6 所示。

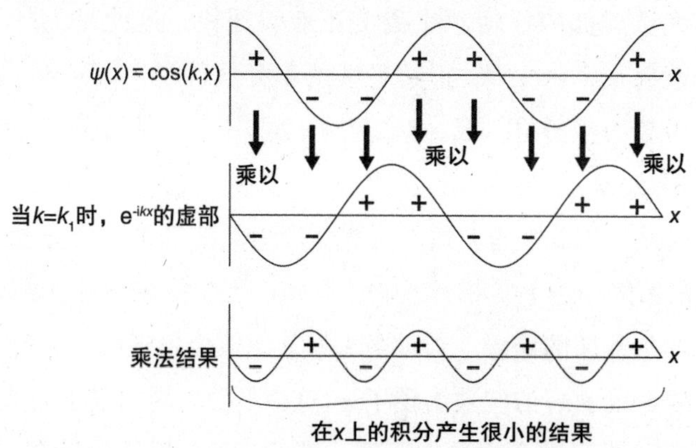

图 4.6　当 $k=k_1$ 时，将 $\cos k_1x$ 乘以 e^{-ikx} 的虚部并积分

注意，在这种情况下，尽管 $\psi(x)$ 的振荡和 e^{-ikx} 的虚部（即

$-\sin kx$）具有相同的空间频率，但这两个函数之间的相位偏移使它们的乘积正、负部分相等。因此，在 x 上积分会产生一个很小的结果（如果在一个整数周期内进行积分，则为零，本节稍后将对此进行解释）。所以 $\phi(k)$ 的虚部很小或为零，即使波数 $k=k_1$ 也是如此。

由于在这个例子中 $\psi(x)$ 是纯余弦波，那么 Fourier 变换对 $\phi(k)$ 的虚部会产生精确的零吗？如果在 $\psi(x)$ 的整数个周期进行积分，就会产生精确的零，因为在这种情况下，乘积会使得 $\phi(k)$ 正的部分和负的部分一样多（也就是说，曲线下的面积将正好为零）。但是如果在 $\psi(x)$ 的 1.25 个周期内进行积分，曲线下会有一些剩余的负面积，所以积分的结果不会是零。但是，请注意，通过在整个 x 轴上积分，可以使虚部与实部的比值任意小，因为这将导致 $\phi(k)$ 的实部（及其所有正的乘法结果）远远大于虚部中任何不平衡的正或负面积。这就是为什么在一般情况下，Fourier 正交关系的积分区间是 $-\infty$ 到 ∞，或者周期函数的积分区间是 $-T/2$ 到 $T/2$（其中 T 是被分析函数的周期）。

因此，当 e^{-ikx} 的波数 k 与被变换函数的其中一个分量的波数（在本例中为 k_1）相匹配时，Fourier 变换的乘法和积分过程会产生预期的结果。若波数 k 为其他值会怎样呢？为什么这个过程导致 $\phi(k)$ 的波数出现了 $\psi(x)$ 中不会出现的很小的值？

为了理解这个问题的答案，考虑图 4.7 所示的乘法结果。在这种情况下，乘数 e^{-ikx} 中的波数 k 取为 $\psi(x)$ 中单波数 (k_1) 值的一半。如图所示，在这种情况下，$e^{-i\left(\frac{1}{2}\right)k_1 x}$ 实部的每次空间振

荡发生在 $\psi(x)$ 每次振荡距离的两倍以上，这意味着这两个函数的乘积在正和负之间交替，使得结果曲线下的面积趋于零。$\psi(x)$ 和 $e^{-i\left(\frac{1}{2}\right)k_1 x}$ 变化的振幅导致它们的乘积的振幅在 x 上变化，但波形的对称性确保了在任何整数周期数上正面积和负面积都相等。

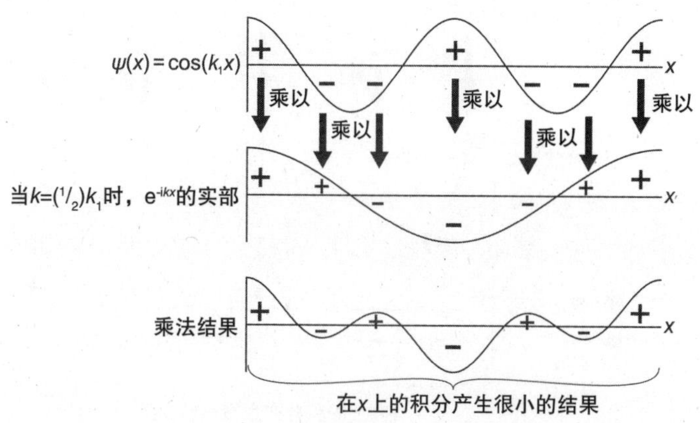

图 4.7　当 $k=\frac{1}{2}k_1$ 时，将 $\cos k_1 x$ 乘以 e^{-ikx} 的虚部，并积分

类似的分析表明，当乘数 e^{-ikx} 中的波数大于 $\psi(x)$ 中的单波数 (k_1) 时，Fourier 变换也会产生较小的结果。图 4.8 显示了当 $k=2k_1$ 时发生的情况，因此 $e^{-i(2)k_1 x}$ 的每次空间振荡发生在 $\psi(x)$ 每次振荡距离的一半以上。与前面的例子一样，这两个函数的乘积在正和负之间交替，因此曲线下的面积再次趋于零（在 $\psi(x)$ 的任意整数个周期上精确为零）。

确保理解这个例子，$\phi(k)$ 的虚部是零，是因为 $\psi(x)$ 是纯余弦波，而不是因为 $\psi(x)$ 是实的。如果 $\psi(x)$ 是纯（实）正弦波，那么 Fourier 变换过程的结果 $\phi(k)$ 将是纯虚的，因为在这种情况下，组成 $\psi(x)$ 只需要一个正弦分量而不需要余弦分量。一般来说，Fourier 变换的结果是复的，不管变换的函数是纯实的、纯虚的，还是复的。

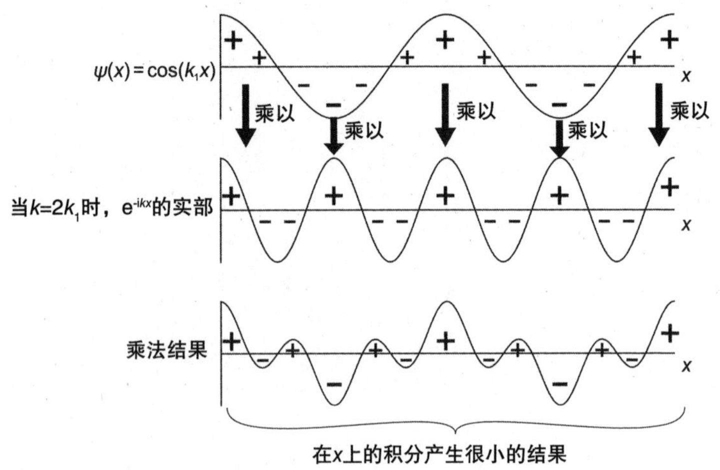

图 4.8　当 $k=2k_1$ 时，将 $\cos k_1 x$ 乘以 e^{-ikx} 的虚部并积分

将变换的函数乘以 e^{-ikx} 的实部和虚部是理解 Fourier 变换过程的一种方法，但是由于 $\psi(x)$ 、 $\phi(k)$ 和变换过程的复数性，还有另一种更好的方法，即用相量来表示 $\psi(x)$ 的分量和乘数 e^{-ikx} 。

如果你已经有一段时间没有接触相量，或者说从来没有真正理解它们，都不需要担心。在 Fourier 变换中，相量是表示正弦函数的一种非常方便的方法，接下来将会快速回顾相量的基础知识。

1.4 节中提到，相量位于复平面内。回想一下，复平面是由一条“实”轴（通常是水平的）和一条“虚”轴（通常是垂直的）定义的二维空间。相量是该平面上的一种向量，通常以原点为底，尖端位于单位圆（是距离原点一个单位的点的轨迹）上。

相量有助于表示正弦函数的原因是：令相量与正实轴的夹角为 kx（随着 kx 的增加逆时针旋转），通过将相量投影到实轴和虚轴来描绘出函数 $\cos(kx)$ 和 $\sin(kx)$。在图 4.9 中可以看到，随机选择 8 个 kx 来表示旋转相量。相量随着 x 的增加而不断旋转，其旋转速率由波数 k 决定。根据 $k=\frac{2\pi}{\lambda}$，增加一个波长的 x 值会使 kx 增加 2π 弧度，这意味着相量将进行一次完整的旋转。

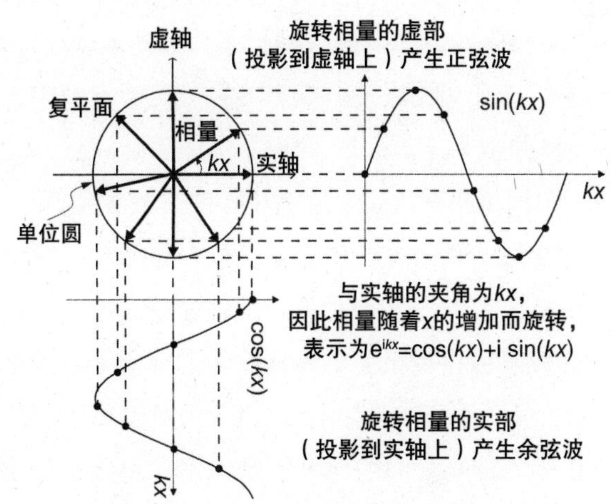

图 4.9　正弦和余弦函数的旋转相位关系

要通过相量来理解 Fourier 变换，假设函数 $\psi(x)$ 有一个单一的复波数分量，由 e^{ik_1x} 表示。图 4.10a 展示了在 k_1x 的 10

个等距值处表示 $\psi(x)$ 的相量，也就是说，在相量的每个位置之间，x 的值增加了 $\frac{\lambda}{10}\left(\frac{\pi}{5}\text{弧度或 }36°\right)$。

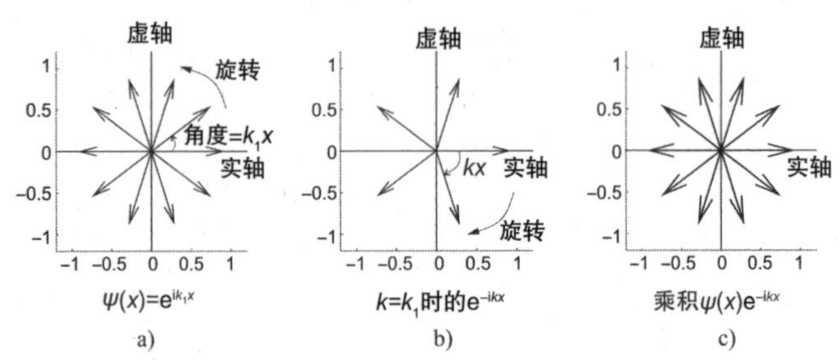

图 4.10　a）函数 e^{ik_1x} 的相量表示，b）$k=k_1$ 时乘数 e^{-ikx} 的相量表示，c）它们乘积的相量表示

现在看图 4.10b，它展示了当 $k=k_1$ 时，表示 Fourier 变换乘数 e^{-ikx} 的相量。表示该函数的相量与表示 $\psi(x)$ 的相量有相同的旋转速率，但该函数的指数中的负号意味着其相量顺时针旋转。为了理解这对 Fourier 变换的结果意味着什么，我们需要理解将两个相量相乘（如 $\psi(x)$ 乘以 e^{-ikx}）的重要性。

两个相量相乘产生另一个相量，新相量的振幅等于两个相量振幅的乘积（如果它们的尖端都在单位圆上，则两者都等于 1）。对于这种应用，更重要的是新相量的方向等于两个相乘相量的角度和。因为在这种情况下，两个相量以相同的速率朝相反的方向旋转，所以它们的角度和是恒定的。要了解这是为什么，首先需要定义实轴的方向表示 0°。那么 $\psi(x)$ 相量所示的位置为 -36°、-72°、-108°，依此类推，同时表示 e^{-ikx} 的顺时针旋转相量所示的位置也为 -36°、-72°、-108°，这使得对

于所有 x 值，两个相量的角度和恒为零[⊖]。因此，在图 4.10a 中所示的十个相量角处执行的乘法都会导致单位长度的相量指向实轴，如图 4.10c 所示。

表示 $\psi(x)$ 和 e^{-ikx} 的相量相乘后产生的相量具有恒定方向，为什么这一点很重要？因为 Fourier 变换过程是在所有 x 上对乘积进行积分：

$$\phi(k)=\frac{1}{\sqrt{2\pi}}\int_{-\infty}^{\infty}\psi(x)e^{-ikx}dx \tag{4.14}$$

这相当于不断增加产生的相量。因为当 $k=k_1$ 时，这些相量都指向同一方向（即，当 $\psi(x)$ 包含与 e^{-ikx} 中的波数相匹配的波数分量时），该加法会产生一个很大的数（因为相量遵循向量加法的规则，所以当它们都指向同一方向时，会得到最大的和值）。当 k 刚好为 k_1，且积分区间从 $-\infty$ 到 $+\infty$ 时，这个大数将为无穷大。

当 $\psi(x)$ 中包含的波数（如 k_1）与 e^{-ikx} 的波数不匹配时，情况就完全不同了。如图 4.11 所示，e^{-ikx} 的 k 是 $\psi(x)$ 的波数 k_1 的两倍。从图 4.11b 可以看到，波数越大，表示该函数的相量就会以更大的角速率旋转，在这种情况下，e^{-ikx} 的速率是 $\psi(x)$ 的速率的两倍，所以当 $\psi(x)$ 的相量旋转 36° 时，e^{-ikx} 的相量旋转 72°，如图 4.11a 所示，而当 $\psi(x)$ 相量完成一个周期时，e^{-ikx} 的相量完成两个周期。

⊖ 如果习惯用正角度，则顺时针旋转相量的角度从 360° 到 324°、228° 和 252° 等，这些角与 $\psi(x)$ 相量的角度相加，得到恒定的 360°，即与 0° 的方向相同。

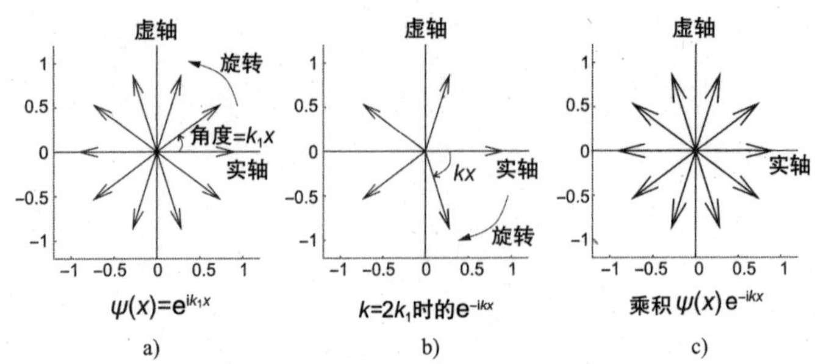

图 4.11　a）函数 e^{ik_1x} 的相量表示，b）$k=2k_1$ 时乘数 e^{-ikx} 的相量表示，c）它们乘积的相量表示

这些不同角速率导致的重要结果是：$\psi(x)$ 乘以 e^{-ikx} 产生的相量角不是恒定的。当 $x=0$ 时，两个相量都从 0° 开始，一次增量后 $\psi(x)$ 相量角为 36°，而 e^{-ikx} 相量角为 -72°，因此它们的乘积的相量角为 36°+（-72°）=-36°。当 x 再增加一个增量时，$\psi(x)$ 相量角变为 72°，而 e^{-ikx} 相量角变为 -144°，那么它们的乘积的向量角为 72°+（-144°）=-72°。当 x 的增加使 $\psi(x)$ 相量完成一个周期（e^{-ikx} 相量完成两个周期）时，其乘积也将完成一个顺时针周期，如图 4.11c 所示。

这些相量角的变化意味着它们的和将趋向于零，可以通过将它们按照向量加法——头尾相连的规则排列得到如上结果（因为它们将形成一个循环，并最终回到起始点）。如果在足够大的 x 范围内进行积分，使乘积相量完成整数个周期，那么 $\psi(x)$ 与 e^{-ikx} 乘积的积分将会精确为零。

你可能已经猜到，当函数 e^{-ikx} 的波数分量小于 $\psi(x)$ 的波数 k_1 时，可以用类似的分析。$k=\frac{1}{2}k_1$ 的情况如图 4.12 所示，在

图 4.12b 中可以看到表示 e^{-ikx} 的相量采用较小的角度（本例中为 18°）。由于 k 与 k_1 不相等，因此乘积的相量方向不是恒定的，在这种情况下，它是逆时针旋转的。但只要乘积相量在任何一个方向上完成整数个周期，那么乘积的积分就为零。

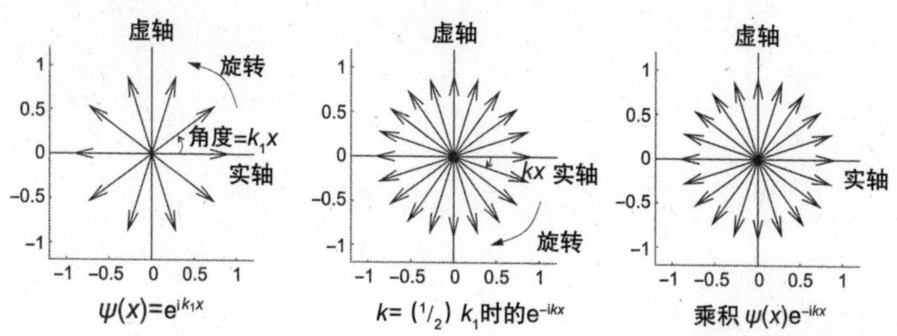

图 4.12　a）函数的 e^{ik_1x} 相量表示，b）$k=\frac{1}{2}k_1$ 时乘数 e^{-ikx} 的相量表示，c）它们乘积的相量表示

对于不能用具有恒定振幅的单一旋转相量表示的函数，可以使用类似的相量分析。例如，考虑本节前面讨论的波函数 $\psi(x)=\cos(k_1x)$，因为这是一个纯实函数，所以只有单一旋转相量是不行的。但回想一下余弦的“逆 Euler（inverse Euler）”关系：

$$\cos(k_1x)=\frac{e^{ik_1x}+e^{-ik_1x}}{2} \tag{4.17}$$

这意味着函数 $\psi(x)=\cos(k_1x)$ 可以用两个振幅为 1/2 的反向旋转相量来表示，如图 4.13a 所示。由于这两个相量旋转方向相反，它们的和（而不是它们的乘积）完全沿着实轴（因为它们的虚部具有相反的符号，所以相互抵消）。每次在两个分量相量完整旋转的过程中，合成相量的振幅从 +1 到 0（当它们指向与虚轴相反的方向时），再到 -1，然后到 0，最后回到 -1，与余弦函数完全一样。

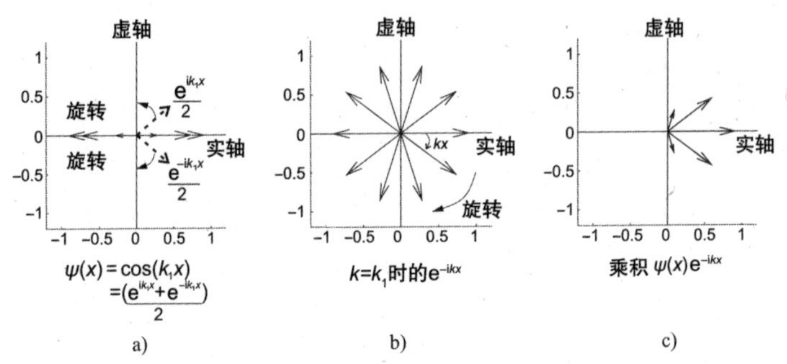

图 4.13　a）函数 $\cos(k_1x)$ 的相量表示，b）$k=k_1$ 时乘数 e^{-ikx} 的相量表示，c）它们乘积的相量表示

在这种情况下，可以通过图 4.13b 和 4.13c 看到如何在 Fourier 变换中运用相量分析。当 $k=k_1$，表示乘数 e^{-ikx} 的相量旋转如图 4.13b 所示，而图 4.13c 显示了相量乘以 $\psi(x)$ 的相量的结果。正如余弦函数的 Fourier 变换预期的那样，结果是实的，其振幅由相量乘积之和给出，其中几个如图所示。

因此，不管要分析的函数是实函数、虚函数还是复函数，旋转相量都有助于将 Fourier 变换的过程可视化。

为了理解 Fourier 分析与量子波函数的联系，我们用 Dirac 符号来表示这些函数和乘法积分的过程。要做到这一点，请记住，空间波函数 $\psi(x)$ 是由 $|\psi\rangle$ 表示的与基无关的状态向量在由 $|x\rangle$ 表示的位置基向量上的投影：

$$\psi(x) = \langle x|\psi\rangle \tag{4.18}$$

还要注意，平面波函数 $\frac{1}{\sqrt{2\pi}}\mathrm{e}^{\mathrm{i}kx}$ 是位置基表示的波数特征函数[⊖]，因此可以写成由 $|x\rangle$ 表示的与基无关的波数向量在位置基向量 $|k\rangle$ 上的投影：

$$\frac{1}{\sqrt{2\pi}}\mathrm{e}^{\mathrm{i}kx} = \langle x|k\rangle \tag{4.19}$$

将 Fourier 变换（等式（4.14））重新排列为

$$\phi(k) = \frac{1}{\sqrt{2\pi}}\int_{-\infty}^{\infty}\psi(x)\mathrm{e}^{-\mathrm{i}kx}\mathrm{d}x = \int_{-\infty}^{\infty}\frac{1}{\sqrt{2\pi}}\mathrm{e}^{-\mathrm{i}kx}\psi(x)\mathrm{d}x$$

然后用 $\langle x|k\rangle^*$ 替代 $\frac{1}{\sqrt{2\pi}}\mathrm{e}^{-\mathrm{i}kx}$，用 $\langle x|\psi\rangle$ 替代 $\psi(x)$，可以得到

$$\begin{aligned}\phi(k) &= \int_{-\infty}^{\infty}\langle x|k\rangle^*\langle x|\psi\rangle\,\mathrm{d}x = \int_{-\infty}^{\infty}\langle k|x\rangle\langle x|\psi\rangle\,\mathrm{d}x \\ &= \langle k|\widehat{I}|\psi\rangle\end{aligned} \tag{4.20}$$

其中，$\hat{I}$ 表示恒等算子。

如果想知道等式（4.20）中的恒等算子从何而来，需注意 $|x\rangle\langle x|$ 是一个投影算子（参见 2.4 节），具体来说，它是一个将任何向量投影到位置基向量 $|x\rangle$ 上的算子。如 2.4 节所述，所有基向量的投影算子的和（或连续情况下的积分）就是恒等算子。所以

$$\phi(k) = \langle k|\widehat{I}|\psi\rangle = \langle k|\psi\rangle \tag{4.21}$$

⊖ 在 4.6 节，可以阅读更多关于不同基系下位置和波数 / 动量特征函数的内容。

在这个表示中，通过内积将波数谱 $\phi(k)$（即 Fourier 变换的结果）表示为由 $|\psi\rangle$ 表示的状态到波数 $|k\rangle$ 的投影。在位置基中，状态 $|\psi\rangle$ 对应于空间波波函数 $\psi(x)$，波数 $|k\rangle$ 对应于平面波正弦基函数 $\frac{1}{\sqrt{2\pi}}\mathrm{e}^{\mathrm{i}kx}$。

不管你认为 Fourier 变换是用余弦函数和正弦函数乘以函数，再对乘积进行积分，还是将相量相乘和相加，还是将抽象状态向量投影到正弦波数基函数上，归根结底，Fourier 分析提供了一种确定构成函数的每个正弦波的量的方法。

Fourier 合成提供了一个互补函数：通过按适当比例组合正弦函数（以 $\mathrm{e}^{\mathrm{i}kx}$ 的形式）来生成具有所需特征的波函数。例如，产生一个有限空间范围的“波包”。

通过单色（单波数）平面波产生波包是量子力学中 Fourier 合成的一个重要应用，因为单色平面波函数是不可归一化的。这是因为像 $A\mathrm{e}^{\mathrm{i}(kx-\omega t)}$ 这样的函数在正 x 和负 x 方向都能扩展到无穷大，这意味着这些正弦函数的平方的曲线下的面积是无穷大的。本章前面有提到，这种不可归一化的函数不能作为物理可实现的量子波函数。但是限制在一定空间范围内的正弦波函数却是可归一化的，这种波包函数可以由单色平面波合成。

要做到这一点，有必要以适当的比例组合多个平面波，这样它们就可以在所需区域建设性地添加，而在区域之外破坏性地添加。这些“适当的比例”由 Fourier 逆变换积分内的连续波数函数 $\phi(k)$ 提供：

$$\psi(x)=\frac{1}{\sqrt{2\pi}}\int_{-\infty}^{\infty}\phi(k)\mathrm{e}^{\mathrm{i}kx}\mathrm{d}k \tag{4.15}$$

如前所述，对于每个波数 k，波数谱 $\phi(k)$ 给出了合成 $\psi(x)$ 的复正弦函数 e^{ikx} 的量。

可以把 Fourier 变换看作是一个过程，它把一个空间或“域”（如位置或时间）的函数映射到另一个“域”（如波数或频率）上。与 Fourier 变换相关的函数（如 $\psi(x)$ 和 $\phi(k)$ ）有时被称为“Fourier 变换对”，而这些函数所依赖的变量（本例中的位置 x 和波数 k ）称为“共轭变量”。这些变量始终遵循测不准原理，这意味着不可能同时精确地知道这两个变量。通过考虑图 4.14 ～图 4.18 中所示的 Fourier 变换关系，可以理解当中的原因。

空间有限量子波包的位置波函数 $\psi(x)$ 和波数谱 $\phi(k)$ 是 Fourier 变换对和共轭变量的一个很好的例子。要理解这样的波包，在以单波数 k_0 为中心的波数 Δk 范围内，考虑一下如果把平面波函数 e^{ikx} 加在一起会发生什么，其中每个函数的振幅都是单位振幅。这种情况下的波数谱 $\phi(k)$ 如图 4.14a 所示。

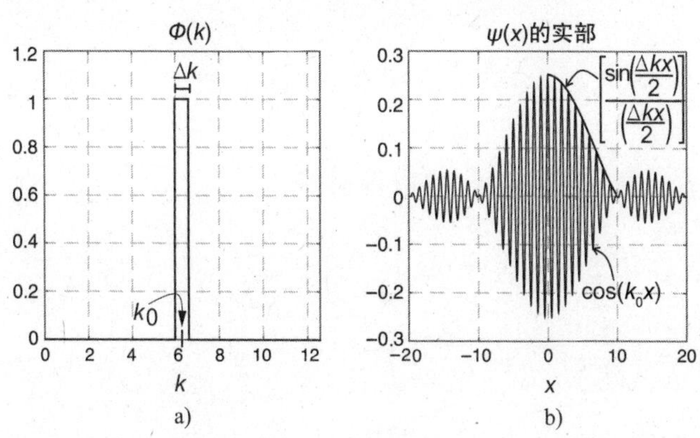

图 4.14　波数谱 $\phi(k)$ 产生（a）和空间有限波包 $\psi(x)$（b）

可通过 Fourier 逆变换得到与该波数谱相对应的位置波函数 $\psi(x)$，因此将 $\phi(k)$ 代入等式（4.15）：

$$\psi(x)=\frac{1}{\sqrt{2\pi}}\int_{-\infty}^{\infty}\phi(k)\mathrm{e}^{\mathrm{i}kx}\mathrm{d}k=\frac{1}{\sqrt{2\pi}}\int_{k_0-\frac{\Delta k}{2}}^{k_0+\frac{\Delta k}{2}}(1)\mathrm{e}^{\mathrm{i}kx}\mathrm{d}k$$

通过 $\int_a^b \mathrm{e}^{cx}\mathrm{d}x=\frac{1}{c}\mathrm{e}^{cx}\Big|_a^b$ 可以很容易地计算这个积分，这使得 $\psi(x)$ 的表达式如下

$$\begin{aligned}\psi(x)&=\frac{1}{\sqrt{2\pi}}\frac{1}{\mathrm{i}x}\mathrm{e}^{\mathrm{i}kx}\Big|_{k_0-\frac{\Delta k}{2}}^{k_0+\frac{\Delta k}{2}}=\frac{-\mathrm{i}}{\sqrt{2\pi}x}\left[\mathrm{e}^{\mathrm{i}(k_0+\frac{\Delta k}{2})x}-\mathrm{e}^{\mathrm{i}(k_0-\frac{\Delta k}{2})x}\right]\\&=\frac{-\mathrm{i}}{\sqrt{2\pi}x}\mathrm{e}^{\mathrm{i}k_0x}\left[\mathrm{e}^{\mathrm{i}\frac{\Delta k}{2}x}-\mathrm{e}^{-\mathrm{i}\frac{\Delta k}{2}x}\right]\end{aligned}\tag{4.22}$$

现在看看方括号中的项，回想一下正弦函数的逆 Euler 关系是

$$\sin\theta=\frac{\mathrm{e}^{\mathrm{i}\theta}-\mathrm{e}^{-\mathrm{i}\theta}}{2\mathrm{i}}\tag{4.23}$$

或

$$\left[\mathrm{e}^{\mathrm{i}\frac{\Delta k}{2}x}-\mathrm{e}^{-\mathrm{i}\frac{\Delta k}{2}x}\right]=2\mathrm{i}\sin\left(\frac{\Delta k}{2}x\right)\tag{4.24}$$

将其代入等式（4.22），可以得到

$$\begin{aligned}\psi(x)&=\frac{-\mathrm{i}}{\sqrt{2\pi}x}\mathrm{e}^{\mathrm{i}k_0x}\left[\mathrm{e}^{\mathrm{i}\frac{\Delta k}{2}x}-\mathrm{e}^{-\mathrm{i}\frac{\Delta k}{2}x}\right]=\frac{-\mathrm{i}}{\sqrt{2\pi}x}\mathrm{e}^{\mathrm{i}k_0x}\left[2\mathrm{i}\sin\left(\frac{\Delta k}{2}x\right)\right]\\&=\frac{2}{\sqrt{2\pi}x}\mathrm{e}^{\mathrm{i}k_0x}\sin\left(\frac{\Delta k}{2}x\right)\end{aligned}\tag{4.25}$$

如果将分子和分母同时乘以 $\frac{\Delta k}{2}$，然后简单重排一下，那么当 x 变化时，这个表达式就更容易理解：

$$\begin{aligned}\psi(x) &= \frac{(\frac{\Delta k}{2})2}{(\frac{\Delta k}{2})\sqrt{2\pi}\,x}\mathrm{e}^{ik_0x}\sin\left(\frac{\Delta k}{2}x\right) \\ &= \frac{\Delta k}{\sqrt{2\pi}}\mathrm{e}^{ik_0x}\frac{\sin\left(\frac{\Delta k}{2}x\right)}{\left(\frac{\Delta k}{2}x\right)}\end{aligned} \tag{4.26}$$

仔细看随 x 变化的项，第一个是 e^{ik_0k}，它的实部为 $\cos(k_0x)$，所以，随着 x 的变化，该项在 -1 和 $+1$ 之间振荡，在距离 $\lambda_0 = 2\pi/k_0$ 处有一个周期（相位的 2π）。在图 4.14b 中，λ_0 作为一个距离单位，可以在 x 的整数值处看到这些快速振荡重复出现。

现在我们看看等式（4.26）中最右边的分式，它也随 x 的变化而变化。该项的形式为 $\frac{\sin(ax)}{ax}$（这就是为什么我们要将分子和分母同时乘以 $\frac{\Delta k}{2}$），称为 **“sinc”函数**。sinc 函数有一个很大的中心区域（有时称为“主瓣”）和一系列较小但有意义的最大值（“副瓣”），它们距中心最大值的距离越远，数值减小，这个函数在 $x=0$ 取最大值（可以用**洛必达法则**（L’Hôpital’s rule）来验证），并且在它的两个瓣之间反复穿过零点。sinc 函数第一个零交点出现在其分子的正弦函数等于零的时候，且当幅角等于 π 时，正弦函数为零。所以当 $(\Delta k/2)x=\pi$ 或 $x = 2\pi/\Delta k$ 时，就会出现第一个零交点。

结论中有一个重要的观点，因为等式（4.26）中的项是 sinc 函数，这决定了用 $\psi(x)$ 表示的波包的主瓣的空间范围，所以要生成一个窄波包，Δk 必须很大，也就是说，需要在组成 $\psi(x)$ 的混合平面波中包含很大范围的波数。虽然波包减小到定值的距离取决于波数谱 $\phi(k)$ 的形状，但波包宽度 x 与波数谱宽度 k 成反比的结论适用于所有形状的谱，不仅仅是在这个例子中使用的平顶波数谱。

如图 4.14 所示，取 Δk 为 k_0 的 10%，则 $\psi(x)$ 的第一个零交点出现在

$$x=\frac{2\pi}{\Delta k}=\frac{2\pi}{0.1k_0}=\frac{2\pi}{0.1\frac{2\pi}{\lambda_0}}=10\lambda_0$$

且由于 λ_0 在该图中作为一个距离单位，因此在 $x=10$ 处会穿过零点。

可以在图 4.15 中看到增加波数谱宽度的效果。在这种情况下，Δk 增加到 k_0 的 50%，因此波数谱 $\phi(k)$ 是图 4.14 的波数谱宽度的 5 倍，并且波包包络也因为同样的因子而变窄（在这种情况下，在 $x=2$ 处第一次穿过零点）。

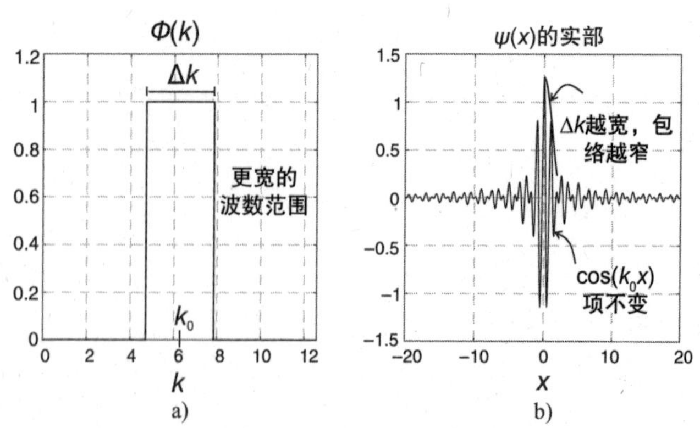

图 4.15　窄范围波数的求和（a）和减小 $\psi(x)$ 的包络宽度（b）

图 4.16 显示了减小波数谱宽度的效果。在这种情况下，Δk 减小到 k_0 的 5%，可以看到波包包络的宽度是图 4.14 的 2 倍（在 $x=20$ 处第一次穿过零点）。

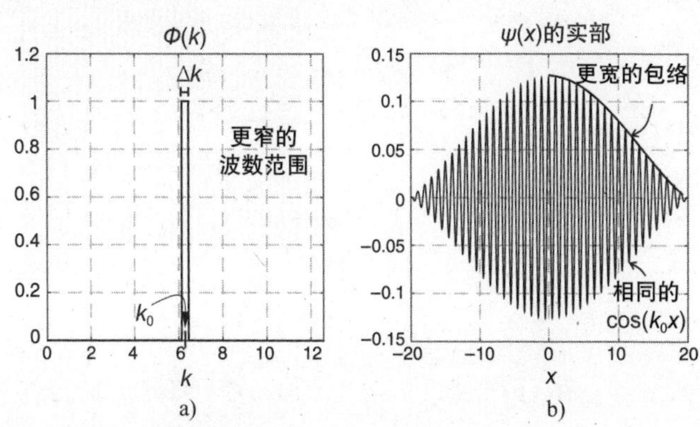

图 4.16　窄范围波数的求和（a）和增加 $\psi(x)$ 的包络宽度（b）

即使不知道 $\psi(x)$ 和 $\phi(k)$ 的宽度之间的逆关系，也可以猜到如果继续减小波数谱的宽度，让 Δk 趋于零会发生什么。毕竟，如果 $\Delta k=0$，那么 $\phi(k)$ 将由单波数 k_0 组成。而且单频（单色）平面波在正 x 和负 x 方向上可以延伸到无穷大，换言之，因为包络的第一个零交点从未出现，$\psi(x)$ 的“宽度”将变为无穷大。

这种情况如图 4.17 所示，其中波数谱的宽度 Δk 减小到 k_0 的 0.5%。因为 $\phi(k)$ 中 sinc 项的宽度比图的水平范围还宽，所以 $\psi(x)$ 的实部本质上是一个纯余弦函数。

为了从数学上理解该过程，从波数变量 k' 函数的 Fourier 逆变换（等式（4.15））的定义开始（主要原因很快就会明白）:

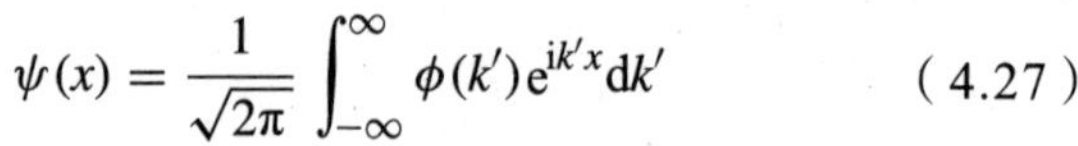

$$\psi(x)=\frac{1}{\sqrt{2\pi}}\int_{-\infty}^{\infty}\phi(k')\mathrm{e}^{\mathrm{i}k'x}\mathrm{d}k' \tag{4.27}$$

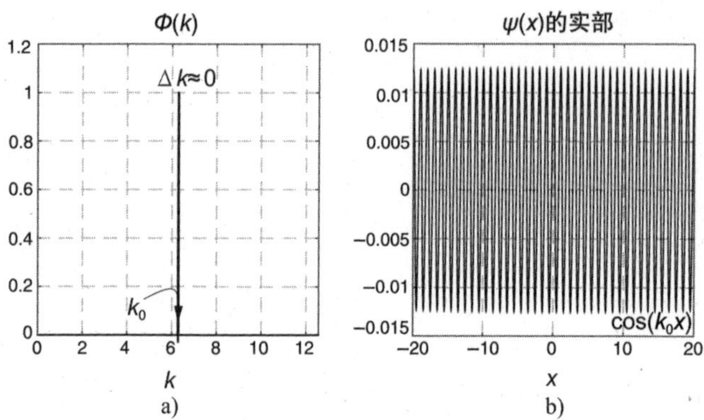

图 4.17 a）$\phi(k)$ 的宽度趋于零，b）$\psi(x)$ 的包络宽度趋于无穷大

现在将 $\psi(x)$ 的表达式代入 Fourier 变换的定义中（等式（4.14））：

$$\begin{aligned}\phi(k)&=\frac{1}{\sqrt{2\pi}}\int_{-\infty}^{\infty}\psi(x)\mathrm{e}^{-\mathrm{i}kx}\mathrm{d}x\\&=\frac{1}{\sqrt{2\pi}}\int_{-\infty}^{\infty}\left[\frac{1}{\sqrt{2\pi}}\int_{-\infty}^{\infty}\phi(k')\mathrm{e}^{\mathrm{i}k'x}\mathrm{d}k'\right]\mathrm{e}^{-\mathrm{i}kx}\mathrm{d}x\end{aligned} \tag{4.28}$$

其中 k' 的作用是帮助区分从谱 $\phi(k)$ 的波数中得到的构成 $\psi(x)$ 的积分的波数。

等式（4.28）看起来有点乱，但是记住，只要乘法项不依赖于积分变量，就可以自由地将这些项移到积分内或积分外。利用这一性质，将 $\mathrm{e}^{-\mathrm{i}kx}$ 移动到 k' 的积分内，并结合常数，可以得到

$$\phi(k)=\int_{-\infty}^{\infty}\left[\frac{1}{2\pi}\int_{-\infty}^{\infty}\phi(k')\mathrm{e}^{\mathrm{i}(k'-k)x}\mathrm{d}k'\right]\mathrm{d}x$$

现在交换积分顺序，可以做到吗？如果积分函数是连续的，并且二重积分表现良好（well-behaved），则可以做到。在这种情况下，两个积分的积分区间都是 $-\infty$ 到 ∞，这意味着当改变积分顺序的时候，不会改变积分区间。所以

$$\phi(k)=\int_{-\infty}^{\infty}\phi(k')\left[\frac{1}{2\pi}\int_{-\infty}^{\infty}\mathrm{e}^{\mathrm{i}(k'-k)x}\mathrm{d}x\right]\mathrm{d}k' \tag{4.29}$$

退一步想想这个表达式的含义。它表明，在每个波数 k 处的函数值 $\phi(k)$ 等于同一函数 ϕ 乘以方括号中的项的积分，并且积分区间是所有从 $-\infty$ 到 ∞ 的波数 k'。要做到这一点，方括号中的项必须执行一个非常不寻常的函数：它必须通过 $\phi(k')$ 函数“筛选”，然后提取出 $\phi(k)$ 的值。所以在这个例子中，积分没有求和，函数 ϕ 只是取 $\phi(k)$ 的值，接着直接从积分中提取出来。

有什么神奇的函数可以完成这样的操作？我们以前见过，它就是 Dirac delta 函数，定义如下

$$\delta(x'-x)=\begin{cases}\infty, & \text{如果} x'=x\\ 0, & \text{其他}\end{cases} \tag{4.30}$$

如下更有用的定义并没有说明 Dirac delta 函数是什么，但它却展示了 Dirac delta 函数的作用：

$$\int_{-\infty}^{\infty}f(x')\delta(x'-x)\mathrm{d}x'=f(x) \tag{4.31}$$

换言之，在一个积分内，Dirac delta 函数乘以一个函数，就得到了等式（4.29）所需的精确筛选函数。

这意味着可以将等式（4.29）写成如下形式

$$\phi(k)=\int_{-\infty}^{\infty}\phi(k')\left[\delta(k'-k)\right]\mathrm{d}k' \tag{4.32}$$

令等式（4.32）和等式（4.29）方括号内的项相等：

$$\frac{1}{2\pi}\int_{-\infty}^{\infty}\mathrm{e}^{\mathrm{i}(k'-k)x}\mathrm{d}x=\delta(k'-k) \tag{4.33}$$

当分析由正弦函数合成的函数时，这种关系非常有用，通过把等式（4.14）中 $\phi(k)$ 的表达式代入 Fourier 逆变换（等式（4.15）），可以得到另一个版本。这导致⊖

$$\frac{1}{2\pi}\int_{-\infty}^{\infty}\mathrm{e}^{\mathrm{i}k(x'-x)}\mathrm{d}k=\delta(x'-x) \tag{4.34}$$

为了了解这些关系为何有用，考虑单波数（单色）波函数 $\psi(x)=\mathrm{e}^{\mathrm{i}k_0x}$ 的 Fourier 变换过程。将该位置波函数代入等式（4.14）中，可以得到

$$\begin{aligned}\phi(k)&=\frac{1}{\sqrt{2\pi}}\int_{-\infty}^{\infty}\psi(x)\mathrm{e}^{-\mathrm{i}kx}\mathrm{d}x=\frac{1}{\sqrt{2\pi}}\int_{-\infty}^{\infty}\mathrm{e}^{\mathrm{i}k_0x}\mathrm{e}^{-\mathrm{i}kx}\mathrm{d}x\\&=\frac{1}{\sqrt{2\pi}}\int_{-\infty}^{\infty}\mathrm{e}^{\mathrm{i}(k_0-k)x}\mathrm{d}x=\sqrt{2\pi}\,\delta(k_0-k)\end{aligned} \tag{4.35}$$

在图 4.17 中可以看到，函数 $\psi(x)=\mathrm{e}^{\mathrm{i}k_0x}$ 的 Fourier 变换具有有限的空间范围，在波数 $k=k_0$ 处是一个无限窄的尖峰。

⊖ 如果需要帮助来得到这个结果，请参阅 4.6 节的习题和在线答案。

如果想知道图 4.17 中波数谱 $\phi(k)$ 和位置波函数 $\psi(x)$ 的振幅，请注意 $\phi(k)$ 的最大值已经被缩放为一个单位振幅，等式（4.26）表明 $\psi(x)$ 的振幅由因子 $\dfrac{\Delta k}{\sqrt{2\pi}}$ 决定。在这种情况下，由于 Δk 被设为 k_0 的 0.5%，且 $k_0 = 2\pi$，因此 $\psi(x)$ 的振幅为 $0.005(2\pi)/\sqrt{2\pi} = 0.0125$，如图 4.17 所示。

这是一个极端情况：波数域中宽度趋于零的尖峰是位置域中宽度趋于无穷大的正弦函数的 Fourier 变换。另一个极端情况如图 4.18 所示，增加波数谱的宽度 Δk，在这种情况下，使得 $\phi(k)$ 以恒定振幅从 $k = 0$ 扩展到 $2k_0$。从图 4.18b 可以看到，在 $x = 0$ 处，$\psi(x)$ 的实部接近于 delta 函数 $\delta(x)$。

为了了解当中的数学原理，在 Fourier 变换（等式（4.14））的位置中代入一个窄尖峰 $\psi(x) = \delta(x)$，以确定相应的波数谱 $\phi(k)$：

$$\phi(k) = \frac{1}{\sqrt{2\pi}} \int_{-\infty}^{\infty} \psi(x) \mathrm{e}^{-ikx} \mathrm{d}x = \frac{1}{\sqrt{2\pi}} \int_{-\infty}^{\infty} \delta(x) \mathrm{e}^{-ikx} \mathrm{d}x \tag{4.36}$$

但是知道积分下的 Dirac delta 函数会筛选函数 e^{-ikx}，所以只能是 $x = 0$：

$$\phi(k) = \frac{1}{\sqrt{2\pi}} \mathrm{e}^{0} = \frac{1}{\sqrt{2\pi}} \tag{4.37}$$

这个常数意味着对任意的波数 k，$\phi(k)$ 都有均匀的振幅，如图 4.18a 所示。在之前的图示中，$\phi(k)$ 的振幅被缩放为 1，根据 $\dfrac{\Delta k}{\sqrt{2\pi}}$ 可知，该振幅与 $\psi(x)$ 的最大值有关。由于 $\Delta k = 2k_0$ 且 $k_0 = 2\pi$，所以这个例子的结果是 5.01。

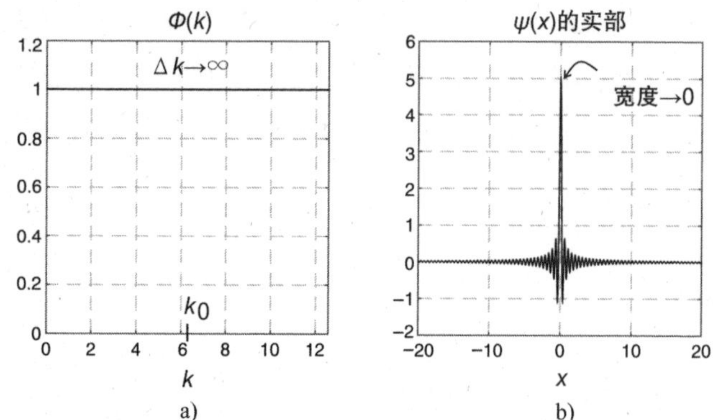

图 4.18　a）$\phi(k)$ 的宽度趋于无穷大，b）$\psi(x)$ 的包络宽度趋于零

正如我们所料，宽度极窄的位置函数和宽度极宽的波数函数是 Fourier 变换对，就像窄波数函数和宽位置函数是 Fourier 变换对一样。共轭变量的函数宽度之间的逆关系是测不准原理的基础，在 4.5 节中，我们将看到测不准原理如何应用于位置和动量的共轭变量。

4.5　位置和动量波函数与算子

波函数信息出现在不同的空间或域中，如 4.4 节讨论的位置域和波数域在物理和工程的许多应用中都是有用的。在量子力学中，波函数可以表示位置或动量，所以这一节包含位置和动量波函数、特征函数以及算子的相关内容，特别是如何在位置和动量空间中表示这些函数和算子。

根据 de Broglie 关系，已经知道波数 (k) 和动量 (p) 之间的联系

$$p = \hbar k \tag{3.4}$$

这意味着位置函数和波数函数之间的 Fourier 变换关系也适用于位置函数和动量函数。具体而言，动量波函数 $\tilde{\phi}(p)$ 是位置波函数 $\psi(x)$ 的 Fourier 变换：

$$\tilde{\phi}(p) = \frac{1}{\sqrt{2\pi\hbar}} \int_{-\infty}^{\infty} \psi(x) \mathrm{e}^{-\mathrm{i}\frac{p}{\hbar}x} \mathrm{d}x \tag{4.38}$$

其中 $\tilde{\phi}(p)$ 是动量 (p) 的函数[⊖]。

此外，动量波函数 $\tilde{\phi}(p)$ 的 Fourier 逆变换给出了位置波函数 $\psi(x)$：

$$\psi(x) = \frac{1}{\sqrt{2\pi\hbar}} \int_{-\infty}^{\infty} \tilde{\phi}(p) \mathrm{e}^{\mathrm{i}\frac{p}{\hbar}x} \mathrm{d}p \tag{4.39}$$

由于 $k = \frac{p}{\hbar}, \mathrm{d}k = \frac{\mathrm{d}p}{\hbar}$，在等式（4.15）中的 Fourier 逆变换用 $\frac{p}{\hbar}$ 替换 k，用 $\frac{\mathrm{d}p}{\hbar}$ 替换 $\mathrm{d}k$，可以得到

$$\psi(x) = \frac{1}{\sqrt{2\pi}} \int_{-\infty}^{\infty} \tilde{\phi}(p) \mathrm{e}^{\mathrm{i}\frac{p}{\hbar}x} \frac{\mathrm{d}p}{\hbar} \tag{4.40}$$

这与等式（4.39）相差一个因子 $\frac{1}{\sqrt{\hbar}}$。在一些教材中（包括本书），该因子在函数 $\tilde{\phi}$ 中，但一些流行的量子教材中虽然将 $\frac{1}{\hbar}$ 放到 $\tilde{\phi}$ 中，但在 Fourier 变换和 Fourier 逆变换的定义中会省略因子 $\frac{1}{\sqrt{\hbar}}$。在这些教材中，等式（4.38）和等式（4.39）中积

⊖ 这个记号在量子教材中很常见，波浪号（˜）用于区分动量波函数 $\tilde{\phi}(p)$ 和波数波函数 $\phi(k)$。

分前面的因子是 $\frac{1}{\sqrt{2\pi}}$。

无论对常量使用何种规定，位置波函数和动量波函数之间的关系都可以帮助我们理解量子力学的一个标志性定律，即 **Heisenberg 测不准原理**，它从位置和动量之间的 Fourier 变换关系中直接得出。

在任何共轭波函数的 Fourier 变换对中都可以发现测不准原理，包括 4.4 节讨论的矩形（平振幅）波数谱 $\phi(k)$ 和位置波函数 $\frac{\sin(ax)}{ax}$ 的动量基等价。但是，有必要考虑动量波函数 $\tilde{\phi}$ 在 $\psi(x)$ 中不会产生扩展瓣结构的情况，如图 4.14b 所示，因为在波数或动量范围内增加波函数的目的之一是产生空间有限的位置波函数。因此，一个向零振幅缓慢减小且没有扩展瓣的位置空间波函数是理想的。

实现这一点的一种方法是形成一个 Gaussian 波包。你可能想知道这是位置空间中的 Gaussian 函数还是动量空间中的 Gaussian 函数，答案是“都是”。要理解为什么，我们先来看看位置 (x) 的 Gaussian 函数的标准定义：

$$G(x) = Ae^{\frac{-(x-x_0)^2}{2\sigma_x^2}} \tag{4.41}$$

其中，A 是 $G(x)$ 的振幅（最大值），x_0 是中心位置（最大值时的 x 值），σ_x 是标准差，它是 $G(x)$ 减小到其最大值的 $\frac{1}{\sqrt{e}}$ 的点之间函数宽度的一半（约 61%）。

Gaussian 函数有几个作为量子波函数具有指导意义的特征，包括以下两个：

a）Gaussian 函数的平方仍是 Gaussian 函数；

b）Gaussian 函数的 Fourier 变换仍是 Gaussian 函数。

第一个特征是有用的，因为概率密度与波函数的平方有关。第二个特征也是有用的，因为通过 Fourier 变换可知，位置空间波函数和动量空间波函数是相联系的。

可以在图 4.19 中看到 Gaussian 函数平滑形状的其中一个好处。$\psi(x)$ 与 $\tilde{\phi}(p)$ 之间的 Fourier 变换关系意味着，平滑矩形动量谱 $\tilde{\phi}(p)$ 的尖角会显著减小 $\sin(ax)/ax$ 瓣结构区域中位置波函数的大小。

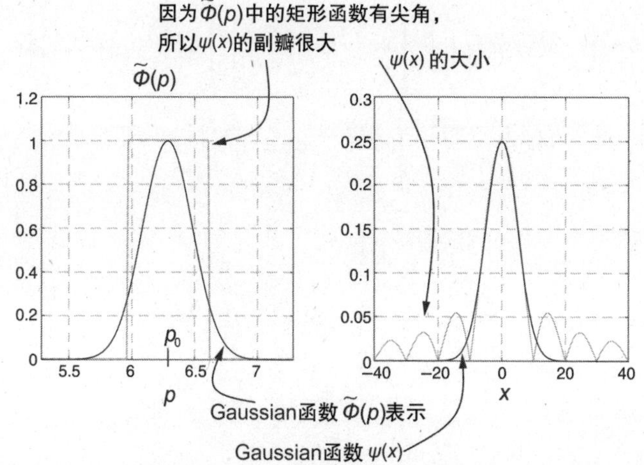

图 4.19　在动量空间中使用 Gaussian 函数而不是矩形函数来改进位置波函数 $\psi(x)$ 的空间定位

在位置空间中，“Gaussian 波包”是指正弦变化函数的包络具有 Gaussian 形状。对于动量为 p_0 的平面波，可以通过将

函数 $e^{i\frac{p_0}{\hbar}x}$ 乘以 Gaussian 函数 $G(x)$ 来形成这样的波包：

$$\psi(x) = A\mathrm{e}^{\frac{-(x-x_0)^2}{2\sigma_x^2}}\mathrm{e}^{\mathrm{i}\frac{p_0}{\hbar}x} \tag{4.42}$$

其中平面波振幅已经在常数 A 中了。当遇到这样的 Gaussian 波函数时，你需要意识到 σ_x 表示波函数 $\psi(x)$ 的标准差，这与该波函数产生的概率分布的标准差不同。这种概率分布也是 Gaussian 分布，但标准差不同，我们将在本节后面看到。

当遇到一个量子波函数时，需要确保这个波函数是归一化的。下面通过 $\psi(x)$ 来说明如何做到这一点：

$$1=\int_{-\infty}^{\infty}\psi^*\psi\mathrm{d}x=\int_{-\infty}^{\infty}\left[A\mathrm{e}^{\frac{-(x-x_0)^2}{2\sigma_x^2}}\mathrm{e}^{\mathrm{i}\frac{p_0}{\hbar}x}\right]^*\left[A\mathrm{e}^{\frac{-(x-x_0)^2}{2\sigma_x^2}}\mathrm{e}^{\mathrm{i}\frac{p_0}{\hbar}x}\right]\mathrm{d}x$$

$$=\int_{-\infty}^{\infty}|A|^2\left[\mathrm{e}^{\frac{-(x-x_0)^2}{\sigma_x^2}}\right]\mathrm{e}^{\frac{(-p_0+p_0)x}{\hbar}}\mathrm{d}x=|A|^2\int_{-\infty}^{\infty}\mathrm{e}^{\frac{-(x^2-2x_0x+x_0^2)}{\sigma_x^2}}\mathrm{d}x$$

可以通过下式来计算这个定积分

$$\int_{-\infty}^{\infty}\mathrm{e}^{-(ax^2+bx+c)}\mathrm{d}x=\sqrt{\frac{\pi}{a}}\mathrm{e}^{\frac{b^2-4ac}{4a}} \tag{4.43}$$

在这种情况下，$a=\dfrac{1}{\sigma_x^2}$，$b=\dfrac{-2x_0}{\sigma_x^2}$ 且 $c=\dfrac{x_0^2}{\sigma_x^2}$，所以

$$1=|A|^2\sqrt{\frac{\pi}{\frac{1}{\sigma_x^2}}}\mathrm{e}^{\frac{\left(\frac{-2x_0}{\sigma_x^2}\right)^2-4\frac{1}{\sigma_x^2}\frac{x_0^2}{\sigma_x^2}}{4\frac{1}{\sigma_x^2}}}=|A|^2\sqrt{\sigma_x^2\pi}\mathrm{e}^{\frac{4x_0^2-4x_0^2}{4\sigma_x^2}}=|A|^2\sigma_x\sqrt{\pi}$$

求解 A，有

$$A=\frac{1}{(\sigma_x\sqrt{\pi})^{1/2}} \tag{4.44}$$

且归一化位置波函数为

$$\psi(x)=\frac{1}{(\sigma_x\sqrt{\pi})^{1/2}}\mathrm{e}^{\frac{-(x-x_0)^2}{2\sigma_x^2}}\mathrm{e}^{\mathrm{i}\frac{p_0}{\hbar}x} \tag{4.45}$$

为了找到与该归一化位置波函数相对应的动量波函数 $\tilde{\phi}(p)$，取 $\psi(x)$ 的 Fourier 变换。为了简化符号，可以将坐标原点设为 x_0，因此 $x_0=0$。这使得 Fourier 变换如下：

$$\begin{aligned}\tilde{\phi}(p)&=\frac{1}{\sqrt{2\pi\hbar}}\int_{-\infty}^{\infty}\psi(x)\mathrm{e}^{-\mathrm{i}\frac{p}{\hbar}x}\mathrm{d}x=\frac{1}{\sqrt{2\pi\hbar}}\int_{-\infty}^{\infty}\frac{1}{(\sigma_x\sqrt{\pi})^{1/2}}\mathrm{e}^{\frac{-x^2}{2\sigma_x^2}}\mathrm{e}^{-\mathrm{i}\frac{p-p_0}{\hbar}x}\mathrm{d}x\\&=\frac{1}{\sqrt{2\pi\hbar}}\frac{1}{(\sigma_x\sqrt{\pi})^{1/2}}\int_{-\infty}^{\infty}\mathrm{e}^{\frac{-x^2}{2\sigma_x^2}-\mathrm{i}\frac{p-p_0}{\hbar}x}\mathrm{d}x\end{aligned}$$

使用本节前面给出的相同的定积分，且 $a=\frac{1}{2\sigma_x^2}$， $b=-\mathrm{i}\frac{p-p_0}{\hbar}$，$c=0$，可以得到

$$\begin{aligned}\tilde{\phi}(p)&=\frac{1}{\sqrt{2\pi\hbar}}\frac{1}{(\sigma_x\sqrt{\pi})^{1/2}}\sqrt{\frac{\pi}{a}}\mathrm{e}^{\frac{b^2-4ac}{4a}}=\frac{1}{\sqrt{2\pi\hbar}}\frac{\sqrt{2\pi\sigma_x^2}}{(\sigma_x\sqrt{\pi})^{1/2}}\mathrm{e}^{\frac{-(p-p_0)^2\sigma_x^2}{2\hbar^2}}\\&=\left(\frac{\sigma_x^2}{\pi\hbar^2}\right)^{\frac{1}{4}}\mathrm{e}^{\frac{-(p-p_0)^2\sigma_x^2}{2\hbar^2}}\end{aligned}$$

这也是一个 Gaussian 函数，因为它可以写成

$$\tilde{\phi}(p)=\left(\frac{\sigma_x^2}{\pi\hbar^2}\right)^{\frac{1}{4}}\mathrm{e}^{\frac{-(p-p_0)^2}{2\sigma_p^2}} \tag{4.46}$$

其中，动量波函数的**标准差**为 $\sigma_p=\frac{\hbar}{\sigma x}$。

乘以这些 Gaussian 位置和动量波函数的标准差，可以得到

$$\sigma_x\sigma_p=\sigma_x\left(\frac{\hbar}{\sigma_x}\right)=\hbar \tag{4.47}$$

只要再进行一步就能得到 Heisenberg 测不准原理。要做到这一步，请注意 Heisenberg 测不准原理中的“测不准”是根据概率分布的宽度来定义的，这个宽度比 Gaussian 波函数 $\psi(x)$ 的宽度窄。

要确定这两个不同宽度之间的关系，请记住概率密度与 $\psi^*\psi$ 成正比，这意味着概率分布的宽度 Δx 可以由下式得到

$$\mathrm{e}^{-\frac{x^2}{2(\Delta x)^2}}=\left(\mathrm{e}^{-\frac{x^2}{2\sigma_x^2}}\right)^*\left(\mathrm{e}^{-\frac{x^2}{2\sigma_x^2}}\right)=\mathrm{e}^{-\frac{x^2}{\sigma_x^2}} \tag{4.48}$$

所以，$2(\Delta x)^2=\sigma_x^2$ 或 $\sigma_x=\sqrt{2}\Delta x$。同样的结论也适用于动量空间波函数 $\tilde{\phi}(p)$，因此 $\sigma_p=\sqrt{2}\Delta p$ 也是正确的，其中 Δp 表示动量空间中概率分布的宽度。

这就是许多作者将位置波函数 $\psi(x)$ 中的指数项定义为 $\mathrm{e}^{\frac{-(x-x_0)^2}{4\sigma_x^2}}$ 的原因。在这种情况下，$\psi(x)$ 指数中的 σ_x 表示的是概率分布的标准差，而不是波函数的标准差。

用位置 (Δx) 和动量 (Δp) 的概率分布的宽度来表示等式（4.47），可以得到

$$\sigma_x\sigma_p=(\sqrt{2}\Delta x)(\sqrt{2}\Delta p)=\hbar \tag{4.49}$$

或

$$\Delta x \Delta p = \frac{\hbar}{2} \tag{4.50}$$

这是 Gaussian 波函数的测不准关系。对于任何其他函数，标准差的乘积给出的值大于此值，因此，如位置和动量（或与 Fourier 变换相关的任何两个其他变量）这种共轭变量之间的一般测不准关系为

$$\Delta x \Delta p \geqslant \frac{\hbar}{2} \tag{4.51}$$

这是 Heisenberg 测不准原理的常用形式。对于这对共轭或“不相容”的可观测量，有一个基本的精度限制，且两者都可以被知道。因此精确的位置（小 Δx）与精确的动量（小 Δp）是不相容的，因为它们的概率分布测不准性（$\Delta x \Delta p$）的乘积必须等于或大于修正 Planck 常数 $\hbar$ 的一半。

不相容可观测量的另一个重要方面是与这些可观测量相关的算子。具体来说，不相容可观测量的算子是不可交换的，这意味着这些算子的作用顺序很重要。理解这是为什么有助于我们理解这些算子在位置和动量空间中的形式和表现。

学习量子力学的学生通常会对量子算子及其特征函数表示困惑，这种困惑通常体现在以下几个问题中：

- 为什么用位置算子 $\widehat{X}$ 作用于位置波函数的结果等于 x 乘以该波函数?
- 在位置空间中，为什么位置特征函数由 delta 函数 $\delta(x-x_0)$ 给出?

- 为什么用动量算子 $\widehat{P}$ 作用于动量波函数的结果等于 $-\mathrm{i}\hbar$ 乘以该函数的空间导数?
- 在位置空间中，为什么动量特征函数由 $\frac{1}{\sqrt{2\pi\hbar}}\mathrm{e}^{\mathrm{i}\frac{p}{\hbar}x}$ 给出?

要回答这些问题，首先要考虑一个算子及其特征函数如何与该算子对应的可观测量的期望值相联系。如 2.5 节所述，连续可观测量（如位置 x ）的期望值由下式给出

$$\langle x\rangle=\int_{-\infty}^{\infty}xP(x)\mathrm{d}x \tag{4.52}$$

其中 $p(x)$ 表示作为位置 x 的函数的概率密度。

对于归一化量子波函数 $\psi(x)$ ，概率密度由波函数的平方 $|\psi(x)|^2=\psi(x)^*\psi(x)$ 给出，因此期望值可以写成

$$\langle x\rangle=\int_{-\infty}^{\infty}x|\psi(x)|^2\mathrm{d}x=\int_{-\infty}^{\infty}[\psi(x)]^*x[\psi(x)]\mathrm{d}x \tag{4.53}$$

通过使用内积，比较该式与 2.5 节中和算子 $\widehat{X}$ 对应的可观测量 x 的期望值表达式:

$$\langle x\rangle=\langle\psi|\widehat{X}|\psi\rangle=\int_{-\infty}^{\infty}[\psi(x)]^*\widehat{X}[\psi(x)]\mathrm{d}x \tag{2.60}$$

为了使这些表达式相等，算子 $\widehat{X}$ 作用于波函数 $\psi(x)$ 的结果必须等于 x 乘以 $\psi(x)$ 。为什么要这样做? 因为算子的作用是从算子的特征函数中提取特征值（即可观测量的可能结果)，如 4.2 节所述。在位置可观测量的情况下，可能的测量结果是每个位置 x ，所以这就是位置算子 $\widehat{X}$ 从其特征函数中提取的结果。

算子 $\widehat{X}$ 的特征函数是什么？为了回答这个问题，考虑一下这些特征函数的作用。作用于第一个特征函数 $(\psi_1(x))$ 的位置算子的特征值方程为

$$\widehat{X}\psi_1(x) = x_1\psi_1(x) \tag{4.54}$$

其中，x_1 表示与特征函数 ψ_1 对应的特征值。但是，由于位置算子的作用是将 x 乘以该算子所作用的函数，所以下式也必须成立

$$\widehat{X}\psi_1(x) = x\psi_1(x) \tag{4.55}$$

令等式（4.54）和等式（4.55）的右侧相等，有

$$x\psi_1(x) = x_1\psi_1(x) \tag{4.56}$$

想想这个等式的含义：变量 x 乘以第一个特征函数 ψ_1 等于特征值 x_1 乘以该特征函数。既然 x 可以是所有可能的位置，而 x_1 只表示一个位置，那么这个表述怎么可能是正确的呢？

答案是特征函数 $\psi_1(x)$ 除了在 $x = x_1$ 的位置，必须处处为零。这样，当 x 的值不等于 x_1 时，等式（4.56）的两侧都为零，等式成立。当 $x = x_1$ 时，这个等式表示 $x_1\psi_1(x)=x_1\psi_1(x)$，这也是成立的。

那么什么函数除了在 $x = x_1$ 处，对于所有 x 的值，函数值都是零呢？答案是 delta 函数 $\delta(x-x_1)$。delta 函数 $\delta(x-x_2)$ 作用于特征值为 x_2 的第二个特征函数 $\psi_2(x)$，同理 delta 函数 $\delta(x-x_3)$ 作用于 $\psi_3(x)$，以此类推。

因此，位置算子 $\widehat{X}$ 的特征函数是 delta 函数 $\delta(x-x')$ 的一

个无限集，每个特征函数都有自己的特征值，且这些特征值（用 x' 表示）覆盖了从 $-\infty$ 到 $+\infty$ 的整个位置范围。

可以对动量算子和特征函数进行同样的分析，它们在动量空间中的表现与位置算子和特征函数在位置空间中的表现是一样的。

这意味着可以通过可能的结果 p 乘以概率密度的积分来求动量的期望值

$$\langle p\rangle = \int_{-\infty}^{\infty} p|\tilde{\phi}(p)|^2 \mathrm{d}p = \int_{-\infty}^{\infty} [\tilde{\phi}(p)]^* p[\tilde{\phi}(p)]\mathrm{d}p \tag{4.57}$$

还可以使用内积来表示动量的期望值，利用动量算子 $\widehat{P}_p$ 作用于动量基波函数 $\tilde{\phi}(p)$ 的动量空间表示：

$$\langle p\rangle = \left\langle \tilde{\phi} \middle| \widehat{P}_p \middle| \tilde{\phi} \right\rangle = \int_{-\infty}^{\infty} [\tilde{\phi}(p)]^* \widehat{P}_p[\tilde{\phi}(p)]\mathrm{d}p \tag{4.58}$$

在符号 $\widehat{P}_p$ 中，“戴帽子”的大写 P 表明这是动量算子，下标中的小写 p 表明这是算子的动量基。

和位置算子的情况一样，动量算子的作用是将 p 乘以算子所作用的函数。因此，对于特征值为 P_1 的特征函数 $\tilde{\phi}_1$，有

$$\widehat{P}_p\tilde{\phi}_1(p) = p\tilde{\phi}_1(p) = p_1\tilde{\phi}_1(p) \tag{4.59}$$

为使该等式成立，除了在 $p = p_1$ 处，特征函数 $\tilde{\phi}_1(p)$ 必须处处为零。因此动量空间中动量算子 $\widehat{P}_p$ 的特征函数是 Dirac delta 函数 $\delta(p-p')$ 的一个无限集，每一个特征函数都有自己的特征值，且这些特征值（用 p' 表示）覆盖了整个动量范围。

有一点很重要：在任何一个算子的自身空间中，该算子对其每个特征函数的作用就是将对应于算子的可观测量乘以该特征函数。而且在算子的自身空间中，这些特征函数就是 Dirac delta 函数。

这解释了算子和它们的特征函数在自己的空间中的形式和表现。但是，将算子作用于其他空间中的函数通常是有用的，例如，将动量算子 $\widehat{P}$ 作用于位置波函数 $\psi(x)$ 。

为什么要这样做？也许我们已经有空间波函数，且希望求出动量的期望值。可以用动量算子 $\widehat{P}_x$ 的位置空间表示来实现这一点，且该动量算子作用于空间波函数 $\psi(x)$

$$\langle p\rangle=\int_{-\infty}^{\infty}[\psi(x)]^*\widehat{P}_x[\psi(x)]\mathrm{d}x \tag{4.60}$$

其中，$\widehat{P}_x$ 下标中的小写 x 表明这是动量算子 $\widehat{P}$ 的位置基。这个等式说明了 p 的期望值的位置空间等价于动量空间，如等式（4.58）所示。

那么在位置空间中动量算子 $\widehat{P}$ 的形式是什么样的呢？我们从该算子的特征函数开始，因为在动量空间中动量算子的特征函数是 Dirac delta 函数 $\delta(p-p')$ ，所以可以用 Fourier 逆变换来求出位置空间动量特征函数：

$$\begin{aligned}\psi(x)&=\frac{1}{\sqrt{2\pi\hbar}}\int_{-\infty}^{\infty}\tilde{\phi}(p)\mathrm{e}^{\mathrm{i}\frac{p}{\hbar}x}\mathrm{d}p=\frac{1}{\sqrt{2\pi\hbar}}\int_{-\infty}^{\infty}\delta(p-p')\mathrm{e}^{\mathrm{i}\frac{p}{\hbar}x}\mathrm{d}p\\&=\frac{1}{\sqrt{2\pi\hbar}}\mathrm{e}^{\mathrm{i}\frac{p'}{\hbar}x}\end{aligned}$$

其中 p' 是表示动量所有可能值的连续变量。将这个变量命名为 p 而不是 p'，使得动量特征函数的位置表示为

$$\psi_p(x) = \frac{1}{\sqrt{2\pi\hbar}} e^{i\frac{p}{\hbar}x} \tag{4.61}$$

其中，下标"p"表明这些是用位置基表示的动量特征函数。可以使用动量特征函数的位置空间表示来求出动量算子 $\widehat{P}$ 的位置空间表示 $\widehat{P}_x$。要做到这一点，请记住动量算子对其特征函数的作用是将 p 乘以这些特征函数：

$$\widehat{P}_x \psi_p(x) = p\psi_p(x) \tag{4.62}$$

将 $\psi_p(x)$ 的动量特征函数的位置空间表示代入上式，可以得到

$$\widehat{P}_x \left[\frac{1}{\sqrt{2\pi\hbar}} e^{i\frac{p}{\hbar}x}\right] = p\left[\frac{1}{\sqrt{2\pi\hbar}} e^{i\frac{p}{\hbar}x}\right] \tag{4.63}$$

算子必须从特征函数的指数中提取出 p，这表明空间导数可能是有用的：

$$\frac{\partial}{\partial x}\left[\frac{1}{\sqrt{2\pi\hbar}} e^{i\frac{p}{\hbar}x}\right] = i\frac{p}{\hbar}\left[\frac{1}{\sqrt{2\pi\hbar}} e^{i\frac{p}{\hbar}x}\right]$$

所以空间导数确实会带来一个因子 p，但同时也带来了两个常数。可以将两边同时乘以 $\frac{\hbar}{i}$ 来解决这个问题：

$$\frac{\hbar}{i}\frac{\partial}{\partial x}\left[\frac{1}{\sqrt{2\pi\hbar}} e^{i\frac{p}{\hbar}x}\right] = \frac{\hbar}{i}\left(i\frac{p}{\hbar}\right)\left[\frac{1}{\sqrt{2\pi\hbar}} e^{i\frac{p}{\hbar}x}\right] = p\left[\frac{1}{\sqrt{2\pi\hbar}} e^{i\frac{p}{\hbar}x}\right]$$

这正是我们所需要的。所以，动量算子 $\widehat{P}$ 的位置空间表示是

$$\widehat{P}_x = \frac{\hbar}{\mathrm{i}}\frac{\partial}{\partial x} = -\mathrm{i}\hbar\frac{\partial}{\partial x} \tag{4.64}$$

这是位置空间中动量算子 $\widehat{P}$ 的形式，可以用 $\widehat{P}_x$ 作用于空间波函数 $\psi(x)$。

同样的方法可以用来确定动量空间中位置算子 $\widehat{X}$ 及其特征函数的形式，这使得动量空间中的位置特征函数为：

$$\tilde{\phi}_x(p) = \frac{1}{\sqrt{2\pi\hbar}}\mathrm{e}^{-\mathrm{i}\frac{p}{\hbar}x} \tag{4.65}$$

同时位置算子 $\widehat{X}$ 的动量空间表示 $\widehat{X}_p$ 为：

$$\widehat{X}_p = \mathrm{i}\hbar\frac{\partial}{\partial p} \tag{4.66}$$

如果需要帮助来得到这些表达式，请查看 4.6 节的习题和在线答案。

给定位置和动量算子的位置基表示，可以确定量子力学中一个很重要的量——交换子 $[\widehat{X},\widehat{P}]$：

$$[\widehat{X},\widehat{P}] = \widehat{X}\widehat{P} - \widehat{P}\widehat{X} = x(-\mathrm{i}\hbar)\frac{\mathrm{d}}{\mathrm{d}x} - (-\mathrm{i}\hbar)\frac{\mathrm{d}}{\mathrm{d}x}x \tag{4.67}$$

试图用这种形式分析该表达式会误导许多学生。为了准确地确定交换子，应该始终提供算子可以作用的函数，如下所示：

$$\begin{aligned}[\widehat{X},\widehat{P}]\psi &= (\widehat{X}\widehat{P} - \widehat{P}\widehat{X})\psi = \left[x(-\mathrm{i}\hbar)\frac{\mathrm{d}}{\mathrm{d}x} - (-\mathrm{i}\hbar)\frac{\mathrm{d}}{\mathrm{d}x}x\right]\psi \\ &= x(-\mathrm{i}\hbar)\frac{\mathrm{d}\psi}{\mathrm{d}x} - (-\mathrm{i}\hbar)\frac{\mathrm{d}(x\psi)}{\mathrm{d}x}\end{aligned}$$

可以看到在最后一项中代入函数 ψ 的原因，它提醒我们空间导数 $\mathrm{d}/\mathrm{d}x$ 不仅适用于 x，还适用于乘积 $x\psi$：

$$
\begin{aligned}
[\widehat{X},\widehat{P}]\psi = x(-\mathrm{i}\hbar)\frac{\mathrm{d}\psi}{\mathrm{d}x} - (-\mathrm{i}\hbar)\frac{\mathrm{d}(x\psi)}{\mathrm{d}x} &= (-\mathrm{i}\hbar)x\frac{\mathrm{d}\psi}{\mathrm{d}x} - (-\mathrm{i}\hbar)\frac{\mathrm{d}(x)}{\mathrm{d}x}\psi - (-\mathrm{i}\hbar)\frac{\mathrm{d}\psi}{\mathrm{d}x}x \\
&= (-\mathrm{i}\hbar)x\frac{\mathrm{d}\psi}{\mathrm{d}x} - (-\mathrm{i}\hbar)(1)\psi - (-\mathrm{i}\hbar)\frac{\mathrm{d}\psi}{\mathrm{d}x}x \\
&= \mathrm{i}\hbar\psi
\end{aligned}
$$

既然波函数 ψ 已经帮助我们得到所需要的导数，现在就可以去掉它，然后写出位置和动量算子的交换子，即

$$
[\widehat{X},\widehat{P}] = \mathrm{i}\hbar \tag{4.68}
$$

可以在本章末的习题和在线答案中看到，使用算子 $\widehat{X}$ 和 $\widehat{P}$ 的动量空间表示会得到相同的结果。

交换子 $[\widehat{X},\widehat{P}]$ 的非零值（称为“正则对易关系”）具有极其重要的意义，因为它表明某些算子作用的顺序很重要。像 $\widehat{X}$ 和 $\widehat{P}$ 这样的算子是“不可交换的”，这意味着它们不共享相同的特征函数。记住，在给定的状态下，对粒子或系统的量子可观测量执行位置测量，会导致波函数坍缩为位置算子的特征函数。但是由于位置算子和动量算子不可交换，所以位置特征函数不是动量特征函数。所以如果执行动量测量，波函数（不是动量特征函数）会坍缩成动量特征函数。这意味着系统现在处于不同的状态，因此位置测量就不再相关了，这就是量子不确定性的本质。

第 5 章将推导并探讨三种特定势的量子波函数。在此之前，这里有一些问题可以帮助我们应用本章中讨论的概念。

4.6　习题

1. 确定以下各函数是否满足量子波函数的要求：

   a）$f(x)=\dfrac{1}{(x-x_0)^2}$，在 $x=-\infty$ 到 $+\infty$ 的范围内；

   b）$g(x)=\sin(kx)$，在 $x=-\pi$ 到 π 的范围内（k 是有限数）；

   c）$h(x)=\sin^{-1}(x)$，在 $x=-1$ 到 1 的范围内；

   d）$\psi(x)=Ae^{ikx}$（常数 A），在 $x=-\infty$ 到 $+\infty$ 的范围内。

2. 使用 Dirac delta 函数的筛选性质来计算这些积分：

   a）$\int_{-\infty}^{\infty}Ax^2e^{ikx}\delta(x-x_0)dx$；

   b）$\int_{-\infty}^{\infty}\cos(kx)\delta(k'-k)dk$；

   c）$\int_{-2}^{3}\sqrt{x}\delta(x+3)dx$。

3. 证明由 $|\psi\rangle$ 表示的状态的位置空间和动量空间之间的 Fourier 变换关系可以写成

$$\tilde{\phi}(p)=\langle p|\psi\rangle=\int_{-\infty}^{\infty}\langle p|x\rangle\langle x|\psi\rangle\,dx$$

和

$$\psi(x)=\langle x|\psi\rangle=\int_{-\infty}^{\infty}\langle x|p\rangle\langle p|\psi\rangle\,dp$$

4. 利用等式（4.53）求出粒子的期望值 $\langle x\rangle$，其中在 $x=0$ 到 $x=a$ 的范围内，空间波函数为 $\psi(x)=\sqrt{\dfrac{2}{a}}\sin\left(\dfrac{2\pi x}{a}\right)$，在其他范围内为零。

5. 证明在两个分段恒定势能区域中，两个区域之间的边界两侧的波函数（如等式（4.10）给出的 $\psi(x)$）的振幅比与波数比成反比（假设边界两侧的 $E>V$）。

6. (a) 证明 $A_1\cos(kx)+B_1\sin(kx)$ 和 $A_2\sin(kx+\phi)$ 等价于 $A\mathrm{e}^{\mathrm{i}kx}+B\mathrm{e}^{-\mathrm{i}kx}$，并求出这些表达式系数之间的关系；

(b) 利用洛必达法则求出函数 $\dfrac{\sin\left(\dfrac{\Delta k}{2}x\right)}{\dfrac{\Delta k}{2}x}$ 在 $x=0$ 处的函数值。

7. 证明将 Fourier 变换（等式（4.14））中 $\phi(k)$ 的表达式代入到 Fourier 逆变换（等式（4.15））中可以得到等式（4.34）的 Dirac delta 函数表达式。

8. 推导位置特征函数 $\tilde{\phi}(p)$（等式（4.65））和位置算子 $\widehat{X}$（等式（4.66））的动量空间表示。

9. 利用位置算子和动量算子的动量空间表示求出交换子 $[\widehat{X},\widehat{P}]$。

10. 给定图中所示的分段恒定势能 $V(x)$，画出在每个区域中能量为 E 的粒子的波函数 $\psi(x)$。

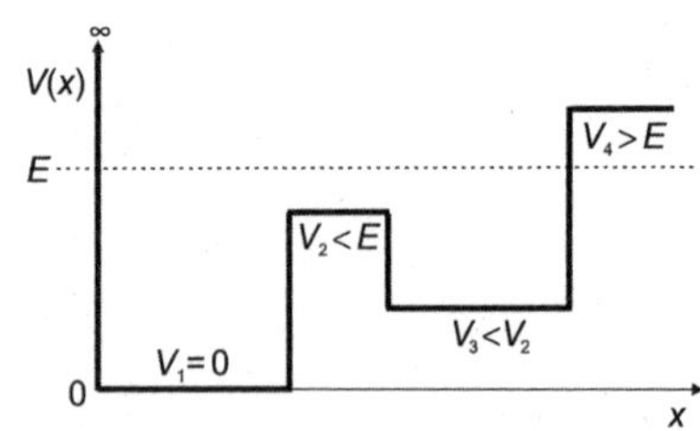

第5章

特定势的解

第 4 章关于量子波函数及其一般表现的结论基于薛定谔方程的形式，将粒子或系统的波函数在空间和时间上的变化与粒子或系统的能量联系起来。这些结论表明了很多物质和能量在量子层面上的表现，但是如果想对可观测量（比如位置、动量和能量）的测量结果做出具体的预测，则需要知道在感兴趣的区域内势能的确切形式。在本章中，我们将看到如何将前面章节中描述的概念和数学形式应用到三种具有特定势的量子系统中：无限矩形阱、有限矩形阱和谐振子。

当然，可以在更全面的量子教材或线上找到更多关于这些主题的内容。因此，本章的目的并不是要对同一个故事再做一次叙述，相反，这些例子是为了说明为什么使用函数之间的内积、求算子的特征函数和特征值以及在位置空间和动量空间之间应用 Fourier 变换这些技巧在解决量子力学问题中具有重要意义。与前几章一样，本章的重点将放在薛定谔方程的解和这些解的物理意义之间的关系上。尽管我们生活在（至少）三维

空间的宇宙中，其中势能 $V(\vec{r},t)$ 可能随着时间和空间的变化而变化，但量子势阱的大部分基本物理性质都可以通过研究一维情况下与时间无关的势能来理解。所以在这一章中，薛定谔方程的位置用 x 表示，势能用 $V(x)$ 表示。

5.1 无限深方势阱

无限深方势阱是一种势能结构，其中粒子在空间中的某个特定区域的边界受到了无穷大的力，从而被限制在该区域（称为“势阱”）。在阱内，没有力作用在粒子上。当然，这种结构在物理上是不可能实现的，因为自然界中不存在无穷大的力。但是本节将介绍无限深方势阱的几个特性，使它成为一个非常有启发性的结构。

回想一下，在经典力学中，力 $\vec{F}$ 与势能 V 的关系式为 $\vec{F}=-\vec{\nabla}V$，其中 $\vec{\nabla}$ 表示梯度微分算子（如 3.4 节所述，在三维 Cartesian 坐标系中，$\vec{\nabla}\equiv\hat{x}\dfrac{\partial}{\partial x}+\hat{y}\dfrac{\partial}{\partial y}+\hat{z}\dfrac{\partial}{\partial z}$）。所以在无限矩形阱的边界，无穷大的力意味着势能随距离的变化是无穷大的，而在阱内，零力意味着势能必须是常数。因为可以在任何位置自由定义势能的参考水平，所以在阱内取势能为零是很方便的。

对于从 $x=0$ 到 $x=a$ 的一维无限矩形阱，势能可以写成

$$V(x)=\begin{cases}\infty, & x<0 \text{ 或 } x>a\\ 0, & 0\leqslant x\leqslant a\end{cases} \tag{5.1}$$

如图 5.1 所示，可以在这样一个一维无限阱[⊖]的区域内看到势能和力。

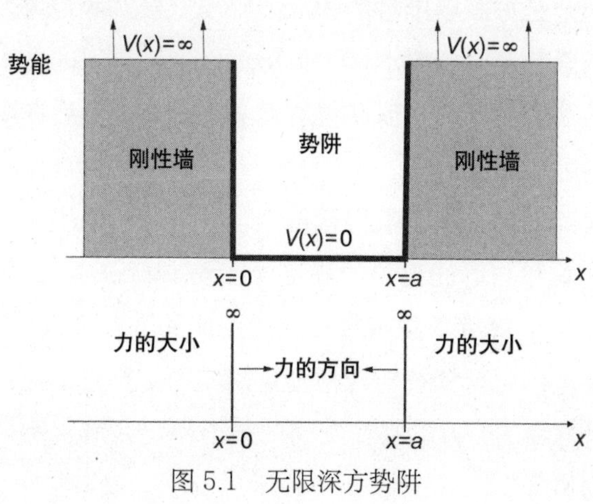

图 5.1　无限深方势阱

注意，当沿着 x 轴从左到右移动时，从左墙（即 $x=0$ 处）开始，势能从无穷大（在 $x<0$ 的区域）下降为零。这意味着 $\frac{\partial V}{\partial x}$ 在 $x=0$ 处等于负无穷大，因此力（在一维情况下是 $-\frac{\partial V}{\partial x}$）可以是无穷大的，并且指向正 x 方向。在阱内沿 x 移动，$\frac{\partial V}{\partial x}=0$，但在右墙（即 $x=a$）处，势能从零增加到无穷大。这意味着在 $x=a$ 处，势能的变化是无穷大的，这使得 $-\frac{\partial V}{\partial x}$ 在该位置是无穷负的。所以在右墙处，力同样是无穷大的，但是指向负 x 方向。因此，阱内的任何粒子都会被两面墙上无穷大的

⊖ 这种结构有时被称为无限“方形阱”，尽管阱是无穷深的，并不是方形的。“方形”一词可能是因为阱的“底部”是平的且“墙”是垂直的，以及每面墙底部的角为 90°。

向内指的力给“困住”。

这种结构有两个不现实的方面，一个是阱外无穷大的势能，另一个是每面墙上势能的无限斜率。虽然薛定谔方程不能在势能无限跳跃的位置求解，但仍可以通过在阱内外求出薛定谔方程的波函数解，从而获得有意义的结果，然后在阱的边界将这些波函数联合起来。

无限矩形阱是一个很好的例子，因为它可以用来证明求解与时间有关和与时间无关的薛定谔方程（TISE）的实用技巧，并且有助于理解量子波函数在位置空间和动量空间中的表现。此外，还可以将这些技巧应用到更现实的结构中，包括粒子被大的（但有限的）力限制在空间的某个特定区域，例如电子被强静电场捕获。

为了确定粒子在无限矩形阱中的表现，第一步是找到这些粒子可能的波函数。在这种情况下，“可能的”波函数不仅满足薛定谔方程的解，还满足无限矩形阱的边界条件。尽管这样一个阱的无穷大斜率墙意味着波函数的斜率在边界处不是连续的，但是仍然可以在阱内（势能为零）求解薛定谔方程，并在阱的边界上加强连续振幅的边界条件。

如 3.3 节所述，通常可以通过变量分离来确定波函数的解 $\Psi(x,t)$，在这种情况下也是如此。所以正如 4.3 节中提到的，可以把波函数 $\Psi(x,t)$ 写成空间函数 $\psi(x)$ 和时间函数 $T(t)$ 的乘积，即 $\Psi(x,t)=\psi(x)T(t)$，那么我们就得到了与时间无关的薛定谔方程

$$-\frac{\hbar^2}{2m}\frac{\mathrm{d}^2[\psi(x)]}{\mathrm{d}x^2}+V[\psi(x)]=E[\psi(x)] \qquad (3.40)$$

其中 E 是连接分离的时间和空间微分方程的分离常数。TISE 的解是 Hamiltonian（总能量）算子的特征函数，同时这些特征函数对应的特征值是被限制在无限矩形阱中粒子的能量测量的可能结果。

回想一下 4.3 节，在 $E<V$ 的区域，有

$$\frac{\mathrm{d}^2[\psi(x)]}{\mathrm{d}x^2}=-\frac{2m}{\hbar^2}(E-V)\psi(x)=-k^2\psi(x) \qquad (4.8)$$

其中常数 k 是波数，由下式给出

$$k\equiv\sqrt{\frac{2m}{\hbar^2}(E-V)} \qquad (4.9)$$

等式（4.8）的通解的指数形式为

$$\psi(x)=A\mathrm{e}^{ikx}+B\mathrm{e}^{-ikx} \qquad (4.10)$$

其中 A 和 B 是由边界条件确定的常数。

在无限矩形阱内，$V=0$，所以任意正的 E 都大于 V，且波数 k 为

$$k=\sqrt{\frac{2m}{\hbar^2}E} \qquad (5.2)$$

也就是说，在阱内波函数 $\psi(x)$ 会振荡，且波数与能量 E 的平方根成正比。

4.3 节中也考虑了 $V > E$ 的情况，在这种情况下，TISE 可以写成

$$\frac{\mathrm{d}^2[\psi(x)]}{\mathrm{d}x^2} = -\frac{2m}{\hbar^2}(E-V)\psi(x) = +\kappa^2\psi(x) \tag{4.11}$$

其中常数 κ 由下式给出

$$\kappa \equiv \sqrt{\frac{2m}{\hbar^2}(V-E)} \tag{4.12}$$

这个方程的通解是

$$\psi(x) = C\mathrm{e}^{\kappa x} + D\mathrm{e}^{-\kappa x} \tag{4.13}$$

其中 C 和 D 是由边界条件确定的常数。

在无限矩形阱外，$V=\infty$，常数 κ 为无穷大，这意味着常数 C 和 D 都必须为零，以避免无穷振幅的波函数。要理解为什么这样，考虑 x 为任意正值的情况。由于 κ 为无穷大，所以除非 $C=0$，否则等式（4.13）的第一项也将为无穷大，且当 x 为正且 κ 为无穷大时，第二项中的指数因子将为零。类似地，当 x 为任意负值时，除非 $D=0$，否则等式（4.13）中的第二项将为无穷大，而第一项实际上为零。当 x 为任意正值或负值，如果等式（4.13）的两项都为零，那么在阱外的任意位置，波函数 $\psi(x)$ 都必须为零。

由于概率密度等于波函数 $\psi(x)$ 的平方，这意味着在无限矩形阱外测量到粒子位置的概率为零。注意，对于有限矩形阱，这是不正确的，这将在 5.2 节中介绍。

在无限矩形阱内，薛定谔方程的波函数解由等式（4.10）给出，且可以直接应用边界条件。由于波函数 $\psi(x)$ 必须是连续的，且在阱外的振幅必须为零，所以可以在左墙 $(x=0)$ 和右墙 $(x=a)$ 处令 $\psi(x)=0$。在左墙，$\psi(0)=0$，因此

$$\begin{aligned}&\psi(0)=A\mathrm{e}^{\mathrm{i}k(0)}+B\mathrm{e}^{-\mathrm{i}k(0)}=0\\&A+B=0\\&A=-B\end{aligned}\tag{5.3}$$

在右墙，$\psi(a)=0$，因此

$$\begin{aligned}&\psi(a)=A\mathrm{e}^{\mathrm{i}ka}-A\mathrm{e}^{-\mathrm{i}ka}=0\\&A\left(\mathrm{e}^{\mathrm{i}ka}-\mathrm{e}^{-\mathrm{i}ka}\right)=0\\&\left(\mathrm{e}^{\mathrm{i}ka}-\mathrm{e}^{-\mathrm{i}ka}\right)=0\end{aligned}\tag{5.4}$$

为了防止令 $A=0$（因为这将导致阱内没有波函数），那么最后的等式必须成立。

利用第 4 章中正弦函数的逆 Euler 关系，

$$\sin\theta=\frac{\mathrm{e}^{\mathrm{i}\theta}-\mathrm{e}^{-\mathrm{i}\theta}}{2\mathrm{i}}\tag{4.23}$$

使等式（5.4）为

$$\left(\mathrm{e}^{\mathrm{i}ka}-\mathrm{e}^{-\mathrm{i}ka}\right)=2\mathrm{i}\sin(ka)=0\tag{5.5}$$

只有当 ka 等于 0 或 π 的整数倍时，等式才成立。但是，对 a 的任意非零值，若 $ka=0$，那么 k 就必须为零，这意味着薛定谔方程中的分离常数 E 也必须为零，即波函数解的曲率也

为零。由于在无限矩形阱的墙的边界条件要求 $\psi(0)=\psi(a)=0$，所以一个没有曲率的波函数在阱内（外）的任何地方的振幅都为零，这意味着这样的粒子不存在。

所以 $ka=0$ 不是一个好的选择，这意味着要令 $\sin(ka)=0$，那么 ka 必须等于 π 的整数倍，用 n 表示该整数倍，即

$$ka = n\pi$$

或

$$k_n = \frac{n\pi}{a} \tag{5.6}$$

其中下标 n 是 k 取离散值的标志。

这是一个很重要的结果，因为这意味着在无限矩形阱内，与能量特征函数对应的波数被量子化了，也就是说它们有一组可能值的离散集。换言之，由于边界条件要求波函数在阱的两条边界的振幅都必须为零，所以在阱内只允许存在具有整数个半波长的波函数。

由于与波函数（能量特征函数）对应的波数被量子化了，所以从等式（4.9）可以知道，阱内允许的能量（能量特征值）也必须被量子化。通过解出等式（5.2）中的能量可以得到这些离散允许能量：

$$E_n = \frac{k_n^2\hbar^2}{2m} = \frac{n^2\pi^2\hbar^2}{2ma^2} \tag{5.7}$$

因此，在考虑波函数 $\psi(x)$、概率密度 $\psi^*\psi$ 或 $\Psi(x,t)$ 随时间演化的细节之前，经典力学和量子力学之间的根本区别就已

经很明显了。只需在无限势阱的边界上应用边界条件，就可以看到在无限矩形阱内的粒子只能取一定的能量，而且即使是最低能量状态的能量也不为零（这个能量的最小值称为“零点能量”）。

重要的是要认识到波数 (k_n) 与总能量算子的特征值相联系，而且通常不能在矩形阱内用 de Broglie 关系 ($p = \hbar k$) 来确定粒子的动量。这是因为总能量算子的特征函数与动量算子的特征函数不同。如第 3 章所述，进行能量测量会使粒子的波函数坍缩为能量特征函数，随后的动量测量将导致粒子波函数坍缩为动量算子的特征函数。因此，无法使用第一次测量得到的能量 E_n 及其对应的波数 k_n 来预测动量测量的结果。我们在本节后面将看到，尽管当 n 很大时，概率密度在 $p = \hbar k_n$ 附近能取到最大值，但是在无限矩形阱内，粒子的动量概率密度是一个连续函数，而不是一组离散值。

考虑到这一点，将 k_n 代入 TISE 的解 $\psi(x)$ 中，可以得到：

$$\psi_n(x) = A\left(e^{ik_n x} - e^{-ik_n x}\right) = A' \sin\left(\frac{n\pi x}{a}\right) \tag{5.8}$$

其中 2i 因子被放到前面的常数 A' 中，下标 n 表示量子数，表明波数 k_n 以及与波函数 $\psi_n(x)$ 对应的能级 E_n。

在研究量子波函数时，通常都会将波函数归一化。那么，就可以确定在空间某处（在这种情况下，在无限矩形阱的边界之间）找到粒子的总概率为 1。对于等式（5.8）的波函数，归一化如下：

$$1 = \int_{-\infty}^{\infty} [\psi_n(x)]^* [\psi_n(x)] \mathrm{d}x = \int_0^a \left[A' \sin\left(\frac{n\pi x}{a}\right)\right]^* \left[A' \sin\left(\frac{n\pi x}{a}\right)\right] \mathrm{d}x$$
$$= \int_0^a |A'|^2 \sin^2\left(\frac{n\pi x}{a}\right) \mathrm{d}x$$

由于 A' 是常数，所以它能从积分中提取出来，这个积分可以用下式来计算

$$\int \sin^2 (cx) \mathrm{d}x = \frac{x}{2} - \frac{\sin(2cx)}{4c}$$

所以

$$1 = |A'|^2 \int_0^a \sin^2\left(\frac{n\pi x}{a}\right) \mathrm{d}x = |A'|^2 \left[\frac{x}{2} - \frac{\sin\left(\frac{2n\pi x}{a}\right)}{4\frac{n\pi}{a}}\right]\Bigg|_0^a = |A'|^2 \frac{a}{2}$$

这意味着

$$|A'|^2 = \frac{2}{a}$$

或

$$A' = \sqrt{\frac{2}{a}}$$

如果关心的是 $|A'|^2$ 的负平方根，请注意 $-A'$ 可以写成 $A'\mathrm{e}^{\mathrm{i}\pi}$，而像 $\mathrm{e}^{\mathrm{i}\theta}$ 这样的因子被称为“全局相位因子”，因为它只影响 $\psi(x)$ 的相位，而不影响振幅，并且它同样适用于构成 $\psi(x)$ 的每个分量波函数。全局相位因子不会对任何测量结果的概率产生影响，因为当取乘积 $\psi^*\psi$ 时，它们会被抵消。因此，只取 $|A'|^2$ 的正平方根不会丢失任何信息。

将 $A' = \sqrt{\frac{2}{a}}$ 代入等式（5.8）中，得到在无限矩形阱内的归一化波函数 $\psi_n(x)$：

$$\psi_n(x) = \sqrt{\frac{2}{a}} \sin\left(\frac{n\pi x}{a}\right) \tag{5.9}$$

在图 5.2 中，可以看到量子数 $n=1,2,3,4$ 和 20 的波函数 $\psi_n(x)$。注意，具有最低能级 $E_1 = \frac{\pi^2\hbar^2}{2ma^2}$ 的波函数 $\psi_n(x)$ 通常被称为“基态”，并且在阱的宽度 (a) 中有单个半周期。这种基态波函数在阱的每条边界上都有一个节点（零振幅位置），但阱内没有节点。具有更高能级的波函数通常被称为“激发态”，每提升一个能级，波函数在阱中就会多半个周期，且在阱内就会多一个节点。因此 $\psi_2(x)$ 在阱中有两个半周期，且阱内有一个节点，$\psi_3(x)$ 在阱中有三个半周期，且阱内有两个节点，以此类推。

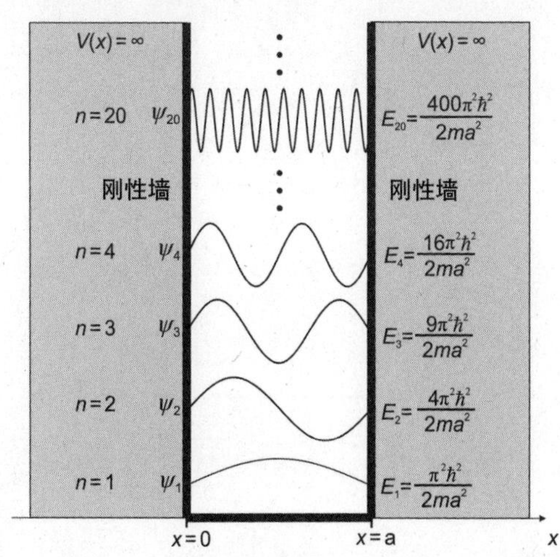

图 5.2　无限矩形阱内的波函数 $\psi(x)$

还应该仔细观察一下波函数关于阱中心的对称性。回想一下，偶函数在 $x=0$ 的左右等距处有相同的值，所以 $f(x)=f(-x)$。但是对于一个奇函数，在 $x=0$ 的左右等距处的函数值相反，所以 $f(x)=-f(-x)$。如图 5.3 所示，如果取 $x=0$ 为阱中心，那么波函数 $\psi(x)$ 在奇函数和偶函数之间交替。记住，有许多函数为非奇非偶函数，在这种情况下，$f(x)$ 既不等于 $f(-x)$，也不等于 $-f(-x)$。但薛定谔方程形式的一个结果是，只要势能函数 $V(x)$ 关于某一点对称，那么波函数解关于某一点要么是奇函数，要么是偶函数，无限矩形阱就是这种情况。对于某些问题，这种确定的奇偶性有助于求解，5.2 节将介绍有限矩形阱。

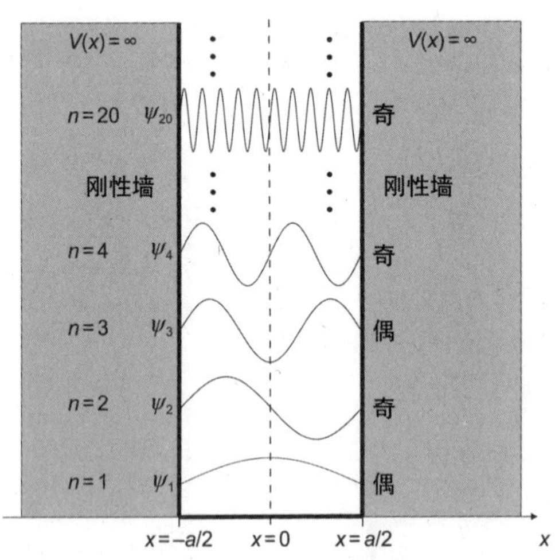

图 5.3　以 $x=0$ 为中心的无限深方势阱

还要注意，尽管在图 5.2 和图 5.3 中，波函数 $\psi_n(x)$ 是以相等的垂直间距画出来的，但是相邻波函数之间的能量差随着 n 的增加而增大，因此 $\psi_2(x)$ 和 $\psi_1(x)$ 之间的能级差为

$$E_2 - E_1 = \frac{4\pi^2\hbar^2}{2ma^2} - \frac{\pi^2\hbar^2}{2ma^2} = \frac{3\pi^2\hbar^2}{2ma^2}$$

而 $\psi_3(x)$ 和 $\psi_2(x)$ 的能级差更大：

$$E_3 - E_2 = \frac{9\pi^2\hbar^2}{2ma^2} - \frac{4\pi^2\hbar^2}{2ma^2} = \frac{5\pi^2\hbar^2}{2ma^2}$$

一般来说，任何能级 E_n 和下一个更高能级 E_{n+1} 之间的间距由下式给出

$$E_{n+1} - E_n = (2n+1)\frac{\pi^2\hbar^2}{2ma^2} \tag{5.10}$$

此时，有必要回过头来考虑一下薛定谔方程和无限矩形阱的边界条件如何决定阱内量子波函数的表现。记住，等式（4.8）右边的 $\psi(x)$ 的二阶空间导数表示波函数的曲率，分离常数 E 表示粒子的总能量。因此，不可避免的是，更高的能量意味着更大的曲率，对于正弦变化的函数，更大的曲率意味着在给定距离内有更多的周期（波数 k 越大，波长 λ 越短）。

现在考虑在势阱边界（即 $V=\infty$）上，波函数振幅必须为零的要求，这意味着阱的距离必须对应于整数个半波长。根据这些条件，波数和能量只能取那些使波函数曲率在阱的两个边界令其振幅回到零的值，如图 5.4 所示。

如果对这些无限阱波函数很熟悉，那可能你已经见过驻波，驻波是两端牢牢夹紧的均匀弦的振动的“正常模式”。对

于驻波，波函数在最低（基本）频率处的形状是半正弦波，中间有一个波腹（最大位移位置），除了在夹弦的两端有两个节点外，没有其他的节点。就像无限矩形阱中的粒子一样，在一条夹弦上，驻波的波数和允许的能量都被量子化了，每一个高频模式在弦的长度上增加一个半周期。

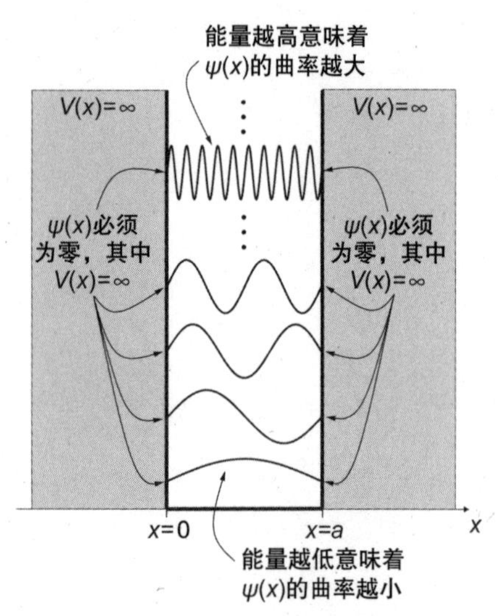

图 5.4　无限矩形阱中波函数 $\psi(x)$ 的特征

然而，这种类比并不完美，因为薛定谔方程是扩散方程（具有一阶时间导数和二阶空间导数）的形式，而不是经典波动方程（具有二阶时间和空间导数）的形式。对于均匀弦上的波，角频率 ω 与波数 k 成线性正比，而在量子情况下，$E=\hbar\omega$ 与 k^2 成正比，如等式（5.7）所示。色散关系中的这种差异意味着量子波函数随时间的表现将不同于均匀弦上机械驻波的表现。

在本节后面可以看到无限矩形阱中粒子的时间演化 $\Psi(x,t)$，但首先应该考虑波函数 $\psi(x)$ 中关于可观测量的可能测量结果，如能量 (E) 、位置 (x) 或动量 (p) 。

如 3.3 节所述，TISE 是 Hamiltonian（总能量）算子的特征值方程。也就是说，由等式（5.9）给出的波函数解 $\psi_n(x)$ 是能量特征函数的位置空间表示，而等式（5.7）给出的能量值是对应的特征值。

知道了能量算子的特征函数和特征值，就可以直接确定在无限矩形阱中粒子的能量测量的可能结果。如果粒子的状态对应于 Hamiltonian 算子的一个特征函数（等式（5.9）的 $\psi_n(x)$），那么能量测量一定会得到该特征函数的特征值（等式（5.7）的 E_n）。

如果粒子的状态 ψ 与能量特征函数 $\psi_n(x)$ 不对应呢？在这种情况下，请记住，总能量算子的特征函数构成一个完备集，因此它们可以作为基函数来合成任何函数：

$$\psi=\sum_{n=1}^{\infty}c_n\psi_n(x) \tag{5.11}$$

其中 c_n 表示 ψ 中每个特征函数 $\psi_n(x)$ 的量。

这是 1.6 节中等式（1.35）的 Dirac 符号版本，其中 $|\psi\rangle$ 表示量子态，而 $|\psi\rangle$ 由特征函数 $|\psi_n\rangle$ 展开：

$$|\psi\rangle=c_1|\psi_1\rangle+c_2|\psi_2\rangle+\cdots+c_N|\psi_N\rangle=\sum_{n=1}^{N}c_n|\psi_n\rangle$$

回想第 4 章，每个 c_n 都可以通过内积将状态 $|\psi\rangle$ 投射到对应的

特征函数 $\psi_n(x)$ 上得到，即

$$c_n = \langle \psi_n | \psi \rangle \tag{4.1}$$

因此，对于无限矩形阱中状态为 ψ 的粒子，可以使用内积求出该状态下每个特征函数 $\psi_n(x)$ 的“量” c_n：

$$c_n = \int_0^a [\psi_n(x)]^* [\psi] \mathrm{d}x \tag{5.12}$$

有了 c_n，就可以通过求对应特征函数的 c_n 的平方来确定每个测量结果的概率（即与其中一个能量特征函数对应的每个特征值出现的概率）。在大量一致备份的系统中，能量的期望值可以通过下式来计算

$$\langle E \rangle = \sum_n |c_n|^2 E_n \tag{5.13}$$

如果想通过一个例子来计算这个过程，请参看 5.4 节的习题和在线答案。

要确定位置测量的可能结果，首先将波函数 $\psi_n(x)$ 乘以其复共轭函数，从而得到位置概率密度 $P_{\text{den}}(x)$：

$$\begin{aligned} P_{\text{den}}(x) &= [\psi(x)]^* [\psi(x)] \\ &= \left[\sqrt{\frac{2}{a}} \sin\left(\frac{n\pi x}{a}\right)\right]^* \left[\sqrt{\frac{2}{a}} \sin\left(\frac{n\pi x}{a}\right)\right] = \frac{2}{a} \sin^2\left(\frac{n\pi x}{a}\right) \end{aligned} \tag{5.14}$$

在图 5.5 中，可以看到 $n=1 \sim 5$ 和 $n=20$ 的位置概率密度是关于 x 的函数，它们讲述了一个有趣的故事。

在这张图中，将矩形阱的宽度 a 归一化后，每条横轴表示

距左边界的距离，所以每个图的阱中心都位于 $x=0.5$ 处。每条纵轴表示每单位长度的概率，其中一个长度单位定义为阱的宽度。如我们所见，概率密度 $P_{\text{den}}(x)$ 是关于 x 的连续函数，且没有量子化，因此位置测量可以在势阱内的任何位置产生测量结果（尽管对于每个激发态 $(n>1)$，阱中存在一个或多个位置的测量概率为零）。对于处于基态的粒子，概率密度在势阱中心处最大，在墙的位置时减少到零。但是对于激发态，阱中存在高概率密度和低概率密度的交替位置。因此，对处于第一激发态 $(n=2)$ 的粒子的位置测量永远不会得到 $x=0.5a$ 的值，而对处于第二激发态 $(n=3)$ 的粒子的位置测量永远不会得到 $x=a/3$ 或 $x=2a/3$ 的值。

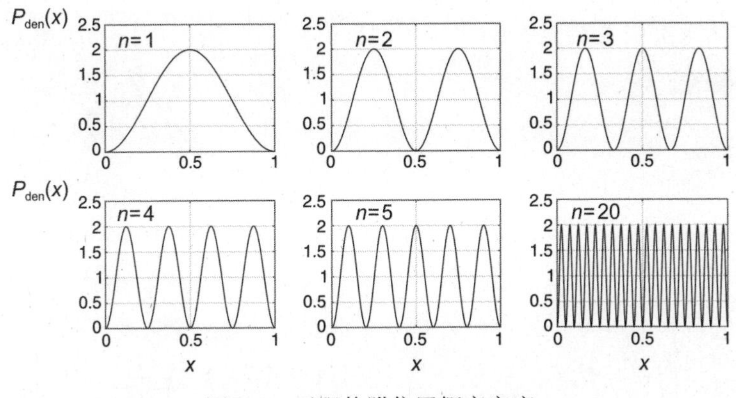

图 5.5　无限势阱位置概率密度

如果在整个势阱上对概率密度进行积分，那么不管粒子处于什么状态，得到的总概率都为 1.0。这是因为粒子肯定存在于阱中的某个地方，所以图 5.5 中每条曲线下的面积都为 1。

但是如果想确定粒子在阱内某个特定区域内的位置的测量概率，就在这个区域上对概率密度进行积分。例如，要确定粒子在以 x_0 为中心、宽度为 Δx 的区域内的测量概率，可以使用

$$\int_{x_0-\Delta x/2}^{x_0+\Delta x/2}[\psi(x)]^*[\psi(x)]\mathrm{d}x=\int_{x_0-\Delta x/2}^{x_0+\Delta x/2}\frac{2}{a}\sin^2\left(\frac{n\pi x}{a}\right)\mathrm{d}x \quad (5.15)$$

可以在 5.4 节的习题和在线答案中看到此计算的一个示例。

为了理解前面讨论的在无限矩形阱中粒子的能量和位置观测的重要性，考虑一个经典物体在被无穷大的内向力限制在零力区域中的表现。可以发现该经典粒子要么是静止的，且总能量为零，要么当它在墙之间移动时，可以发现它以任意恒定的能量（也就是以恒定的速度）向任一方向移动。如果执行一次位置测量，经典粒子同样有可能在阱内的任何位置被发现。

但是对于被限制在无限矩形阱中的粒子，能量测量只能得出某些允许值，特别是等式（5.7）中给出的 E_n，这些值都不是零。位置测量的可能结果取决于粒子的状态，但在任何情况下，阱内的概率都不一致。最令人惊讶的是，对于处于激发态的粒子，有一个或多个概率为零的位置作为位置测量的结果。

所以显然不应该把一个在无限矩形阱内的粒子想象成一个非常小的经典物体在完美的反射墙之间来回反弹。但是可以通过考虑另一个可观测量的测量结果来进一步了解粒子的表现，而这个可观测量就是动量。

为了确定在无限矩形阱内粒子的动量测量的可能结果，

需要知道动量空间的概率密度，可以通过粒子的动量空间波函数 $\tilde{\phi}(p)$ 求出该概率密度。如 4.4 节所述，通过取 $\psi(x)$ 的 Fourier 变换，可以得到动量空间波函数：

$$\begin{aligned}\tilde{\phi}(p) &= \frac{1}{\sqrt{2\pi\hbar}}\int_{-\infty}^{\infty}\psi(x)\mathrm{e}^{-\mathrm{i}px/\hbar}\mathrm{d}x \\ &= \frac{1}{\sqrt{2\pi\hbar}}\int_{0}^{a}\sqrt{\frac{2}{a}}\sin\left(\frac{n\pi x}{a}\right)\mathrm{e}^{-\mathrm{i}px/\hbar}\mathrm{d}x \\ &= \frac{1}{\sqrt{\pi a\hbar}}\int_{0}^{a}\sin\left(\frac{n\pi x}{a}\right)\mathrm{e}^{-\mathrm{i}px/\hbar}\mathrm{d}x\end{aligned}$$

该积分可以通过使用 Euler 关系将指数项转换为正弦项和余弦项，或使用逆 Euler 关系将正弦项转换为两个指数项的和来计算。不管用哪种方法，积分的结果都是

$$\tilde{\phi}(p) = \frac{\sqrt{\hbar}}{2\sqrt{\pi a}}\left[\frac{2p_n}{p_n^2 - p^2} - \frac{\mathrm{e}^{-\mathrm{i}(p_n+p)a/\hbar}}{p_n + p} - \frac{\mathrm{e}^{\mathrm{i}(p_n-p)a/\hbar}}{p_n - p}\right] \quad (5.16)$$

其中 $p_n = \hbar k_n$。

通过乘以 $[\tilde{\phi}(p)]^*$，可以得到概率密度 $P_{\mathrm{den}}(p)$，即[⊖]：

$$P_{\mathrm{den}}(p) = \frac{\hbar}{\pi a}\frac{2p_n^2}{(p_n^2 - p^2)^2}[1 - (-1)^n\cos(pa/\hbar)] \quad (5.17)$$

在这种形式下，动量概率密度的表现并不完全透明，但可以在图 5.6 中看到基态 $(n=1)$ 和激发态 $n=2,3,4,5$ 和 20 时 $P_{\mathrm{den}}(p)$ 的图。在这张图中，每条横轴表示归一化动量（即动量

⊖ 如果需要帮助来得到 $\tilde{\phi}(p)$ 或 $P_{\mathrm{den}}(p)$ 的结果，请参看 5.4 节的习题和在线答案。

除以 $\hbar\pi/a$ ），每条纵轴表示动量概率密度（即每单位动量的概率，其中，一个动量单位定义[⊖]为 $\hbar\pi/a$ ）。

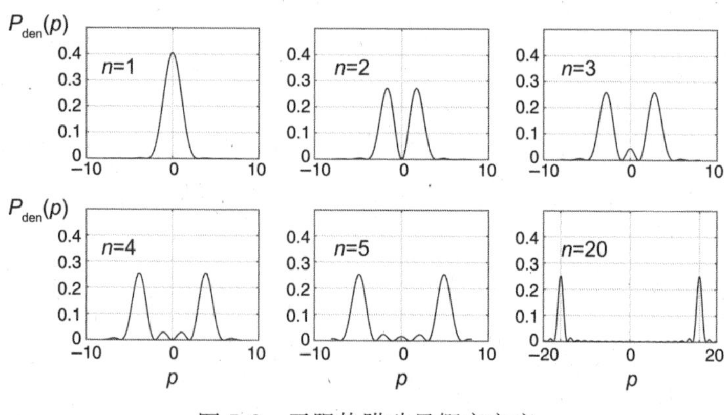

图 5.6　无限势阱动量概率密度

如 $n=1$ 的图所示，测量无限矩形阱中处于基态的粒子的动量，结果最可能是 $p=0$ ，但测量结果得到 p 为略负或略正值的概率不为零。这并不奇怪，因为粒子的位置被限制在宽度为 a 的势阱内，而 Heisenberg 测不准原理表明， $\Delta x\Delta p$ 必须等于或大于 $\hbar/2$ 。取 Δx 为阱宽 a 的 18%（可以在 5.4 节的习题和在线答案中看到这一选择的原因），并将动量概率密度函数的宽度估计为一个单位（因此 $\Delta p=\hbar\pi/a$ ），乘积 $\Delta x\Delta p=0.57\hbar$ ，因此满足 Heisenberg 测不准原理 $\Delta x\Delta p\geqslant\hbar/2$ 的要求。

对于激发 $(n>1)$ 态，动量概率密度有两个峰值，一个是正动量，另一个是负动量，这对应于反向传播的波，量子数越大，概率密度最大值越接近 $\pm\hbar k_n$ ，其中 k_n 是与能量特征值 E_n

⊖ 当考虑大量子数 p 最有可能的值时，就能理解为什么要选择归一化常数了。

相关的量子化波数，这就是使用 $\hbar\pi/a$ 作为动量归一化因子的原因。对于最低能量状态（基态），能量特征函数在势阱宽度中有一个半周期，因此波长 $\lambda_1=2a$，与该能量相关的波数 k_1 的值为 $k_1=2\pi/\lambda_1=2\pi/(2a)=\pi/a$。如果用 deBroglie 关系式 $p=\hbar k$ 求与波数相关的动量，会得到 $\hbar\pi/a$。这是一个很方便的结果，因为对于大的 n 值，动量值最可能聚集在 $p=n\hbar\pi/a$ 附近，但如图 5.6 所示，对于无限矩形阱中处于基态的粒子，这并不意味着 $P_1=(1)\hbar\pi/a$ 是动量测量的可能结果的良好估计[⊖]。

正如前面讨论所示，粒子在无限矩形阱中的表现的许多方面都可以通过求解 TISE 和应用适当的边界条件来理解。但要确定粒子波函数如何随时间演化，有必要考虑与时间有关的薛定谔方程的解，而且这意味着变量分离 ($T(t)=e^{-iE_nt/\hbar}$) 中包括时间部分 $T(t)$：

$$\Psi_n(x,t)=\psi_n(x)T(t)=\sqrt{\frac{2}{a}}\sin\left(\frac{n\pi x}{a}\right)e^{-iE_nt/\hbar} \tag{5.18}$$

在 3.3 节中，与时间有关的薛定谔方程的可分离解被称为“稳定态”，因为与这些状态相关的期望值和概率密度函数等量不会随时间而变化。这当然与等式（5.18）给出的无限矩形阱的 Hamiltonian 算子的特征函数 $\Psi_{n(x,t)}$ 有关，因为给定任意 n，当 $\Psi_{n(x,t)}$ 乘以其复共轭时，指数项 $e^{-iE_nt/\hbar}$ 将抵消。这意味着对无

⊖ 事实上，基态的概率密度函数确实由两个分量函数组成，其中一个分量函数在 $+\hbar k_1=+\hbar\pi/a$ 处取得峰值，另一个分量函数在 $-\hbar k_1=-\hbar\pi/a$ 处取得峰值。但这两个函数的宽度足以使它们重叠，而且它们结合在一起，基态概率密度函数在 $p=0$ 处产生峰值。

限矩形阱的任意能量特征态的粒子，位置基和动量基的概率密度不会随着时间的推移而改变，如图 5.5 和图 5.6 所示。

如果无限矩形阱中的粒子不处于能量本征态，情况就完全不同了。例如，考虑一个粒子，其波函数是第一和第二能量特征函数的线性叠加：

$$\begin{aligned}\Psi(x,t) &= A\Psi_1(x,t) + B\Psi_2(x,t) \\ &= A\sqrt{\frac{2}{a}}\sin\left(\frac{\pi x}{a}\right)\mathrm{e}^{-\mathrm{i}E_1 t/\hbar} + B\sqrt{\frac{2}{a}}\sin\left(\frac{2\pi x}{a}\right)\mathrm{e}^{-\mathrm{i}E_2 t/\hbar}\end{aligned} \tag{5.19}$$

其中常数 A 和 B 决定了特征函数 $\Psi_1(x,t)$ 和 $\Psi_2(x,t)$ 的相对量。注意，等式（5.18）中的因子 $\sqrt{\frac{2}{a}}$ 是通过归一化单个特征函数 $\Psi_n(x,t)$ 确定的，当两个或多个特征函数组合时，它就不是正确的归一化因子。因此，除了设定构成特征函数的相对量之外，因子 A 和 B 也将为复合函数 $\Psi(x,t)$ 提供适当的归一化。

例如，为了合成一个由无限矩形阱特征函数 Ψ_1 和 Ψ_2 的相等部分组成的全波函数，因子 A 和 B 必须是相等的。归一化过程如下：

$$\begin{aligned}1 &= \int_{-\infty}^{+\infty}\Psi^*\Psi\mathrm{d}x = \int_{-\infty}^{+\infty}[A\Psi_1 + A\Psi_2]^*[A\Psi_1 + A\Psi_2]\mathrm{d}x \\ &= |A|^2\int_{-\infty}^{+\infty}[\Psi_1^*\Psi_1 + \Psi_1^*\Psi_2 + \Psi_2^*\Psi_1 + \Psi_2^*\Psi_2]\mathrm{d}x\end{aligned}$$

将等式（5.19）中的 Ψ_1 和 Ψ_2 代入上式，且 $A=B$，可以得到

$$1 = |A|^2\left\{\int_0^a\left[\sqrt{\frac{2}{a}}\sin\left(\frac{\pi x}{a}\right)\mathrm{e}^{-\mathrm{i}E_1 t/\hbar}\right]^*\left[\sqrt{\frac{2}{a}}\sin\left(\frac{\pi x}{a}\right)\mathrm{e}^{-\mathrm{i}E_1 t/\hbar}\right]\mathrm{d}x\right.$$

$$+\int_0^a \left[\sqrt{\frac{2}{a}}\sin\left(\frac{\pi x}{a}\right)\mathrm{e}^{-\mathrm{i}E_1 t/\hbar}\right]^*\left[\sqrt{\frac{2}{a}}\sin\left(\frac{2\pi x}{a}\right)\mathrm{e}^{-\mathrm{i}E_2 t/\hbar}\right]\mathrm{d}x$$
$$+\int_0^a \left[\sqrt{\frac{2}{a}}\sin\left(\frac{2\pi x}{a}\right)\mathrm{e}^{-\mathrm{i}E_2 t/\hbar}\right]^*\left[\sqrt{\frac{2}{a}}\sin\left(\frac{\pi x}{a}\right)\mathrm{e}^{-\mathrm{i}E_1 t/\hbar}\right]\mathrm{d}x$$
$$+\int_0^a \left[\sqrt{\frac{2}{a}}\sin\left(\frac{2\pi x}{a}\right)\mathrm{e}^{-\mathrm{i}E_2 t/\hbar}\right]^*\left[\sqrt{\frac{2}{a}}\sin\left(\frac{2\pi x}{a}\right)\mathrm{e}^{-\mathrm{i}E_2 t/\hbar}\right]\mathrm{d}x\Bigg\}$$

注意，积分区间现在是从 0 到 a，因为波函数在该区域之外的振幅为零。通过运算可以得到

$$1=|A|^2\left(\frac{2}{a}\right)\left\{\int_0^a\left[\sin^2\left(\frac{\pi x}{a}\right)\right]\mathrm{d}x\right.$$
$$+\int_0^a\left[\sin\left(\frac{\pi x}{a}\right)\right]\left[\sin\left(\frac{2\pi x}{a}\right)\right]\mathrm{e}^{-\mathrm{i}(E_2-E_1)t/\hbar}\mathrm{d}x$$
$$+\int_0^a\left[\sin\left(\frac{2\pi x}{a}\right)\right]\left[\sin\left(\frac{\pi x}{a}\right)\right]\mathrm{e}^{+\mathrm{i}(E_2-E_1)t/\hbar}\mathrm{d}x$$
$$\left.+\int_0^a\left[\sin^2\left(\frac{2\pi x}{a}\right)\right]\mathrm{d}x\right\}$$

正如前面对单个特征函数的归一化过程一样，第一个积分和最后一个积分都等于 $\frac{a}{2}$，因此这两个项加起来等于 a。至于交叉项（第二个和第三个积分），能量特征函数的正交性意味着这两个积分都为零，因此 $1=|A|^2\left(\frac{2}{a}\right)(a)$，也就是说，当 $\Psi_1(x,t)$ 和 $\Psi_2(x,t)$ 相等时，有 $A=\frac{1}{\sqrt{2}}$。

对任意的 A 和 B 有类似的分析，这表明只要 $|A|^2+|B|^2=1$，复合函数就会被适当地归一化。因此，对于复合函数，若

$\Psi_1(x,t)$ 的 A 为 0.96，那么 $\Psi_2(x,t)$ 的 B 就必须等于 0.28（因为 $0.96^2+0.28^2=1$）。

考虑 $\Psi_1(x,t)$ 和 $\Psi_2(x,t)$ 这种不平衡组合，是为了证明向复合函数中增加即使是少量不同的特征函数也会对复合函数的表现产生显著的影响。可以在图 5.7 中看到这种变化，它显示了复合波函数位置概率密度的时间演化。

$$\Psi(x,t)=(0.96)\sqrt{\frac{2}{a}}\sin\left(\frac{\pi x}{a}\right)\mathrm{e}^{-\mathrm{i}E_1t/\hbar}+(0.28)\sqrt{\frac{2}{a}}\sin\left(\frac{2\pi x}{a}\right)\mathrm{e}^{-\mathrm{i}E_2t/\hbar} \tag{5.20}$$

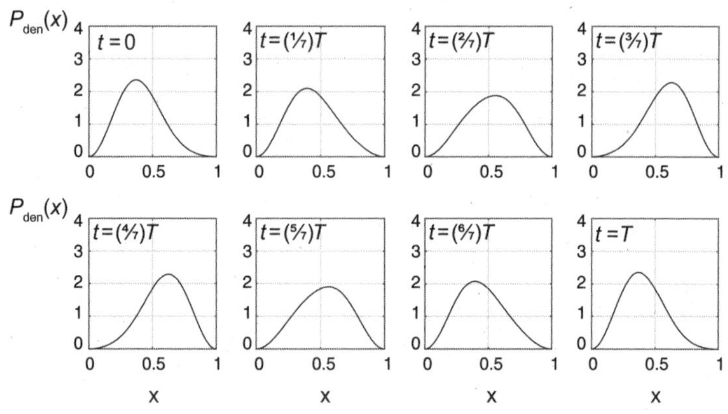

图 5.7　$(0.96)\Psi_1(x,t)$ 和 $(0.28)\Psi_2(x,t)$ 的复合在无限矩形阱中的位置概率密度的时间演化

可以看到，位置概率不再是稳定的，能量特征函数的复合使得最大概率密度的位置在无限矩形阱内振荡。当复合函数中 $\Psi_1(x,t)$ 的量比较大时，概率密度函数的形状类似于 $\Psi_1(x,t)$ 的

单峰形状，但少量 $\Psi_2(x,t)$ 及其双峰概率密度的存在，使得复合函数的概率密度来回滑动，就像两个构成的特征函数在两个相位间循环往复一样。

为什么会这样？因为 $\Psi_1(x,t)$ 和 $\Psi_2(x,t)$ 的能量是不同的，根据第 3 章中的 Planck-Einstein 关系式 $E=hf=\hbar\omega$（等式（3.1））可知，能量与角频率是相关的。因此，不同的能量意味着不同的频率，不同的频率意味着随着时间的推移，$\Psi_1(x,t)$ 和 $\Psi_2(x,t)$ 之间的相对相位会发生变化。相位的变化导致这两个波函数的不同部分增加或减少，从而改变复合波函数的形状及其概率密度函数。

这种相位变化的数学原理并不难理解。当两个波函数的量相等时（即 $A=B$），$[\Psi(x,t)]^*[\Psi(x,t)]$ 即为前面提到的归一化积分的被积函数。一般情况下，A 和 B 可能具有不同的值，因此，$[\Psi(x,t)]^*[\Psi(x,t)]$ 由下式给出

$$
\begin{aligned}
P_{\text{den}}(x,t) = |A|^2\left(\frac{2}{a}\right)\left[\sin^2\left(\frac{\pi x}{a}\right)\right] + |B|^2\left(\frac{2}{a}\right)\left[\sin^2\left(\frac{2\pi x}{a}\right)\right] \\
+ |A||B|\left(\frac{2}{a}\right)\left[\sin\left(\frac{\pi x}{a}\right)\right]\left[\sin\left(\frac{2\pi x}{a}\right)\right]\mathrm{e}^{-\mathrm{i}(E_2-E_1)t/\hbar} \\
+ |A||B|\left(\frac{2}{a}\right)\left[\sin\left(\frac{2\pi x}{a}\right)\right]\left[\sin\left(\frac{\pi x}{a}\right)\right]\mathrm{e}^{+\mathrm{i}(E_2-E_1)t/\hbar}
\end{aligned}
$$

只涉及 $\Psi_1(x,t)$ 的第一项和只涉及 $\Psi_2(x,t)$ 的第二项都与时间无关，因为在每种情况下，指数项 $\mathrm{e}^{-\mathrm{i}E_n t/\hbar}$ 都会被抵消。但是 $\Psi_1(x,t)$ 和 $\Psi_2(x,t)$ 能量的不同意味着交叉项 $[\Psi_1]^*[\Psi_2]$ 和 $[\Psi_2]^*[\Psi_1]$ 保持了它们的时间依赖性。

通过把这两个交叉项的组合写成如下形式，可以看到时间依赖性的影响

$$
\begin{aligned}
&|A||B|\left(\frac{2}{a}\right)\left[\sin\left(\frac{\pi x}{a}\right)\right]\left[\sin\left(\frac{2\pi x}{a}\right)\right]\mathrm{e}^{-\mathrm{i}(E_2-E_1)t/\hbar} \\
&\qquad +|A||B|\left(\frac{2}{a}\right)\left[\sin\left(\frac{2\pi x}{a}\right)\right]\left[\sin\left(\frac{\pi x}{a}\right)\right]\mathrm{e}^{+\mathrm{i}(E_2-E_1)t/\hbar} \\
&=|A||B|\left(\frac{2}{a}\right)\left[\sin\left(\frac{\pi x}{a}\right)\right]\left[\sin\left(\frac{2\pi x}{a}\right)\right][\mathrm{e}^{-\mathrm{i}(E_2-E_1)t/\hbar}+\mathrm{e}^{+\mathrm{i}(E_2-E_1)t/\hbar}] \\
&=2|A||B|\left(\frac{2}{a}\right)\left[\sin\left(\frac{\pi x}{a}\right)\right]\left[\sin\left(\frac{2\pi x}{a}\right)\right]\cos\left[\frac{(E_2-E_1)t}{\hbar}\right]
\end{aligned}
$$

$P_{\text{den}}(x,t)$ 的时间变化是由余弦项引起的，且该项取决于构成复合波函数 $\Psi(x,t)$ 的两个能量特征函数的能级差。能量差越大，该余弦项的振荡越快，通过将复合波函数的角频率写成下式可以看到此效果

$$\omega_{21}=\omega_2-\omega_1=\frac{E_2-E_1}{\hbar} \tag{5.21}$$

或者，利用无限矩形阱的能级（等式（5.7））

$$\omega_{21}=\frac{E_2-E_1}{\hbar}=\frac{2^2\pi^2\hbar^2}{2ma^2\hbar}-\frac{1^2\pi^2\hbar^2}{2ma^2\hbar}=\frac{3\pi^2\hbar}{2ma^2} \tag{5.22}$$

如我们所料，大量增加 $\Psi_2(x,t)$ 的量会显著地改变复合概率密度函数的形状，如图 5.8 所示。在这种情况下，$\Psi_2(x,t)$ 的量等于 $\Psi_1(x,t)$ 的量。

注意，$\Psi_2(x,t)$ 的量较大会导致 $t=0$ 时刻的位置概率密度的峰值出现在离左侧更远的地方（向着 $\Psi_2(x,t)$ 大的正振幅的

位置，如图 5.2 所示）。随着时间的推移，$\Psi_2(x,t)$ 更高的角频率使得其相位变化比 $\Psi_1(x,t)$ 的相位变化更快，从而使概率密度的峰值向右移动。经过复合波函数的半个周期（周期 T 为 $\frac{2\pi}{\omega 21}$）后，概率密度峰值移到矩形阱的右半部分。经过复合波函数的一个完整周期后，概率密度的峰值再次出现在阱的左半部分。

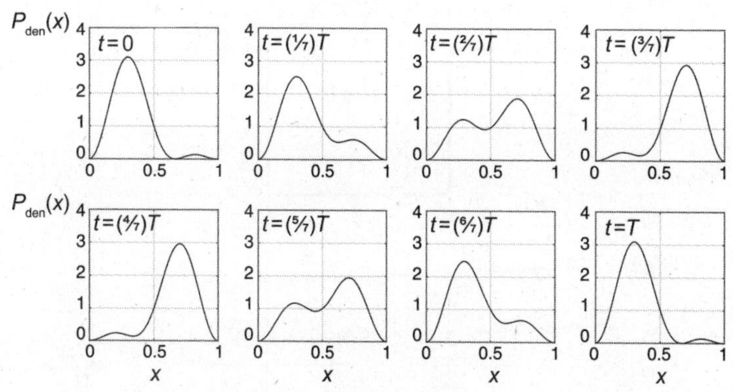

图 5.8　$\Psi_1(x,t)$ 和 $\Psi_2(x,t)$ 的等量复合在无限矩形阱中的位置概率密度的时间演化

分析表明，对于由特征态加权组合而成的无限矩形阱的状态，概率密度函数随时间变化而变化，这种变化的大小取决于各组成态的相对比例，而变化的速率则由这些态的能量决定。

本节介绍的许多概念和技巧都适用于具有更实际的势能结构的势阱。5.2 节将介绍其中一个结构——有限矩形阱。

5.2 有限深方势阱

和无限深方势阱一样，有限深方势阱是具有分段恒定势能结构的一个例子，但在这种情况下，阱外的势能是恒定且有限（而不是无限）的。图 5.9 展示了一个有限矩形阱的例子，如我们所见，阱的底部可以作为零势能的参考能级，而阱外的势能 $V(x)$ 具有恒定的值 V_0 ⊖。

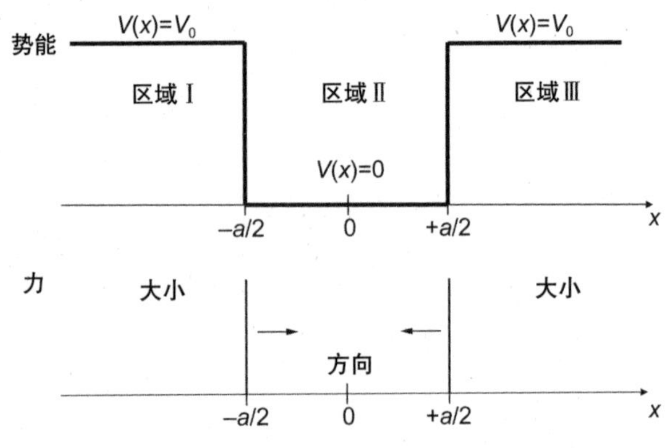

图 5.9　有限势能阱能量和力作为位置函数

还应该注意到，这个有限势阱的宽度为 a，但是阱中心在 $x=0$ 处，这使得阱的左边界位于 $x=-a/2$ 处，右边界位于 $x=a/2$ 处。选择 $x=0$ 的位置对有限势阱的物理性质或波函数的形状没有任何影响，但是将 $x=0$ 作为中心确实会使波函数奇偶性的考虑更加明显。

⊖ 有些量子教材将阱外作为零势能的参考能级，在这种情况下，阱底的势能为 $-V_0$。在经典物理中，只有势能的变化才有物理意义，所以可以自由选择最方便的位置作为参考能级。

在有限矩形阱内和外的薛定谔方程的解与上一节讨论的无限矩形阱的解有一些相似之处，但也有一些重要的区别。相似之处包括阱内波函数 $\psi(x)$ 的振荡性质，以及要求波函数值在阱墙上（即在 $x=-a/2$ 和 $x=a/2$ 处）连续。但由于有限势阱外的势能不是无穷大的，所以不要求波函数在阱外的振幅为零。也就是说，有必要令波函数的斜率 $\frac{\partial\psi(x)}{\partial x}$ 在墙上是连续的。这些边界条件导致了一个更复杂的方程，通过该方程可以得到允许能级和波函数。

有限势阱和无限势阱的另一个重要区别是：对于有限势阱，粒子可能处于束缚态，也可能处于散射态，这取决于它们的能量和阱的特性。具体地说，对于图 5.9 中定义的势能，如果 $E<V_0$，粒子将被束缚；如果 $E>V_0$，粒子将自由。在本节中，取能量为 $0<E<V_0$，因此波函数和能级将是束缚粒子的波函数和能级。

好消息是，如果已经通读了第 4 章，那么你已经了解了有限势阱最重要的特征。即波函数解在阱内是振荡的，但在阱的边界不会变为零。相反，它们在这个区域呈指数衰减，该区域通常称为“渐逝”(evanescent) 区域。

就像无限矩形阱的情况一样，在有限矩形阱中，束缚粒子的波数和能量都是量子化的（也就是说，它们只取特定的离散“允许”值）。但对于有限势阱，允许的能级数不是无限的，而是取决于阱的宽度和“深度”(即阱内外的势能差)。

本节会解释为什么在有限势阱中能级是离散的，同时也会阐明在超越方程中许多量子教材中使用的变量的含义，而超越方程是由于应用有限矩形阱的边界条件而产生的。

如果已经阅读了 4.3 节，那么你已经知道波函数在分段恒定势能区域的表现的基本原理，在这个区域中，粒子的总能量 E 可能大于或小于该区域的势能 V。当时的曲率分析表明，经典允许区域（$E>V$）中的波函数表现出振荡，而经典禁止区域（$E<V$）中的波函数表现出指数衰减。将这些概念应用于有限矩形阱中的量子粒子，其中阱内势能 $V=0$，阱外势能 $V=V_0$，那么阱内能量 $E>0$ 的粒子的波函数会呈正弦振荡。

为了了解这个结果是如何推导出来的，首先写出阱内与时间无关的薛定谔方程（等式（4.7））

$$\frac{d^2[\psi(x)]}{dx^2} = -\frac{2m}{\hbar^2}E\psi(x) = -k^2\psi(x) \tag{5.23}$$

其中定义常数 k 为

$$k \equiv \sqrt{\frac{2m}{\hbar^2}E} \tag{5.24}$$

就像无限矩形阱的情况一样。

等式（5.23）的解可以用指数函数（如 4.3 节和 5.1 节所述）或正弦函数来表示。如 5.1 节所述，只要势能函数 $V(x)$ 关于某一点对称，薛定谔方程的波函数解就会具有确定的（奇或偶）奇偶性。对于有限矩形阱，这种确定的奇偶性意味着正弦函数更容易处理。所以在有限矩形阱内薛定谔方程的通解可以写成

$$\psi(x) = A\cos(kx) + B\sin(kx) \tag{5.25}$$

其中常数 A 和 B 是由边界条件确定。

如 4.3 节所述，常数 k 表示该区域的波数，通过 $k=2\pi/\lambda$ 可以确定量子波函数 $\psi(x)$ 的波长。使用第 4 章中关于能量和波数的曲率的逻辑，等式（5.24）表明，粒子的总能量 E 越大，粒子波函数在有限矩形阱中随 x 振荡的速度就越快。

在势阱左右的区域，势能 $V(x)=V_0$ 大于总能量 E，因此 $E-V_0$ 为负，这些是经典禁止区域。在这些区域中，TISE（等式（4.7））可以写成

$$\frac{\mathrm{d}^2[\psi(x)]}{\mathrm{d}x^2}=-\frac{2m}{\hbar^2}(E-V_0)\psi(x)=+\kappa^2\psi(x) \qquad (5.26)$$

其中定义常数 κ 为

$$\kappa\equiv\sqrt{\frac{2m}{\hbar^2}(V_0-E)} \qquad (5.27)$$

4.3 节还解释了常数 κ 是一个“衰变常数”，它决定了波函数在经典禁止区域中趋于零的速率。同时，等式（5.27）指出，κ 与 V_0-E 的平方根成正比，而且势能 V_0 比总能量 E 越大，衰变常数 κ 就越大，波函数在 x 上衰减得就越快（如果像无限矩形阱的情况一样，有 $V_0=\infty$，那么衰变常数为无穷大，波函数的振幅在阱的边界处衰减为零）。

等式（5.26）的通解为

$$\psi(x)=C\mathrm{e}^{\kappa x}+D\mathrm{e}^{-\kappa x} \qquad (5.28)$$

其中常数 C 和 D 由边界条件所确定。

甚至在应用边界条件之前，就可以确定有限矩形阱外区域的常数 C 和 D。将阱左边 $(x<-a/2)$ 的区域Ⅰ中的这些常数称为 C_{left} 和 D_{left}，除非在该区域中 D_{left} 为零，否则等式（5.28）的第二项 $(D_{\text{left}}e^{-\kappa x})$ 将变为无穷大。同样，将阱右边 $(x>a/2)$ 的区域Ⅲ中的这些常数称为 C_{right} 和 D_{right}，除非在该区域中 C_{right} 为零，否则等式（5.28）的第一项 $(C_{\text{right}}\mathrm{e}^{\kappa x})$ 将变为无穷大。

因此，在区域Ⅰ中 $\psi(x)=C_{\text{left}}\mathrm{e}^{\kappa x}$，其中 x 为负；在区域Ⅲ中，$\psi(x)=D_{\text{right}}\mathrm{e}^{-\kappa x}$，其中 x 为正。而且由于势能函数 $V(x)$ 关于 $x=0$ 对称，这意味着波函数 $\psi(x)$ 在 x 上要么为奇函数要么为偶函数（不仅在势阱内），那么，对于偶解，C_{left} 必须等于 D_{right}，而对于奇解，C_{left} 必须等于 $-D_{\text{right}}$。所以对于偶解，可以得到 $C_{\text{left}}=D_{\text{right}}=C$；对于奇解，可以得到 $C_{\text{left}}=C$ 和 $D_{\text{right}}=-C$。

关于波函数 $\psi(x)$ 的这些结论总结在下表中，该表还显示了在三个区域中波函数的一阶空间导数 $\frac{\partial\psi(x)}{\partial x}$。

区域	Ⅰ	Ⅱ	Ⅲ
表现	渐逝	振荡	渐逝
$\psi(x)$:	$C\mathrm{e}^{\kappa x}$	$A\cos(kx)$ 或 $B\sin(kx)$	$C\mathrm{e}^{-\kappa x}$ 或 $-C\mathrm{e}^{-\kappa x}$
$\frac{\partial\psi(x)}{\partial x}$:	$\kappa C\mathrm{e}^{\kappa x}$	$-kA\sin(kx)$ 或 $kB\cos(kx)$	$-\kappa C\mathrm{e}^{-\kappa x}$ 或 $\kappa C\mathrm{e}^{-\kappa x}$

当阱内和阱外都有波函数 $\psi(x)$ 时，就可以在有限矩形阱的左边界 $(x=-a/2)$ 和右边界 $(x=a/2)$ 应用边界条件。与无限

矩形阱的情况一样，边界条件的应用直接导致阱内粒子的能量 E 和波数 k 的量子化。

首先考虑偶解，使其与 $\psi(x)$ 在阱的左边界的振幅相等，可以得到

$$Ce^{\kappa\left(-\frac{a}{2}\right)} = A\cos\left[k\left(-\frac{a}{2}\right)\right] \tag{5.29}$$

然后与左墙的斜率（一阶空间导数）相等，可以得到

$$\kappa Ce^{\kappa\left(-\frac{a}{2}\right)} = -kA\sin\left[k\left(-\frac{a}{2}\right)\right] \tag{5.30}$$

如果现在用等式（5.30）除以等式（5.29），(形成一个称为对数导数的量，即 $\dfrac{1}{\psi}\dfrac{\partial\psi}{\partial x}$)，那么可以得到

$$\frac{\kappa Ce^{\kappa\left(-\frac{a}{2}\right)}}{Ce^{\kappa\left(-\frac{a}{2}\right)}} = \frac{-kA\sin\left[k\left(-\frac{a}{2}\right)\right]}{A\cos\left[k\left(-\frac{a}{2}\right)\right]} \tag{5.31}$$

或

$$\kappa = -k\tan\left(-\frac{ka}{2}\right) = k\tan\left(\frac{ka}{2}\right) \tag{5.32}$$

两边同时除以波数 k，可以得到

$$\frac{\kappa}{k} = \tan\left(\frac{ka}{2}\right) \tag{5.33}$$

这是波函数 $\psi(x)$ 的振幅和斜率必须在区域间的边界上连续的数学表达式。

要理解这个等式为什么会导致波数和能级的量子化，回想

一下，TISE 表明常数 κ 决定了渐逝区中（Ⅰ和Ⅲ）$\psi(x)$ 的曲率（也就是衰减率），还表明衰变常数 κ 与 V_0-E 的平方根成正比。还要注意，V_0-E 给出了粒子能级和势阱顶部之间的差值。因此，在 $x=-a/2$ 和 $x=a/2$ 处的势阱边界的渐逝侧，$\psi(x)$ 的值及其斜率由阱中粒子能级的“深度”所决定。

现在考虑振荡区域的波数 k。从薛定谔方程中可以知道，k 决定了 $\psi(x)$ 在振荡区域 (Ⅱ) 的曲率（也就是振荡的空间率），而且还知道 k 与能量 E 的平方根成正比。但是由于在势阱底部 $V(x)=0$，所以 E 只是粒子的能级和阱底部的差。因此，在势阱边界内的 $\psi(x)$ 值及其斜率由阱中粒子能级的“高度”决定。

这个逻辑推理的结论是：只有特定的能量值（即粒子能级的深度与高度的特定比）能使 $\psi(x)$ 及其一阶导数 $\frac{\partial\psi(x)}{\partial x}$ 在有限势阱的边界上连续。对于偶解，这些比率由等式（5.33）给出。在阱的边界匹配或不匹配斜率的波函数草图如图 5.10 所示。

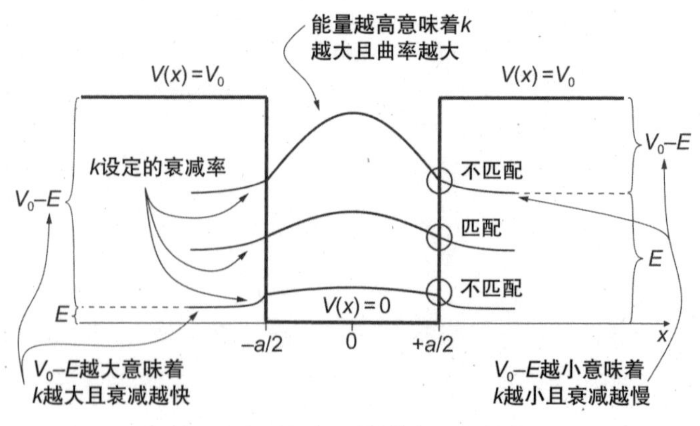

图 5.10　在有限势阱中匹配斜率

不幸的是，等式（5.33）是一个**超越方程**[⊖]，即不能解析地求解。但只要稍加思考（或者冥想），就可以用数值或图形方法来求解这个方程。数值方法本质上是试错法，最好使用一个聪明的算法来帮助你有效地猜测。大多数量子教材使用某种形式的图形法来求解等式（5.33）（即求解有限矩形阱的能级），所以应该确保理解这个求解过程。

考虑一个简单的超越方程，即

$$\frac{x}{4}=\cos(x) \tag{5.34}$$

这个方程的解可以从图 5.11 中得到。可以看到，把方程两边的图像都画在同一张图上，即将函数 $y(x)=\frac{x}{4}$（等式（5.34）的左边）和函数 $y(x)=\cos(x)$（等式（5.34）的右边）的图像画在同一组数轴上。这张图清楚地说明了方程的解：只需找到图像相交点的 x 值，因为在这些位置上，$\frac{x}{4}$ 一定等于 $\cos(x)$。在本例中，这些值接近于 $x=-3.595$、$x=-2.133$ 和 $x=+1.252$，把它们代入等式（5.34），可以验证这些值是否满足方程（在处理任何除三角函数之外的角度时，必须使用弧度制的 x，例如等式（5.34）中的 $x/4$）。

等式（5.33）的情况要复杂一些，但过程是一样的：在同一张图上画出等式两边的图像，然后寻找图像的交点。在许多量子教材中，为了简化超越方程中的项，一些变量被组合并重新命名，但这可能会导致学生忽略等式背后的物理意义。因

⊖ 超越方程是一个包含超越函数的方程，如三角函数或指数函数。

此，在展示最常见的变量替换和解释组合变量的确切含义之前，有必要先看看几个具有特定宽度和深度的有限势阱的图形解。

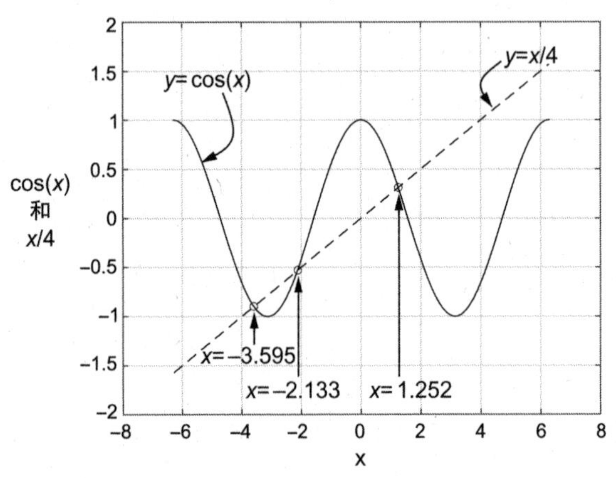

图 5.11　超越方程 $\frac{x}{4}=\cos(x)$ 的图形解

在图 5.12 中，可以看到三个有限矩形阱的图形解过程，它们的宽度均为 $a=2.5\times10^{-10}$m，势能 V_0 分别为 2、60 和 160eV。将等式（5.33）两边的图像（三个不同的势阱）画在同一张图上，乍一看可能会让人望而却步，但是如果逐个考虑，就能理解它。

在该图中，三条实曲线表示三个不同的 V_0 的比值 κ/k。如果不确定为什么不同的 V_0 会产生不同的曲线，记住，等式（5.27）表明 κ 依赖于 V_0，因此对于给定的 k 值，势能 V_0 更大的阱，κ/k 也就更大。但是每一个阱都有一个 V_0 与之对应，那每一条曲线是如何变化的呢？答案在 κ/k 的分母中，因为这个图的横轴表示 $ka/2$ 的范围（即波数 k 乘以阱的半宽 $a/2$）。当

$ka/2$ 从略高于 0 增加到大约 3π 时，由于分母越来越大，比值 κ/k 就减小了[⊖]。

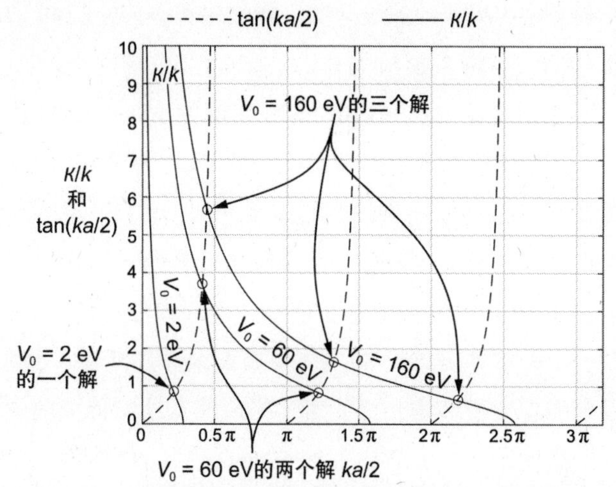

图 5.12　三个 V_0 值的有限位势阱图形解（偶情况）

那总能量 E 在图上的什么位置？记住，这个图是用来求出这三个阱深的允许能量的（即 $\psi(x)$ 在阱边界外的振幅和斜率与在边界内的振幅和斜率相匹配的能量）。为了求出能量 E 的允许值，希望每个阱的 κ/k 曲线都通过能量范围内的能量值，这样就可以找到曲线与 $\tan(ka/2)$ 相交的位置（如果有的话），如图 5.12 中的虚线所示。那么，可以确定这些位置会满足等式（5.33）。

这就解释了为什么横轴表示 $ka/2$：根据等式（5.24），波数 k 与能量 E 的平方根成正比，因此 $ka/2$ 的范围等于能量值

⊖ 图像不能从 $ka/2=0$ 开始，因为这会使 κ/k 无穷大。

的范围。因此，三条实曲线表示能量范围内的比值 κ/k，可以通过 $ka/2$ 的范围求出这些能量，稍后将讲解此内容。

在确定图中表示的能量之前，我们先看一下表示 $V_0=160\text{eV}$ 的 κ/k 的曲线，这条曲线与 $\tan(ka/2)$ 的曲线在三个地方相交。因此，对于宽度为 $a=2.5\times10^{-10}\text{m}$，深度为 160eV 的有限势阱，存在三个离散的波数 k，其中偶波函数 $\psi(x)$ 的振幅和斜率在阱的边界是连续的（即它们满足边界条件）。而且三个离散的波数 k 意味着三个离散的能量 E，且都满足等式（5.24）。

看图 5.12 中的另外两条实曲线，还应该注意到 2-eV 有限阱只有一个允许能级，而 60-eV 阱有两个允许能级。因此，更深的阱可能支持更多的允许能级，但请注意这句话中的“可能”一词。如图所示，当 κ/k 的曲线与 $\tan(ka/2)$ 的附加周期的曲线相交时，会出现超越方程的附加解。任意增加阱的深度都会使 κ/k 曲线向上移动，但如果该移动并不足以与下一条 $\tan(ka/2)$ 曲线（或 $-\cot(ka/2)$ 奇解曲线，本节稍后会介绍）产生另一个交点，那么允许的能级数不会改变。因此，一般来说，较深的阱支持更多的允许能量（记住无限势阱有无限多个允许能量），但要知道给定的阱支持多少能级，唯一的方法就是求解薛定谔方程奇偶解的超越方程。

为了利用等式（5.24）求出 160-eV 有限阱的三个允许能量，除了需要知道阱的宽度 a 之外，还需要知道粒子的质量 m。在这张图中，粒子的质量为一个电子的质量 $(m=9.11\times10^{-31}\text{kg})$。通过等式（5.24）解出 E，可以得到

$$\sqrt{\frac{2m}{\hbar^2}E} = k$$

或

$$E = \frac{\hbar^2 k^2}{2m} \tag{5.35}$$

由于横轴上的值表示的是 $ka/2$ 而不是 k，因此可以用 $ka/2$ 的项表示该等式：

$$E = \frac{\hbar^2\left(\frac{ka}{2}\right)^2\left(\frac{2}{a}\right)^2}{2m} = 2\frac{\hbar^2\left(\frac{ka}{2}\right)^2}{ma^2} \tag{5.36}$$

因此，对于图 5.12 所示的大约 0 到 3π 的 $ka/2$ 范围内，图中的能量范围从 $E=0$ 到

$$E = 2\frac{\hbar^2(3\pi)^2}{ma^2} = 2\frac{(1.0546\times10^{-34}\ \mathrm{Js})^2(3\pi)^2}{(9.11\times10^{-31}\ \mathrm{kg})(2.5\times10^{-10}\ \mathrm{m})^2}$$
$$= 3.47\times10^{-17}\ \mathrm{j} = 216.6\ \mathrm{eV}$$

知道了如何将 $ka/2$ 的值转换为能量值，就可以执行最后一步——确定有限势阱的允许能级。这一步要读取 κ/k 和 $\tan(ka/2)$ 每个曲线交点的 $ka/2$ 值，可以通过将一条垂直线放置于横轴 $ka/2$ 来完成，如图 5.13 中 $V_0=160-\mathrm{eV}$ 曲线所示。在这种情况下，交点出现在 0.445π、1.33π 和 2.18π 的 $ka/2$ 值处（即满足等式 $\kappa/k=\tan(ka/2)$）。将这些值代入等式（5.36），可以得到允许能量值，分别为 4.76eV、42.4eV 和 114.3eV。

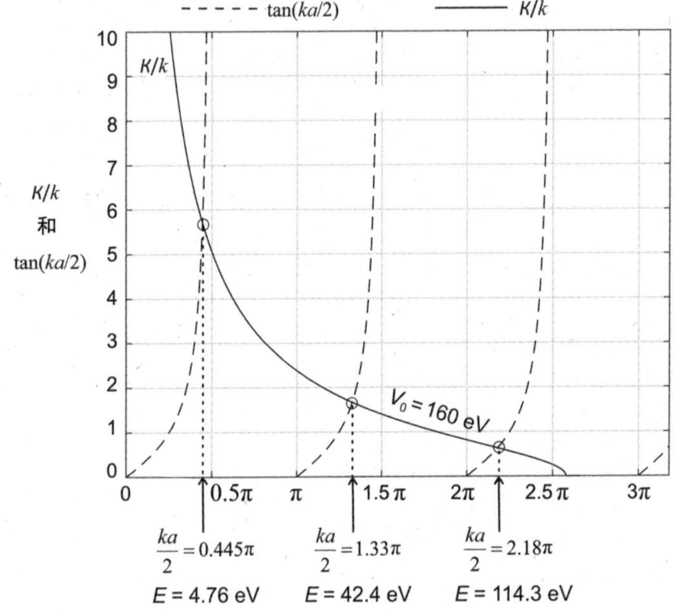

图 5.13　160 – eV 有限势阱（偶情况）的 $ka/2$ 和 E 的解值

幸运的是，这些值中没有一个值大于阱的深度 ($V_0 = 160\text{eV}$)，因为对于一个限制在有限矩形阱中的粒子来说，E 必须小于 V_0。将这些能量与无限矩形阱的允许能量进行比较，在上一节中已经给出

$$E_n = \frac{k_n^2 \hbar^2}{2m} = \frac{n^2 \pi^2 \hbar^2}{2ma^2} \qquad (5.7)$$

将 $m = 9.11\times10^{-31}\text{kg}$ 和 $a = 2.5\times10^{-10}\text{m}$ 代入该等式，可以得到最低的六个能级（$n = 1$ 到 $n = 6$）：

$E_1^\infty = 6.02\ \text{eV}$　　$E_2^\infty = 24.1\ \text{eV}$　　$E_3^\infty = 54.2\ \text{eV}$

$$E_4^{\infty} = 96.3\text{ eV} \qquad E_5^{\infty} = 150.4\text{ eV} \qquad E_6^{\infty} = 216.6\text{ eV}$$

其中∞上标提醒我们，这些能级与无限矩形阱有关。

记住，到目前为止，只找到了有限矩形阱薛定谔方程偶解对应的能级。稍后将看到，求奇解的过程与求偶解的过程几乎是相同的，但在这之前，可以将有限阱的值与无限势阱的第一、第三和第五能级进行比较。由于有限阱的最低能级来自第一个偶解，那么在奇偶解之间交替的能级之后，有限矩形阱的偶解能级对应于无限矩形阱的奇数 ($n = 1,3,5\ldots$) 能级。

因此，将这个有限阱的基态能量 ($E = 4.8\text{eV}$) 与无限阱的 $n=1$ 能级的 $E_1^{\infty} = 6.02\text{eV}$ 相比，比值为 $4.8/6.02 = 0.8$，这意味着有限阱基态能量小于无限阱基态能量。将有限阱的下两个偶解能级与无限阱的 E_3^{∞} 和 E_5^{∞} 相比，得到比值分别为 $42.4/54.2 = 0.78$ 和 $114.3/150.4 = 0.76$。

通过比较图 5.10 所示的有限阱波函数和图 5.2 所示的无限阱波函数，就可以理解有限阱能级比对应的无限阱能级小的原因（通过图 5.20，可以看到更多的有限阱波函数）。如 5.1 节所述，在无限阱的情况下，波函数在阱的边界必须具有零振幅，以便与阱外的零振幅波函数相匹配。但是在有限阱的情况下，波函数在阱的边界可能有非零值，那么在此处，它们必须与在渐逝区域的指数衰减的波函数相匹配。这意味着有限阱波函数比对应的无限阱波函数具有更长的波长，而且波长越长，意味着波数 k 越小，能量 E 也越小。所以有限势阱中特定粒子的能级比同等宽度无限阱中同样的粒子的能级要小。

当考虑有限势阱和对应的无限势阱之间的能级差时，应该注意不要忽略另一个重要的区别：有限势阱有有限个允许能级，而无限势阱有无穷个允许能级。在本节后面我们会看到，每一个有限势阱都至少有一个允许能级，而允许能量的总数取决于阱的深度和宽度。

在图 5.12 中我们已经看到了改变阱深对允许能量数的影响，其中 2-eV 阱的偶解数量是一个，60-eV 阱的是两个，以及 160-eV 阱的是三个。这三个阱虽然宽度相同 $(a=2.5\times10^{-10}\text{m})$，但深度不同。但是你可能想知道在给定深度下改变有限势阱的宽度对允许能量数的影响。

这种影响可以在图 5.14 中看到，它显示了三个有限阱的偶解。三个阱的深度均为 2eV，但阱宽分别为 $a=2.5\times10^{-10}\text{m}$、$a=10\times10^{-10}\text{m}$ 和 $a=25\times10^{-10}\text{m}$。

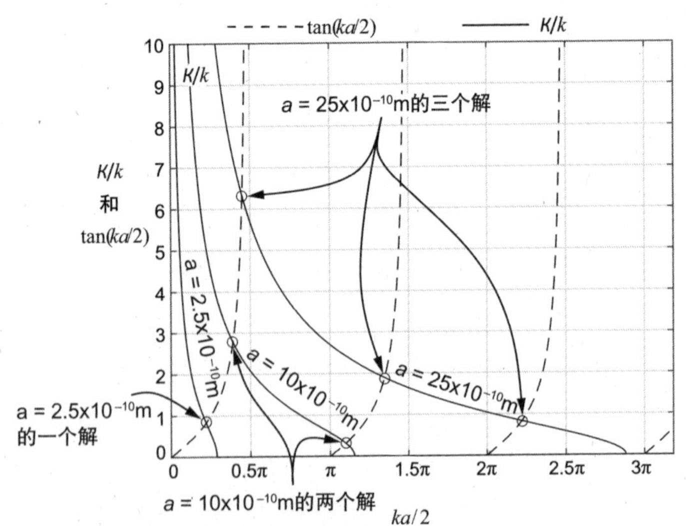

图 5.14　$V_0=2\text{eV}$ 的有限矩形阱宽度变化的影响

如图所示，对于深度相同的有限矩形阱，较宽的阱可以支持更多的允许能级。但是，前面增加阱深的额外讨论也适用于增加阱宽，只有当 κ/k 曲线和偶解 $\tan(ka/2)$ 或奇解 $-\cot(ka/2)$ 的曲线产生额外的交点时，增加的宽度才会增加允许能级数。

现在讨论有限势阱超越方程的奇解情形，但是在讨论这个之前，应该考虑这个方程的另一种形式，这种形式在一些量子教材中有被使用过，就是将等式（5.33）的两边同时乘以 $ka/2$：

$$\frac{ka}{2}\frac{\kappa}{k}=\frac{ka}{2}\tan\left(\frac{ka}{2}\right)$$

或

$$\frac{a}{2}\kappa=\frac{ka}{2}\tan\left(\frac{ka}{2}\right) \tag{5.37}$$

图 5.15 显示了该乘法因子的影响。表示左侧函数 $\frac{a}{2}\kappa$ 的曲线是以原点为中心的圆，右侧函数 $\frac{ka}{2}\tan\left(\frac{ka}{2}\right)$ 的曲线是原始方程（等式（5.33））$\tan(ka/2)$ 曲线的缩放情形。

要理解函数 $\frac{a}{2}\kappa$ 在横轴上用 $ka/2$ 作图时为什么会产生圆，回想一下，波数 k 和总能量 E 是通过下式联系起来的

$$k\equiv\sqrt{\frac{2m}{\hbar^2}E} \tag{5.24}$$

和

$$E=2\frac{\hbar^2\left(\frac{ka}{2}\right)^2}{ma^2} \tag{5.36}$$

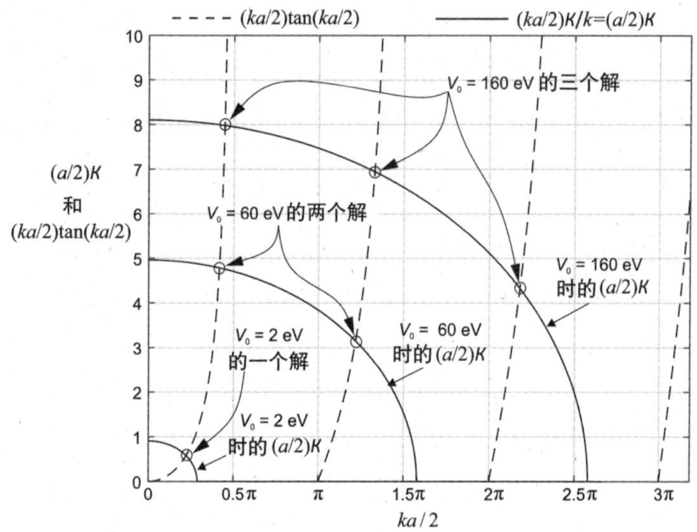

图 5.15　有限势阱交替图形解（偶情况）

现在定义参考波数 k_0，如果粒子的总能量为 V_0（换句话说，如果粒子的能量正好位于有限势阱的顶部），则该粒子的波数为：

$$k_0 \equiv \sqrt{\frac{2m}{\hbar^2} V_0} \tag{5.38}$$

这意味着

$$V_0 = \frac{\hbar^2 k_0^2}{2m} = 2\frac{\hbar^2 \left(\frac{k_0 a}{2}\right)^2}{ma^2} \tag{5.39}$$

回想一下，κ是由下式定义的

$$\kappa \equiv \sqrt{\frac{2m}{\hbar^2}(V_0 - E)} \tag{5.27}$$

所以代入等式（5.36）和等式（5.39）的 E 和 V_0 的表达式，可以得到

$$\kappa = \sqrt{\frac{2m}{\hbar^2}\left(2\frac{\hbar^2\left(\frac{k_0a}{2}\right)^2}{ma^2} - 2\frac{\hbar^2\left(\frac{ka}{2}\right)^2}{ma^2}\right)} = \sqrt{\frac{4}{a^2}\left[\left(\frac{k_0a}{2}\right)^2 - \left(\frac{ka}{2}\right)^2\right]}$$

或

$$\frac{a}{2}\kappa = \sqrt{\left(\frac{k_0a}{2}\right)^2 - \left(\frac{ka}{2}\right)^2} \tag{5.40}$$

这个等式的左边是超越方程（等式（5.37））修正形式的左边，而且这个等式的形式是半径 R 的圆：

$$x^2 + y^2 = R^2$$
$$y = \sqrt{R^2 - x^2}$$

因此，在 y 轴上画出 $\frac{a}{2}\kappa$，在 x 轴上画出 $\frac{ka}{2}$，就得到半径为 $\frac{k_0a}{2}$ 的圆，如图 5.15 所示。

如果比较图 5.15 和图 5.12 中曲线的交点，会发现交点的值为 $ka/2$，因此它们允许的波数 k 和能量 E 是相同的，这是令人欣慰的，但也提出了一个问题，为什么要为超越方程的另一种形式而烦恼？答案是，一些流行的量子教材使用变量替换来求出有限势阱的解，而使用这种修正形式的超越方程会更容易理解。变量替换将在本章后面解释，因此读者可以自己决定哪种形式更有用。

求有限势阱薛定谔方程奇解的允许能级的过程与本节前面

求偶解的允许能量的方法非常相似。

与偶解情况一样，首先在阱的左边界 $(x=-a/2)$ 写出波函数振幅的连续性：

$$Ce^{\kappa\left(-\frac{a}{2}\right)}=B\sin\left[k\left(-\frac{a}{2}\right)\right] \tag{5.41}$$

然后使其等于一阶空间导数，对波函数的斜率做同样的处理：

$$\kappa Ce^{\kappa\left(-\frac{a}{2}\right)}=kB\cos\left[k\left(-\frac{a}{2}\right)\right] \tag{5.42}$$

与偶解情况一样，将连续空间导数（等式（5.42））除以连续波函数（等式（5.41）），得到

$$\frac{\kappa Ce^{\kappa\left(-\frac{a}{2}\right)}}{Ce^{\kappa\left(-\frac{a}{2}\right)}}=\frac{kB\cos\left[k\left(-\frac{a}{2}\right)\right]}{B\sin\left[k\left(-\frac{a}{2}\right)\right]} \tag{5.43}$$

或

$$\kappa=k\cot\left(-\frac{ka}{2}\right)=-k\cot\left(\frac{ka}{2}\right) \tag{5.44}$$

等式两边同时除以 k，可以得到

$$\frac{\kappa}{k}=-\cot\left(\frac{ka}{2}\right) \tag{5.45}$$

这是超越方程（等式（5.33））的奇解情形。注意，这个等式的左边与偶解情况相同，但是右边是 $ka/2$ 的负余切，而不是正切。

等式（5.45）的图形解如图 5.16 所示。如我们所见，在这种情况下，表示负余切函数的虚线与在偶解情况下表示正正切函数的线相比，沿横轴平移了 $\pi/2$。

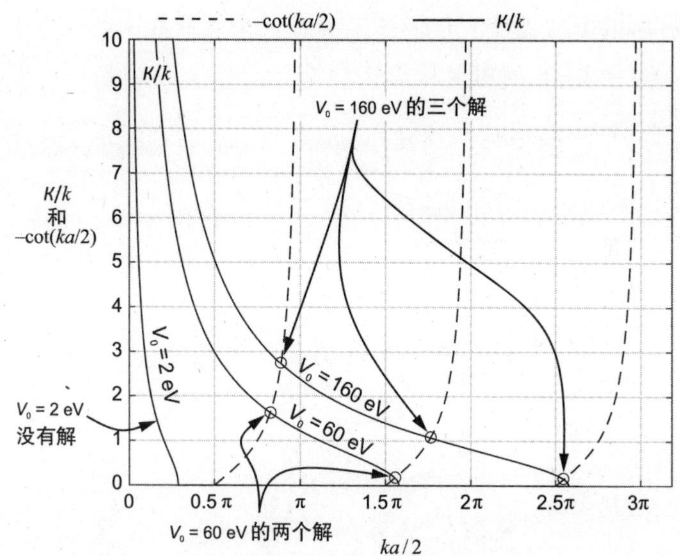

图 5.16　三个 V_0 值的有限势阱图形解（奇情况）

对于奇解的情况，也可以得到超越方程的另一种形式，如图 5.17 所示。正如预期的那样，允许的波数和能级与使用超越方程原始形式发现的波数和能级是相同的。

图 5.16 或图 5.17 的奇解与图 5.12 或图 5.15 的偶解之间的一个显著区别是 $V_0 = 2\text{eV}$ 势阱缺少奇解，这是负余切曲线相比于偶解情况的正切曲线向右平移 $\pi/2$ 的一个结果。在偶解情况下，$ka/2=0$ 到 $\pi/2$ 的曲线从原点开始，向上向右延伸，因此，无论阱有多浅、多窄（也就是说，无论 V_0 和 a 有多小），它的 κ/k 曲线都必须穿过 $\tan(ka/2)$ 曲线，因此每个有限矩形阱都保证支持至少一个偶解。但在奇解情况下，$-\cot(ka/2)$ 曲线在 $ka/2=0.5\pi$ 处穿过横轴，这意味着浅（小 V_0）和窄（小 a）

的势阱的 κ/k 曲线有可能在不穿过负余切曲线的情况下到达 $k=0$（在 $E=V_0$ 时出现）。

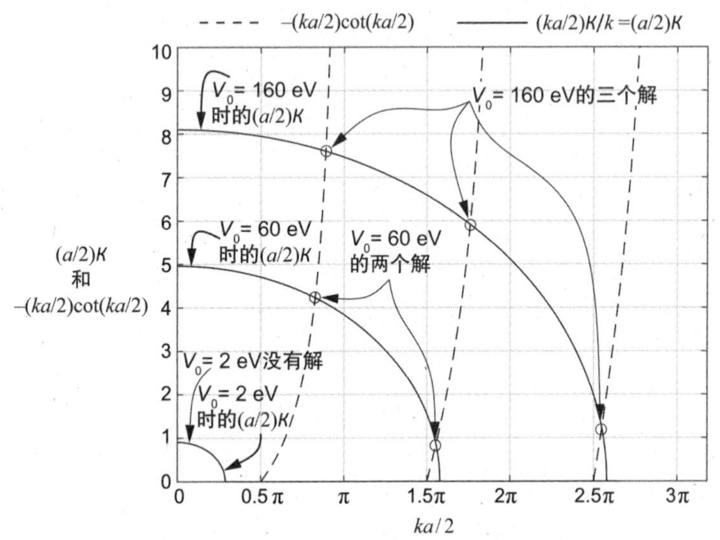

图 5.17　有限势阱交替图形解（奇情况）

那么在物理上，是什么保证充分浅和充分窄的势阱至少有一个偶解，却不允许有奇解呢？为了理解这一点，考虑能量最低（因此曲率最低）的偶波函数。基态波函数从阱的左边界延伸到右边界时几乎都是平坦的，且每处的斜率都很小，如图5.18中的偶函数曲线所示。在阱的边界，这个小斜率必须与渐逝区域的衰减指数函数相匹配，这意味着衰变常数 κ 必须是一个很小的值。而且由于 κ 与 V_0-E 的平方根成正比，因此总能找到一个能量 E，其值与 V_0 足够接近，从而导致空间衰变率（由 κ 值确定）与波函数在阱内各边界的小斜率相匹配。

奇解的情况就大不相同了，如图 5.18 中的奇函数曲线所示。这个阱的深度只有 2 eV，宽度为 2.5×10^{-10}m，这意味着任何被限制在该阱中的粒子的能量 E 必须不大于 2 eV，因此曲率会很小。但是 E 值很小而导致曲率小，这意味着奇解波函数在阱中心（所有奇波函数都必须穿过）和阱边界之间没有"翻转"的空间。所以，阱内振荡波函数的斜率和渐逝区域的衰减波函数的斜率是不可能匹配的。

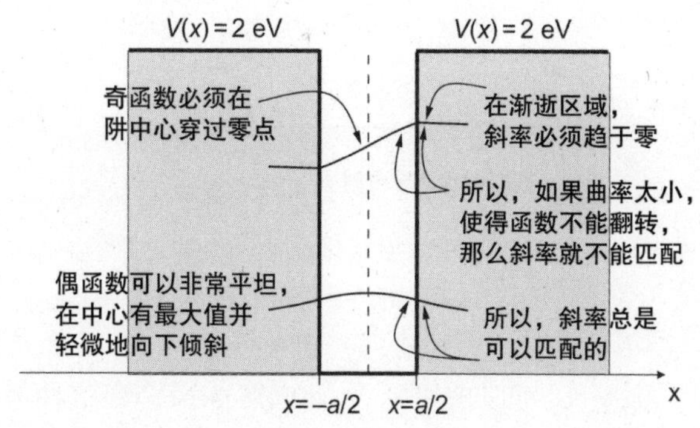

图 5.18　一个浅、窄势阱仅支持一个偶解

因此，宽度为 $a = 2.5\times10^{-10}$m 的 2−eV 有限矩形阱可以支持一个偶解，但不支持奇解。但是，如果增加阱宽，即使是浅阱，也可能出现奇解，如图 5.19 所示。

可以把缺少奇解看作 κ / k 曲线不与负余切曲线相交，或者是奇波函数在阱内边界的斜率与指数衰减波函数在阱外边界的斜率不匹配。不管怎样，"小"或"弱"的势阱（即浅或窄的有限势阱）可能不支持任意奇解，但它们总是支持至少一个偶解。

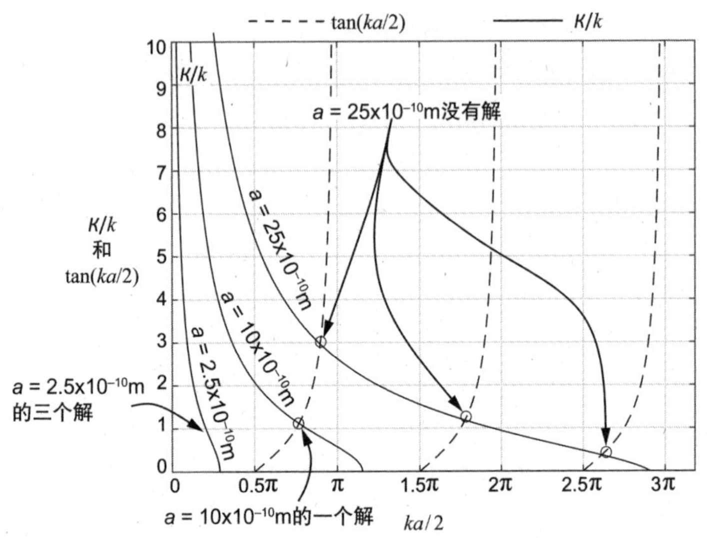

图 5.19 有限矩形阱宽度变化对 $V_0=2\,\text{eV}$ 奇解的影响

为了确定前面三个势阱的允许波数和能量（势能 $V_0=2\,\text{eV}$ 、$60\,\text{eV}$ 或 $160\,\text{eV}$ ），可以使用图 5.16 或图 5.17。在这种情况下，交点出现在 $ka/2$ 值为 0.888π 、 1.76π 和 2.55π 的地方。将这些值代入等式（5.36），得到允许能量值为 $19.0\,\text{eV}$ 、 $74.6\,\text{eV}$ 和 $156.3\,\text{eV}$ 。

如前所述，在相同宽度的无限矩形阱中，同一粒子对应的能级分别为 $E_2^{\infty}=24.1\,\text{eV}$ 、 $E_4^{\infty}=96.3\,\text{eV}$ 和 $E_6^{\infty}=216.6\,\text{eV}$ 。所以对于偶解， $160-\text{eV}$ 有限阱的能级是相应无限阱能量的 70% 到 80% 。

图 5.20 显示了 $V_0=160\,\text{eV}$ 、宽度 $a=2.5\times10^{-10}\,\text{m}$ 的有限势阱的所有六个允许能级的波函数。

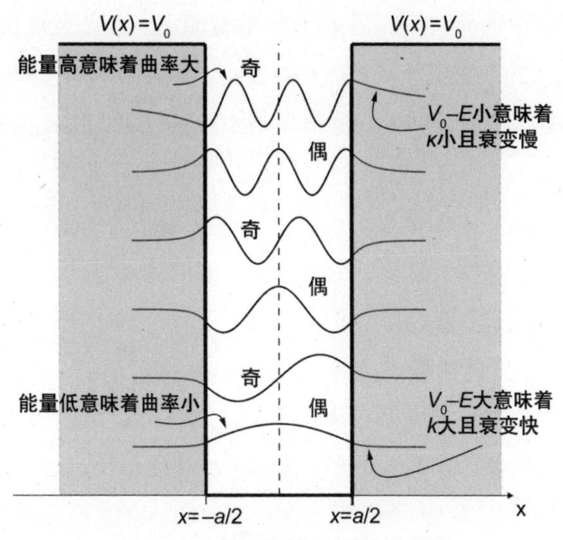

图 5.20　有限势阱的交替奇偶解

如我们所见，基态波函数是一个曲率小的偶函数（由于 E 值很小，意味着波数 k 很小），并且在渐逝区域快速衰减（由于 V_0-E 值很大，意味着衰变常数 κ 很大）。五个允许激发态的波函数在奇偶之间交替，随着能量 E 和波数 k 的增加，曲率变大，这意味着阱内有更多的周期。但能量 E 越大意味着 V_0-E 的值越小，因此衰变常数 κ 减小，而衰变速率越小意味着更大程度地穿透经典禁止区域。

关于有限势阱的最后一个内容是本节前面提到的变量替换。如果你打算读一本关于量子力学的综合教材，那么有必要花点时间来理解这个过程，因为变量替换或者它的一些变形是很常见的。但是，如果已经通读了本节的内容，那么这种替换应该不会给你造成困难，因为它涉及在前面讨论中起重要作用的量。

主要的替换如下：设一个新的变量 z，定义为波数 k 与势阱半宽 $a/2$ 的乘积，因此 $z \equiv ka/2$ 。z 实际上表示什么？因为根据等式 $k = 2\pi/\lambda$ 可知，波数 k 与波长 λ 有关，因此乘积 $ka/2$ 表示半宽 $a/2$ 内的波长数，并通过 2π 转换为弧度。例如，如果势阱的半宽 $a/2$ 等于一个波长，则 $z = ka/2$ 的值为 2π 弧度；如果 $a/2$ 等于两个波长，则 $z = ka/2$ 的值为 4π 弧度，所以弧度制的 z 与波长的阱宽成正比。

理解 z 和总能量 E 之间的关系也是很有用的。利用波数 k 和总能量 E 之间的关系（等式（5.24）），可以用能量来表示变量 z

$$z \equiv k\frac{a}{2} = \left(\sqrt{\frac{2m}{\hbar^2}E}\right)\frac{a}{2} \tag{5.46}$$

解出 E，可得

$$E = \left(\frac{2}{a}\right)^2\left(\frac{\hbar^2}{2m}\right)z^2 \tag{5.47}$$

将 z 的表达式代入偶解超越方程 $\kappa/k = \tan(ka/2)$（等式（5.33）），可以得到

$$\frac{\kappa}{\frac{2}{a}z} = \tan(z) \tag{5.48}$$

这似乎没有多大的改进，但是如果对 κ 也做类似的变量替换，那么使用 z 的优势就变得很明显了。为此，首先将变量 z_0 定义为参考波数 k_0 与阱半宽的乘积：

$$z_0 \equiv k_0 a/2 \tag{5.49}$$

回想一下，等式（5.38）定义的参考波数 k_0 为能量 E 等于有限势阱的深度为 V_0 的粒子的波数。这意味着 z_0 可以用阱深 V_0 来表示：

$$z_0 = \frac{k_0 a}{2} = \sqrt{\frac{2m}{\hbar^2} V_0} \frac{a}{2} \tag{5.50}$$

解出 V_0，可以得到

$$V_0 = \left(\frac{2}{a}\right)^2 \left(\frac{\hbar^2}{2m}\right) z_0^2 \tag{5.51}$$

现在将 E 和 V_0 的表达式（等式（5.47）和等式（5.51））代入 κ 的定义式（等式（5.27））：

$$\kappa = \sqrt{\frac{2m}{\hbar^2}(V_0 - E)} = \sqrt{\frac{2m}{\hbar^2}\left[\left(\frac{2}{a}\right)^2 \left(\frac{\hbar^2}{2m}\right) z_0^2 - \left(\frac{2}{a}\right)^2 \left(\frac{\hbar^2}{2m}\right) z^2\right]}$$

$$= \sqrt{\frac{4}{a^2}(z_0^2 - z^2)} = \frac{2}{a}\sqrt{z_0^2 - z^2}$$

最后用该表达式替换等式（5.48）中的 κ。替换后可以得到

$$\frac{\kappa}{\frac{2}{a}z} = \frac{\frac{2}{a}\sqrt{z_0^2 - z^2}}{\frac{2}{a}z} = \tan(z)$$

或

$$\sqrt{\frac{z_0^2}{z^2} - 1} = \tan(z) \tag{5.52}$$

偶解超越方程的这种形式完全等同于等式（5.33），可能在其他量子教材中也遇到过这种形式。在处理这个方程时，记住 z 是粒子总能量的测量 ($z \propto \sqrt{E}$)，z_0 与阱的深度有关 ($z_0 \propto \sqrt{V_0}$)。所以对于给定的质量 m 和阱宽 a，能量越大则 z 越大，阱越深则 z_0 越大。

用图形解求解该方程的过程与前面描述的过程相同，可以在图 5.21 中看到三个 z_0 值的图形解的例子。在该图中，表示 $\sqrt{\frac{z_0^2}{z^2}-1}$ 的曲线与图 5.12 中的 κ/k 曲线有相同的形状，并且因为 $z=ka/2$，所以表示 $\tan(z)$ 的虚线与 $\tan(ka/2)$ 曲线相同。

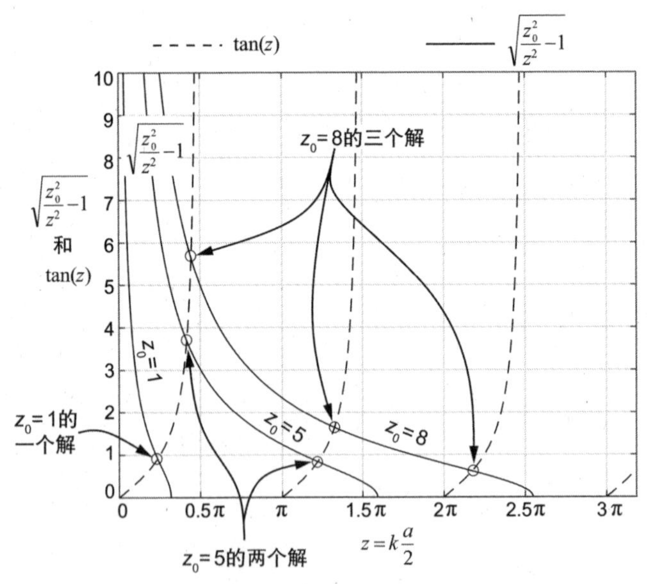

图 5.21　使用 z- 替换的有限阱偶图形解

如果想知道为什么图 5.21 选择用 z_0=1，5 和 8，请考虑将

这些 z_0 值转换为阱深 V_0 的结果，假设质量 m 和阱宽 a 与图 5.12 中使用的值相同，那么对于 z_0=1，等式（5.51）表明，V_0 为

$$V_0 = \left(\frac{2}{a}\right)^2 \left(\frac{\hbar^2}{2m}\right) z_0^2 = \left(\frac{2}{2.5 \times 10^{-10}\text{m}}\right)^2 \left(\frac{(1.06 \times 10^{-34}\text{JS})^2}{2(9.11 \times 10^{-31}\text{kg})}\right) (1)^2$$
$$= 3.91 \times 10^{-19}\ \text{J} = 2.4\ \text{eV}$$

对 $z_0 = 5$ 和 $z_0 = 8$ 进行相同的计算可以发现，对于给定的 m 和 a，$z_0 = 5$ 对应于 $V_0 = 61.0\ \text{eV}$，$z_0 = 8$ 对应于 $V_0 = 156.1\ \text{eV}$。因此，等式 z_0=1，5 和 8 对应于图 5.12 中使用的接近于 2 eV，60 eV 和 160 eV 的阱深，这并不意味着 z_0 仅限于整数值。选择 $z_0 = 0.906$，4.96 和 8.10 将使 V_0 值为 2.0,60.0 和 160.0 eV。

使用变量替换 $z = ka/2$ 和 $z_0 = k_0a/2$，可以很容易地得到该等式的另一种形式，该形式等价于等式（5.37）。对于这种形式，将等式（5.52）的两边同时乘以 z：

$$z\sqrt{\frac{z_0^2}{z^2} - 1} = z\tan(z)$$

或

$$\sqrt{z_0^2 - z^2} = z\tan(z) \tag{5.53}$$

这是等式（5.37）的“z 形式”，使用变量替换的优点之一就是可以容易地得到该结果。另一个优点是，这个等式的形式清楚地表明了曲线的圆形性质，该曲线是通过在垂直轴上绘制其左侧，用水平轴代表 z 生成的。

这些曲线如图 5.22 所示，它们使用了与之前相同的参数

（m 和 a）。如前所述，本图中使用的三个阱深值分别为 $z_0=1,5$ 和 8。

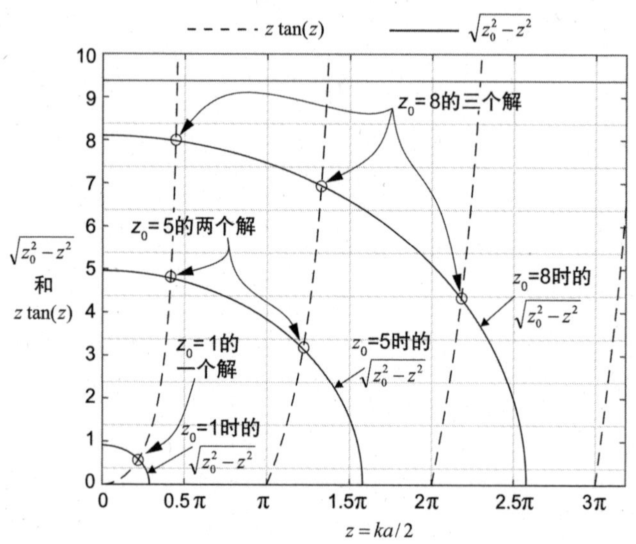

图 5.22　使用 z- 替换的有限势阱交替图形解（偶情况）

仔细比较图 5.21 和图 5.22 可以发现，表示偶解超越方程的左、右两边的曲线的相交处的 $z=ka/2$ 值是相同的，因此你可以随意使用任何你喜欢的形式。

你可能已经预料到，变量 $z=ka/2$ 和 $z_0=k_0a/2$ 的相同替换可以用于有限势阱的奇解。回想一下奇解的超越方程的右边是 $-\cot(ka/2)$ 而不是 $\tan(ka/2)$，将 z 和 z_0 替换代入等式（5.45）中，可以得到

$$\sqrt{\frac{z_0^2}{z^2}-1}=-\cot(z) \tag{5.54}$$

其图形解如图 5.23 所示。如预期的那样，等式左边表示 z_0 为 1、5 和 8 的三条曲线与对应的偶解曲线相同，但负余切曲线相对于偶解情况沿横 (z) 轴平移了 $\pi/2$ 。

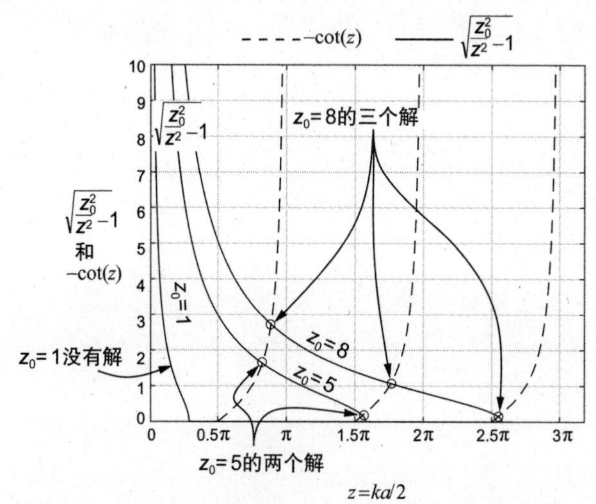

图 5.23　使用 z- 替换的有限势阱图形解（奇情况）

将等式（5.54）两边同时乘以 z，可以得到：

$$\sqrt{z_0^2 - z^2} = -z\cot(z) \tag{5.55}$$

其图形解如图 5.24 所示。

一般来说，求有限势阱的允许波函数和能级的过程比求无限势阱的要复杂一些，但这种复杂性使有限阱比无限阱更真实地反映了物理上可实现的条件。但是分段恒定势能的使用（这意味着除了在阱的边界，其他地方的力都为零）限制了有限阱模型的适用性。5.3 节将介绍一个势阱的例子，在这个例子中，势在阱中不是恒定的（意味着力是非零的），这个例子叫作量子谐振子。

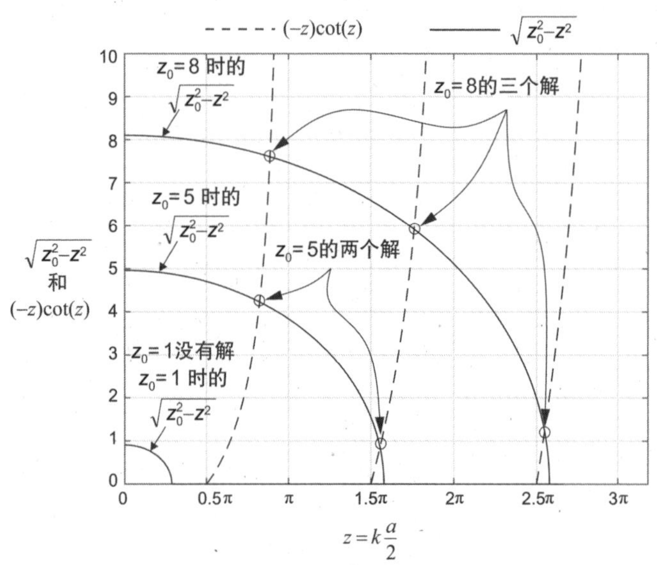

图 5.24 使用 z- 替换的有限势阱交替图形解（奇情况）

5.3 谐振子

量子**谐振子**值得我们注意，其中一个原因是，它提供了一个指导性的例子，该例子是前面章节的一些概念的应用。但是，在求量子谐振子问题的解时，除了应用以前见过的概念，还会看到如何使用一些技巧，这些技巧在一些问题中（例如无限和有限矩形阱的问题）是不必需的。这些技巧对于其他问题同样有用，因为谐振子的势能函数 $V(x)$ 是其他势能函数在势能最小值附近的合理近似。这意味着，虽然谐振子在这个处理中是理想化的，但它与现实世界中的若干结构有着密切的联系。

如果你已经有一段时间没有看过经典谐振子内容，那么可能需要花点时间来回顾系统表现的基础知识，例如一个附着在弹簧上的小块在无摩擦的水平面上滑动。在经典情况下，这类系统以恒定的总能量振荡，当它从平衡位置移动到运动方向的反方向的“拐点”时，势能和动能会不断转换。该物体的势能在平衡位置处为零，在弹簧被最大限度压缩或伸展的拐点处最大。反之，当物体通过平衡位置时，动能最大，当物体通过拐点时，动能为零。物体在平衡位置处移动最快，在拐点处移动最慢，这意味着在随机时间进行的位置测量更有可能在拐点附近产生结果，因为物体在拐点停留的时间更长。

我们将在本节中看到，量子谐振子与其经典谐振子的表现有很大的不同，但经典谐振子的多个方面都与量子谐振子有关。其中一个方面是势能的二次型，通常写成

$$V(x) = \frac{1}{2}kx^2 \tag{5.56}$$

其中，x 表示物体离平衡位置的距离，k 表示“弹簧常数”（物体离平衡位置每单位距离所受的力）。势能和位置之间的这种二次关系适用于任意随距离线性增加的回复力，即任意遵守 **Hooke 定律**的力：

$$F = -kx \tag{5.57}$$

其中负号表示力总是指向平衡点的方向（与平衡位移方向相

反)。通过将力写成势能的负梯度的形式，就可以看到 Hooke 定律和二次型势能之间的关系：

$$F=-\frac{\partial V}{\partial x}=-\frac{\partial\left(\frac{1}{2}kx^2\right)}{\partial x}=-\frac{2kx}{2}=-kx \tag{5.58}$$

经典谐振子的另一个有用结论是物体的运动是正弦的，角频率 ω 为

$$\omega=\sqrt{\frac{k}{m}} \tag{5.59}$$

其中 k 表示弹簧常数，m 表示物体的质量。

在图 5.25 中，可以看到谐振子的势能作为离平衡位置距离为 x 的函数（这是抛物线——将对图中的其他方面作简短的解释)。注意，当 $x\to\pm\infty$ 时，势能变为无穷大。正如在无限矩形阱中看到的那样，在势能无穷大的区域，波函数 $\psi(x)$ 的振幅必须为零，这为量子振子的波函数提供了边界条件。

与前几节的势阱一样，通过分离变量和求解 TISE（等式 (3.40)），可以求出量子谐振子的能级和波函数。对于量子谐振子，等式如下：

$$-\frac{\hbar^2}{2m}\frac{\mathrm{d}^2\psi(x)}{\mathrm{d}x^2}+\frac{1}{2}kx^2\psi(x)=E\psi(x) \tag{5.60}$$

在量子力学中，通常用角频率 ω（而不用弹簧常数 k）的项来表示等式和等式的解。从等式（5.59）解出 k，有 $k=m\omega^2$，将其代入与时间无关的薛定谔方程中，可以得到

$$\frac{\mathrm{d}^2\psi(x)}{\mathrm{d}x^2}-\frac{2m}{\hbar^2}\left[\frac{1}{2}m\omega^2x^2\psi(x)\right]=-\frac{2m}{\hbar^2}E\psi(x)$$

$$\frac{\mathrm{d}^2\psi(x)}{\mathrm{d}x^2}-\left[\frac{m^2\omega^2}{\hbar^2}x^2\psi(x)\right]+\frac{2m}{\hbar^2}E\psi(x)=0 \tag{5.61}$$

$$\frac{\mathrm{d}^2\psi(x)}{\mathrm{d}x^2}+\left[\frac{2m}{\hbar^2}E-\frac{m^2\omega^2}{\hbar^2}x^2\right]\psi(x)=0$$

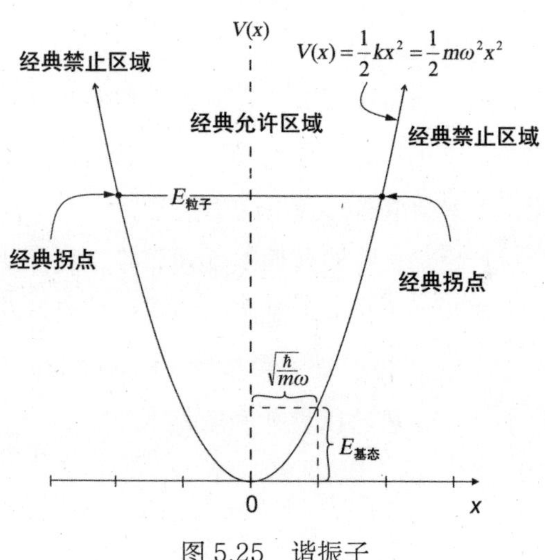

图 5.25　谐振子

相比于 5.1 节中无限矩形阱和 5.2 节中有限矩形阱形式的薛定谔方程，解这个形式的薛定谔方程要困难得多，因为 x^2 在势能项中（回想一下，在 5.1 节和 5.2 节中，势能 $V(x)$ 在每个区域都取为常数）。这些分段恒定势能可以得到阱内恒定波数 k（与 $\sqrt{E}$ 成正比，阱底以上的距离）和阱外衰变常数 κ（与 $\sqrt{V_0-E}$ 成正比，阱顶以下的距离）。但在这种情况下，阱深随 x 的变化而变化，因此需要另一种方法。

如果你已经在综合量子教材中看过谐振子，那么可能已经注意到有两种不同的方法可以求出量子谐振子的能级和波函数，这两种方式有时称为“解析”方法和“代数”方法。解析方法使用幂级数来求解等式（5.61），代数方法不仅要分解等式（5.61），还要使用**“阶梯”算子**来确定允许能级和波函数。本书的目标是为读者将来学习量子力学做好准备，因此，本节包含两种方法的基础知识。

即使只学习过有限的微分方程知识，用解析幂级数的方法来求解谐振子的 TISE 的过程也是可以理解的，而且一旦理解了它的原理，大家会很乐意使用这个技巧。

在开始解析之前，先进行两次变量替换，过程就不会这么烦琐。这两种替换基于相同的思想，即用一个无量纲的量代替一个一维的变量（例如能量 E 和位置 x）。在每种情况下，都可以认为这是将该变量除以参考变量，例如 E_{ref} 和 x_{ref}。在本节中，无量纲能量称为ϵ，定义如下：

$$\epsilon \equiv \frac{E}{E_{\text{ref}}} = \frac{E}{\left(\frac{1}{2}\hbar\omega\right)} \tag{5.62}$$

其中，参考能量为 $E_{ref} = \hbar\omega/2$。可以很容易地验证 E_{ref} 表达式中能量的大小，但是因子 1/2 是从哪里来的呢？ ω 又是什么？

一旦知道了谐振子的能级，这些问题的答案就变得很清楚了，简单来说，ω 是基态（最低能量）波函数的角频率，而 $\hbar\omega/2$ 是量子谐振子的基态能量。

位置的无量纲形式称为 ξ，由下式定义

$$\xi = \frac{x}{x_{\text{ref}}} = \frac{x}{\sqrt{\frac{\hbar}{m\omega}}} \tag{5.63}$$

其中，参考位置为 $x_{\text{ref}} = \sqrt{\dfrac{\hbar}{m\omega}}$。与往常一样，检查一下 x_{ref} 的表达式中位置的大小。

那 $\sqrt{\dfrac{\hbar}{m\omega}}$ 表示什么呢？与 E_{ref} 的情况一样，一旦确定了量子谐振子的能级，答案就很清楚了，先预告一下：$\sqrt{\dfrac{\hbar}{m\omega}}$ 是基态粒子的谐振子到经典拐点的距离。在本节中将看到，粒子的表现不像经典谐振子，但是到经典拐点的距离仍然是一个方便的参考。E_{ref} 和 x_{ref} 如图 5.25 所示。

要从等式（5.61）得到这些无量纲量，不能简单地将能量项除以 E_{ref}，将位置项除以 x_{ref}。相反，要先从等式（5.62）和等式（5.63）中解出 E 和 x：

$$E = \epsilon E_{\text{ref}} = \epsilon\left(\frac{1}{2}\hbar\omega\right) \tag{5.64}$$

和

$$x = \xi x_{\text{ref}} = \xi\left(\sqrt{\frac{\hbar}{m\omega}}\right) \tag{5.65}$$

接下来，需要处理二阶空间导数 $\mathrm{d}^2/\mathrm{d}x^2$。取 x 关于 ξ 的一阶空间导数，可以得到

$$\frac{\mathrm{d}x}{\mathrm{d}\xi} = \sqrt{\frac{\hbar}{m\omega}}$$

$$dx = \sqrt{\frac{\hbar}{m\omega}} d\xi \tag{5.66}$$

和

$$dx^2 = \frac{\hbar}{m\omega} d\xi^2 \tag{5.67}$$

现在把 E、x 和 dx^2 的表达式代入等式（5.61）中，可以得到

$$\begin{aligned}\frac{d^2\psi(\xi)}{\frac{\hbar}{m\omega}d\xi^2} + \left[\frac{2m}{\hbar^2}\epsilon\left(\frac{1}{2}\hbar\omega\right) - \frac{m^2\omega^2}{\hbar^2}\left(\xi\sqrt{\frac{\hbar}{m\omega}}\right)^2\right]\psi(\xi) = 0 \\ \frac{m\omega}{\hbar}\frac{d^2\psi(\xi)}{d\xi^2} + \left(\frac{m\omega}{\hbar}\epsilon - \frac{m\omega}{\hbar}\xi^2\right)\psi(\xi) = 0 \\ \frac{d^2\psi(\xi)}{d\xi^2} + \left(\epsilon - \xi^2\right)\psi(\xi) = 0\end{aligned} \tag{5.68}$$

这种类型的微分方程称为 **Weber 方程**，它的解是 Gaussian 函数和 **Hermite 多项式**的乘积。在考虑如何得到这些结果之前，应该先考虑一下等式（5.68）表明了什么。

如果已经阅读了第 3 章和第 4 章中关于曲率的讨论，就会知道二阶空间导数 $d^2\psi / dx^2$ 表示波函数 ψ 关于距离的曲率。从刚才给出的定义中，还可以知道 ϵ 与能量 E 成正比，ξ^2 与位置的平方 x^2 成正比，因此，等式（5.68）意味着谐振子波函数的曲率大小随着能量的增加而增加，但是对于给定能量，波函数曲率随距势阱中心的距离的增大而减小。

这样的解析让我们对量子振子波函数的表现有了一个大致的概念，但是表现的细节只能通过求解等式（5.68）来确定。想做到这一点，要考虑方程的解 $\psi(\xi)$ 的渐近表现（即，在 ξ 非

常大或非常小时的表现），这是很有用的，因为这样可以区分一种情况下解的表现与另一种情况下的解，并且在这些情况下微分方程可能更易于求解。

对于较大的 ξ（因此 x 较大），从等式（5.68）可以得到：

$$\begin{aligned} \frac{d^2\psi(\xi)}{d\xi^2} - \xi^2\psi(\xi) \approx 0 \\ \frac{d^2\psi(\xi)}{d\xi^2} \approx \xi^2\psi(\xi) \end{aligned} \tag{5.69}$$

其中，当 ξ 较大时，相对于 ξ^2，ϵ 可忽略不计。

对于较大的 ξ，等式的解是

$$\psi(\xi \to \pm\infty) = Ae^{\frac{\xi^2}{2}} + Be^{-\frac{\xi^2}{2}} \tag{5.70}$$

但是对于谐振子，当 x（因此 ξ）趋于正无穷或负无穷时，势能 $V(x)$ 随之无限增大。如前所述，这意味着当 $\xi \to \pm\infty$ 时，波函数 $\psi(\xi)$ 必须为零。这就排除了正指数解，所以系数 A 必须为零。

当 ξ 为较大的正值和较小的负值时，负指数项成为 $\psi(\xi)$ 的主要部分，所以可以写成

$$\psi(\xi) = f(\xi)e^{-\frac{\xi^2}{2}} \tag{5.71}$$

其中 $f(\xi)$ 表示一个函数，该函数决定当 ξ 较小时 $\psi(\xi)$ 的表现，常数系数 B 在函数 $f(\xi)$ 中。

区分 $\psi(\xi)$ 的渐近表现有什么好处？要知道这一点，看看如果把 $\psi(\xi)$ 的表达式（等式（5.71））代入等式（5.68）中会发生什么：

$$\frac{\mathrm{d}^2\left[f(\xi)\mathrm{e}^{-\frac{\xi^2}{2}}\right]}{\mathrm{d}\xi^2}+\left(\epsilon-\xi^2\right)f(\xi)\mathrm{e}^{-\frac{\xi^2}{2}}=0 \tag{5.72}$$

现在对一阶空间导数应用微分的乘积规则：

$$\begin{aligned}\frac{\mathrm{d}\left[f(\xi)\mathrm{e}^{-\frac{\xi^2}{2}}\right]}{\mathrm{d}\xi}&=\frac{\mathrm{d}f(\xi)}{\mathrm{d}\xi}\mathrm{e}^{-\frac{\xi^2}{2}}+f(\xi)\frac{\mathrm{d}\left(\mathrm{e}^{-\frac{\xi^2}{2}}\right)}{\mathrm{d}\xi}\\&=\frac{\mathrm{d}f(\xi)}{\mathrm{d}\xi}\mathrm{e}^{-\frac{\xi^2}{2}}+f(\xi)\left(-\xi\mathrm{e}^{-\frac{\xi^2}{2}}\right)\\&=\mathrm{e}^{-\frac{\xi^2}{2}}\left[\frac{\mathrm{d}f(\xi)}{\mathrm{d}\xi}-\xi f(\xi)\right]\end{aligned}$$

然后再取一次空间导数，可以得到

$$\begin{aligned}\frac{\mathrm{d}^2\left[f(\xi)\mathrm{e}^{-\frac{\xi^2}{2}}\right]}{\mathrm{d}\xi^2}&=\frac{\mathrm{d}\left\{\mathrm{e}^{-\frac{\xi^2}{2}}\left[\frac{\mathrm{d}f(\xi)}{\mathrm{d}\xi}-\xi f(\xi)\right]\right\}}{\mathrm{d}\xi}\\&=\frac{\mathrm{d}\left(\mathrm{e}^{-\frac{\xi^2}{2}}\right)}{\mathrm{d}\xi}\left[\frac{\mathrm{d}f(\xi)}{\mathrm{d}\xi}-\xi f(\xi)\right]+\mathrm{e}^{-\frac{\xi^2}{2}}\frac{\mathrm{d}}{\mathrm{d}\xi}\left[\frac{\mathrm{d}f(\xi)}{\mathrm{d}\xi}-\xi f(\xi)\right]\\&=-\xi\mathrm{e}^{-\frac{\xi^2}{2}}\frac{\mathrm{d}f(\xi)}{\mathrm{d}\xi}-\xi\mathrm{e}^{-\frac{\xi^2}{2}}[-\xi f(\xi)]+\mathrm{e}^{-\frac{\xi^2}{2}}\frac{\mathrm{d}^2f(\xi)}{\mathrm{d}\xi^2}\\&\quad+\mathrm{e}^{-\frac{\xi^2}{2}}\left[-f(\xi)-\xi\frac{\mathrm{d}f(\xi)}{\mathrm{d}\xi}\right]\\&=\mathrm{e}^{-\frac{\xi^2}{2}}\left[-\xi\frac{\mathrm{d}f(\xi)}{\mathrm{d}\xi}+\xi^2f(\xi)+\frac{\mathrm{d}^2f(\xi)}{\mathrm{d}\xi^2}-f(\xi)-\xi\frac{\mathrm{d}f(\xi)}{\mathrm{d}\xi}\right]\\&=\mathrm{e}^{-\frac{\xi^2}{2}}\left[\frac{\mathrm{d}^2f(\xi)}{\mathrm{d}\xi^2}-2\xi\frac{\mathrm{d}f(\xi)}{\mathrm{d}\xi}+f(\xi)(\xi^2-1)\right]\end{aligned}$$

将此式代入等式（5.72），可以得到

$$e^{-\frac{\xi^2}{2}}\left[\frac{d^2f(\xi)}{d\xi^2}-2\xi\frac{df(\xi)}{d\xi}+f(\xi)(\xi^2-1)\right]+\left(\epsilon-\xi^2\right)f(\xi)e^{-\frac{\xi^2}{2}}=0$$

或

$$e^{-\frac{\xi^2}{2}}\left[\frac{d^2f(\xi)}{d\xi^2}-2\xi\frac{df(\xi)}{d\xi}+f(\xi)(\epsilon-1)\right]=0 \tag{5.73}$$

由于对于任意的 ξ，该等式都成立，而 $e^{-\frac{\xi^2}{2}}$ 不为零，所以方括号中的项必须等于零：

$$\frac{d^2f(\xi)}{d\xi^2}-2\xi\frac{df(\xi)}{d\xi}+f(\xi)(\epsilon-1)=0 \tag{5.74}$$

似乎所有这些操作只是为了得到另一个二阶微分方程，但这个方程可以用幂级数方法来求解。为此，将函数 $f(\xi)$ 表示为 ξ 的幂级数：

$$\begin{aligned} f(\xi) &= a_0+a_1\xi+a_2\xi^2+\cdots \\ &= \sum_{n=0}^{\infty}a_n\xi^n \end{aligned}$$

注意，对于量子谐振子来说，指数通常从 $n=0$ 开始，而不是 $n=1$，因此基态（最低能量）波函数称为 ψ_0，最低能级称为 E_0。用这个幂级数表示 $f(\xi)$，使得 $f(\xi)$ 的一阶和二阶空间导数分别为

$$\frac{df(\xi)}{d\xi}=\sum_{n=0}^{\infty}na_n\xi^{n-1}$$

和

$$\frac{d^2f(\xi)}{d\xi^2}=\sum_{n=0}^{\infty}n(n-1)a_n\xi^{n-2}$$

将上述两式代入等式（5.74），可以得到

$$\sum_{n=0}^{\infty}n(n-1)a_n\xi^{n-2}-2\xi\sum_{n=0}^{\infty}na_n\xi^{n-1}+\sum_{n=0}^{\infty}a_n\xi^n(\epsilon-1)=0 \quad (5.75)$$

将具有相同幂指数 ξ 的项合并在一起，方程会更加有用，因为所有具有相同幂指数 ξ 的项的和必须为零。为了理解这是为什么，考虑以下情形：等式（5.75）表示所有幂指数的所有项的和必须为零，但是一个幂指数的项不能抵消另一个幂指数的项（不同幂指数的项可能会因为某个 ξ 值而互相抵消，但不是对所有的 ξ 值都这样）。所以，如果合并等式（5.75）中相同幂指数的项，那么可以确定这些项的系数和为零。

尽管把等式（5.75）中相同幂指数的项组合起来似乎很烦琐，但可以发现，第二个和第三个求和式的 ξ 已经有了相同的幂指数，这个幂指数是 n，因为在第二个求和式中有一个 ξ 的附加因子，并且 $(\xi)(\xi^{n-1})=\xi^n$。现在仔细看第一个求和式，其中 $n=0$ 和 $n=1$ 的项都不影响最后的求和。因此可以将 n 换成 $n+2$，简单地对指数重新编号，这意味着求和也包含 ξ^n。所以，等式（5.75）可以写成

$$\sum_{n=0}^{\infty}(n+2)(n+1)a_{n+2}\xi^n-\sum_{n=0}^{\infty}2na_n\xi^n+\sum_{n=0}^{\infty}a_n\xi^n(\epsilon-1)=0$$

$$\sum_{n=0}^{\infty}\left[(n+2)(n+1)a_{n+2}-2na_n+a_n(\epsilon-1)\right]\xi^n=0$$

这意味着对于每一个 n，ξ^n 的系数和必须为零：

$$\begin{aligned}(n+2)(n+1)a_{n+2}-2na_n+a_n(\epsilon-1)&=0\\ a_{n+2}&=\frac{2n+(1-\epsilon)}{(n+2)(n+1)}a_n\end{aligned} \tag{5.76}$$

这是一个递归关系，它将系数 a_n 与系数 a_{n+2} 联系起来，后者比前者多两步。所以，如果知道任何一个偶系数，那么就可以用这个等式来求出所有高偶系数，而且还可以重新利用这个等式，令 n 变成 $n-2$，来求出所有的低偶系数（如果有的话）。同样，如果知道其中任何一个奇系数，那么就可以求出所有其他的奇系数。例如，如果知道系数 a_0，那么就可以确定 a_2、a_4 等；如果知道 a_1，那么就可以确定 a_3、a_5 等，直到无穷。

然而，如果 n 很大，考虑等式（5.76）对 a_{n+2}/a_n 的解释，就会发现问题。首先比值为

$$\frac{a_{n+2}}{a_n}=\frac{2n+(1-\epsilon)}{(n+2)(n+1)} \tag{5.77}$$

当 n 很大时，分子和分母中包含 n 的项都主导其他项。所以这个比值收敛于

$$\frac{a_{n+2}}{a_n}=\frac{2n+(1-\epsilon)}{(n+2)(n+1)}\xrightarrow[\text{large n}]{}\frac{2n}{(n)(n)}=\frac{2}{n} \tag{5.78}$$

为什么这是个问题？因为 $2/n$ 正是函数 e^{ξ^2} 的幂级数中偶数项或奇数项的比值收敛的值，如果在 n 比较大的情况下，a_{n+2}/a_n

表现为 e^{ξ^2}，那么等式（5.71）表示的波函数 $\psi(\xi)$ 如下

$$\psi(\xi) = f(\xi)e^{-\frac{\xi^2}{2}} \xrightarrow[\text{large n}]{} e^{\xi^2}e^{-\frac{\xi^2}{2}} = e^{+\frac{\xi^2}{2}}$$

当 $\xi \to \pm\infty$ 时，这个正指数项无限增加，这意味着 $\psi(\xi)$ 不能归一化，而且这也不是物理上可以实现的量子波函数。

但是，与其放弃这个方法，还不如利用这个结论来求量子谐振子的能级。考虑当 ξ 为较大的正值或较小的负值时，如何防止 $\psi(\xi)$ 无限增加或减小。答案是确保级数 $\Sigma_n \dfrac{a_{n+2}}{a_n}$ 在某个有限的 n 值处终止，这样在 n 很大的情况下，级数永远不会像 e^{ξ^2} 那样无限增加。

什么条件可以导致这个级数终止？根据等式（5.77），在能量参数 ϵ 的任意值处，系数 a_{n+2} 等于零，其中

$$\frac{2n + (1 - \epsilon)}{(n + 2)(n + 1)} = 0$$

这意味着

$$2n + (1 - \epsilon) = 0$$

和

$$\epsilon = 2n + 1 \tag{5.79}$$

这意味着能量参数 ϵ（因此能量 E）被量子化，取依赖于 n 的离散值。通过下标 n 表示量子化，E 和ϵ之间的关系（等式（5.64））为

$$E_n = \epsilon_n\left(\frac{1}{2}\hbar\omega\right) = (2n + 1)\left(\frac{1}{2}\hbar\omega\right)$$

或

$$E_n = \left(n + \frac{1}{2}\right)\hbar\omega \tag{5.80}$$

这些是量子谐振子的能量的允许值。与无限和有限矩形阱的情况一样，能量和能量的允许值的量子化直接来自相关边界条件的应用。

应该花点时间考虑这些允许能量的值。基态 $(n=0)$ 能量为 $E_0=(1/2)\hbar\omega$，这正是等式（5.62）中定义无量纲能量参数ϵ时所用的 E_{ref}。还要注意的是，量子谐振子能级之间的间距是恒定的，每个能级 E_n 比相邻的低能级 E_{n-1} 刚好高出 $\hbar\omega$（回想本章前两节，无限矩形阱和有限矩形阱的能级间距随 n 的增加而增加）。因此，量子谐振子具有无限和有限矩形阱的一些特性，包括量子化能级和非零基态能量，但势能也会随离平衡位置的距离的变化产生一些显著的差异。

有了允许能量，下一个任务是求出对应的波函数 $\psi_n(\xi)$，可以用递归关系和等式（5.71）计算波函数，但是必须仔细考虑幂级数求和的极限。

通常将能级记为 E_n，以便区分能级的指数和幂级数项的计数，从这里开始，求和指数将记为 m，使得函数 $f(\xi)$ 如下所示：

$$f(\xi) = \sum_{m=0,1,2,\ldots} a_m \xi^m \tag{5.81}$$

由于递归方程将 a_{m+2} 与 a_m 联系起来，将其分为两个级数，一个是 ξ 的所有偶次幂，另一个是 ξ 的所有奇次幂：

$$f(\xi) = \sum_{m=0,2,4,\ldots} a_m \xi^m + \sum_{m=1,3,5,\ldots} a_m \xi^m \tag{5.82}$$

我们知道只要能量参数 ϵ_n 的值为 $2n+1$ ，求和就会终止（并产生一个物理上可实现的解）。将该式代入指数为 m 的递归关系中，可以得到

$$\begin{aligned} a_{m+2} &= \frac{2m+(1-\epsilon_n)}{(m+2)(m+1)}a_m = \frac{2m+[1-(2n+1)]}{(m+2)(m+1)}a_m \\ &= \frac{2(m-n)}{(m+2)(m+1)}a_m \end{aligned} \tag{5.83}$$

这意味着当 $m=n$ 时，级数终止。所以，对于第一允许能级，有 $n=0$ ，能量参数$\epsilon_n=2n+1=1$，偶级数在 $m=n=0$ 处终止（意味着 $m>n$ 的所有偶数项都为零）。那么奇级数呢？如果令 $a_1=0$ ，递归关系将确保所有高奇数项也为零，从而保证奇级数不会爆炸增加。所以， $n=0$ 的级数由单项 a_0 组成，且函数 $f_0(\xi)$ 为

$$f_0(\xi) = a_0\xi^0 \tag{5.84}$$

现在考虑第一激发态（$n=1$）的情况。第一激发态的能量参数$\epsilon_1=2n+1=3$，等式（5.83）中的 $m-n$ 项导致奇级数在 $m=n=1$ 处终止（因此 $m>n$ 的所有奇数项都为零）。为了确保偶级数不会爆炸增加，在这种情况下，必须令 $a_0=0$ ，递归关系会令所有高偶数项都为零。所以， $n=1$ 的级数由单项 a_1 组

成，且第一激发态的函数$f_1(\xi)$为

$$f_1(\xi) = \sum_{\text{仅有}\, m=1} a_m \xi^m = a_1 \xi^1 \tag{5.85}$$

对于第二激发态（$n=2$），能量参数$\epsilon_2=5$，偶级数在$m=n=2$处终止。但在这种情况下，m 可以取 0 和 2，递归关系表明了系数比a_2/a_0和a_4/a_2。对于$m=0$和$n=2$，递归关系给出

$$a_2 = \frac{2(m-n)}{(m+2)(m+1)} a_m = \frac{2(0-2)}{(0+2)(0+1)} a_0 = -2a_0$$

而且对于$m=2$和$n=2$，递归关系给出

$$a_4 = \frac{2(m-n)}{(m+2)(m+1)} a_m = \frac{2(2-2)}{(2+2)(2+1)} a_2 = 0$$

这意味着第二激发态的函数$f_2(\xi)$为

$$\begin{aligned} f_2(\xi) &= \sum_{m=0\,\text{和}\,2} a_m \xi^m = a_0 \xi^0 + a_2 \xi^2 \\ &= \left(a_0 + a_2 \xi^2\right) = a_0 \left(1 - 2\xi^2\right) \end{aligned} \tag{5.86}$$

对于第三激发态（$n=3$），能量参数$\epsilon_3=7$，奇级数在$m=n=3$处终止。在这种情况下，m 可以取 1 和 3，递归关系表明了系数比a_3/a_1和a_5/a_3。对于$m=1$和$n=3$，递归关系给出

$$a_3 = \frac{2(m-n)}{(m+2)(m+1)} a_m = \frac{2(1-3)}{(1+2)(1+1)} a_1 = -\frac{2}{3} a_1$$

而且对于$m=3$和$n=3$，递归关系给出

$$a_5 = \frac{2(m-n)}{(m+2)(m+1)} a_m = \frac{2(3-3)}{(3+2)(3+1)} a_3 = 0$$

这使得第三激发态的函数$f_3(\xi)$为

$$\begin{aligned} f_3(\xi) &= \sum_{m=1\text{和}3} a_m\xi^m = a_1\xi^1 + a_3\xi^3 \\ &= \left(a_1\xi + a_3\xi^3\right) = a_1\left(\xi - \frac{2}{3}\xi^3\right) \end{aligned} \qquad (5.87)$$

对于第四激发态（$n=4$），能量参数$\epsilon_4=9$，偶级数在$m=n=4$处终止。在这种情况下，m可以取0、2和4，递归关系表明了系数比a_2/a_0、a_4/a_2和a_6/a_4。对于$m=0$和$n=4$，递归关系给出

$$a_2 = \frac{2(m-n)}{(m+2)(m+1)}a_m = \frac{2(0-4)}{(0+2)(0+1)}a_1 = -4a_0$$

而且对于$m=2$和$n=4$，递归关系给出

$$\begin{aligned} a_4 &= \frac{2(m-n)}{(m+2)(m+1)}a_m = \frac{2(2-4)}{(2+2)(2+1)}a_2 \\ &= \frac{-4}{12}a_2 = -\frac{1}{3}a_2 = \frac{4}{3}a_0 \end{aligned}$$

最后，对于$m=4$和$n=4$，递归关系给出

$$a_6 = \frac{2(m-n)}{(m+2)(m+1)}a_m = \frac{2(4-4)}{(4+2)(4+1)}a_2 = 0$$

因此，第四激发态的函数$f_4(\xi)$为

$$\begin{aligned} f_4(\xi) &= \sum_{m=0,2,4} a_m\xi^m = a_0\xi^0 + a_2\xi^2 + a_4\xi^4 \\ &= \left(a_0 + a_2\xi^2 + a_4\xi^4\right) = a_0\left(1 - 4\xi^2 + \frac{4}{3}\xi^4\right) \end{aligned} \qquad (5.88)$$

对于第五激发态（$n=5$），能量参数$\epsilon_5=11$，奇级数在 $m=n=5$ 处终止。在这种情况下，m 可以取 1、3 和 5，递归关系表明了系数比 a_3/a_1、a_5/a_3 和 a_7/a_5。对于 $m=1$ 和 $n=5$，递归关系给出

$$a_3=\frac{2(m-n)}{(m+2)(m+1)}a_m=\frac{2(1-5)}{(1+2)(1+1)}a_1=-\frac{4}{3}a_1$$

而且对于 $m=3$ 和 $n=5$，递归关系给出

$$\begin{aligned}a_5&=\frac{2(m-n)}{(m+2)(m+1)}a_m=\frac{2(3-5)}{(3+2)(3+1)}a_3\\&=\frac{-4}{20}a_3=-\frac{1}{5}a_3=\frac{4}{15}a_1\end{aligned}$$

最后，对于 $m=5$ 和 $n=5$，递归关系给出

$$a_7=\frac{2(m-n)}{(m+2)(m+1)}a_m=\frac{2(5-5)}{(5+2)(5+1)}a_5=0$$

因此，第五激发态的函数$f_5(\xi)$为

$$\begin{aligned}f_5(\xi)&=\sum_{m=1,3,5}a_m\xi^m=a_1\xi^1+a_3\xi^3+a_5\xi^5\\&=\left(a_1\xi+a_3\xi^3+a_5\xi^5\right)=a_1\left(\xi-\frac{4}{3}\xi^3+\frac{4}{15}\xi^5\right)\end{aligned}\qquad(5.89)$$

所以，这就是$f_n(\xi)$函数的前六项，当乘以等式（5.71）中的 Gaussian 指数因子时，就会得到 $\psi_n(\xi)$。

这些项和本章前面提到的 Hermite 多项式有什么关系呢？为了看到它们之间的联系，我们将f_n函数放在一起，并对每个函数的自变量做一点代数运算，具体来说，对于每个 n，

提取适当的常数，使得 ξ 的最高幂指数前面的数值因子为 2^n。如下所示：

$$
\begin{aligned}
f_0(\xi) &= a_0 = a_0(1) \\
f_1(\xi) &= a_1\xi = \frac{a_1}{2}(2\xi) \\
f_2(\xi) &= a_0\left(1 - 2\xi^2\right) = -\frac{a_0}{2}(4\xi^2 - 2) \\
f_3(\xi) &= a_1\left(\xi - \frac{2}{3}\xi^3\right) = -\frac{a_1}{12}(8\xi^3 - 12\xi) \\
f_4(\xi) &= a_0\left(1 - 4\xi^2 + \frac{4}{3}\xi^4\right) = \frac{a_0}{12}(16\xi^4 - 48\xi^2 + 12) \\
f_5(\xi) &= a_1\left(\xi - \frac{4}{3}\xi^3 + \frac{4}{15}\xi^5\right) = \frac{a_1}{120}(32\xi^5 - 160\xi^3 + 120\xi)
\end{aligned}
$$

这样做是为了便于比较 $f_n(\xi)$ 函数与 Hermite 多项式。如果在物理教材或网上查找这些多项式，很可能[⊖]会找到如下表达式：

$$
\begin{aligned}
H_0(\xi) &= 1 & H_1(\xi) &= 2\xi \\
H_2(\xi) &= 4\xi^2 - 2 & H_3(\xi) &= 8\xi^3 - 12\xi \\
H_4(\xi) &= 16\xi^4 - 48\xi^2 + 12 & H_5(\xi) &= 32\xi^5 - 160\xi^3 + 120\xi
\end{aligned}
$$

比较函数 $f_n(\xi)$ 和 Hermite 多项式 $H_n(\xi)$，可以看到除了 $f_n(\xi)$ 中涉及 a_0 或 a_1 的常数因子外，它们是相同的。将这些常数称为 A_n，等式（5.71）给出的波函数 $\psi_n(\xi)$ 如下

⊖ 如果遇到一系列具有不同数值因子的 Hermite 多项式（例如在 ξ 的最高幂指数前面的数值因子是 1 而不是 2^n），那么你看到的可能是“probabalist”版本而不是“physister”版本的 Hermite 多项式，后者只在比例因子上有所不同。

$$\psi_n(\xi) = f_n e^{-\frac{\xi^2}{2}} = A_n H_n(\xi) e^{-\frac{\xi^2}{2}} \tag{5.90}$$

而且可以通过归一化波函数 $\psi_n(\xi)$ 来确定常数，这是下一个任务。

在开始之前，先看一下等式（5.90）中的项。量子谐振子波函数由 Hermite 多项式 (H_n) 和 Gaussian 指数 $(e^{-\xi^2/2})$ 的乘积组成。正是 Gaussian 项导致当 ξ 趋于 $\pm\infty$ 时，波函数 $\psi(\xi)$ 减小为零，从而提供了归一化所需的空间定位。

为了实现归一化，令概率密度在全空间上的积分为 1。对于 $\psi_n(x)$，在 x 上进行积分：

$$\int_{-\infty}^{\infty} \psi^*(x)\psi(x) dx = 1 \tag{5.91}$$

然后，根据等式（5.66）中 dx 与 $d\xi$ 的联系，可以得到

$$\int_{-\infty}^{\infty} \psi^*(x)\psi(x) dx = \sqrt{\frac{\hbar}{m\omega}} \int_{-\infty}^{\infty} \psi^*(\xi)\psi(\xi) d\xi = 1 \tag{5.92}$$

这意味着

$$\sqrt{\frac{\hbar}{m\omega}} \int_{-\infty}^{\infty} \left[A_n H_n(\xi) e^{-\frac{\xi^2}{2}}\right]^* \left[A_n H_n(\xi) e^{-\frac{\xi^2}{2}}\right] d\xi = 1 \tag{5.93}$$

或

$$\sqrt{\frac{\hbar}{m\omega}} |A_n|^2 \int_{-\infty}^{\infty} |H_n(\xi)|^2 e^{-\xi^2} d\xi = 1 \tag{5.94}$$

这个积分看起来有点复杂，但是研究 Weber 方程和 Hermite 多项式的数学家却给了我们一个非常方便的积分恒等式：

$$\int_{-\infty}^{\infty} |H_n(\xi)|^2 \mathrm{e}^{-\xi^2} \mathrm{d}\xi = 2^n n! \left(\pi^{\frac{1}{2}}\right) \tag{5.95}$$

这正是我们需要的。将此表达式代入等式（5.94），可以得到

$$\sqrt{\frac{\hbar}{m\omega}} |A_n|^2 \left[2^n n! \left(\pi^{\frac{1}{2}}\right)\right] = 1$$

$$|A_n|^2 = \sqrt{\frac{m\omega}{\hbar}} \frac{1}{2^n n! \left(\pi^{\frac{1}{2}}\right)}$$

然后取平方根，就可以得到归一化常数 A_n：

$$|A_n| = \left(\frac{m\omega}{\hbar}\right)^{\frac{1}{4}} \frac{1}{\sqrt{2^n n! \left(\pi^{\frac{1}{2}}\right)}} = \left(\frac{m\omega}{\pi\hbar}\right)^{\frac{1}{4}} \frac{1}{\sqrt{2^n n!}} \tag{5.96}$$

有了 A_n，就可以将波函数 $\psi_n(x)$ 写成如下形式

$$\psi_n(\xi) = \left(\frac{m\omega}{\pi\hbar}\right)^{\frac{1}{4}} \left(\frac{1}{\sqrt{2^n n!}}\right) H_n(\xi) \mathrm{e}^{-\frac{\xi^2}{2}} \tag{5.97}$$

量子谐振子的六个最低能级的波函数 $\psi_n(\xi)$ 如图 5.26 所示。与矩形阱的情况一样，最低能量（基态）波函数关于阱中心（$x=0$）是偶函数，而且高能量波函数在奇偶函数之间交替。与有限矩形阱的解一样，谐振子波函数在经典允许区域内振荡，在经典禁止区域内呈指数衰减。在经典允许区域，波函数的曲率随着能量的增加而增加，因此高能量波函数在经典转折点之间有更多的周期，具体来说，ψ_n 比 ψ_{n-1} 多了一个（部分）半周期和一个节点。

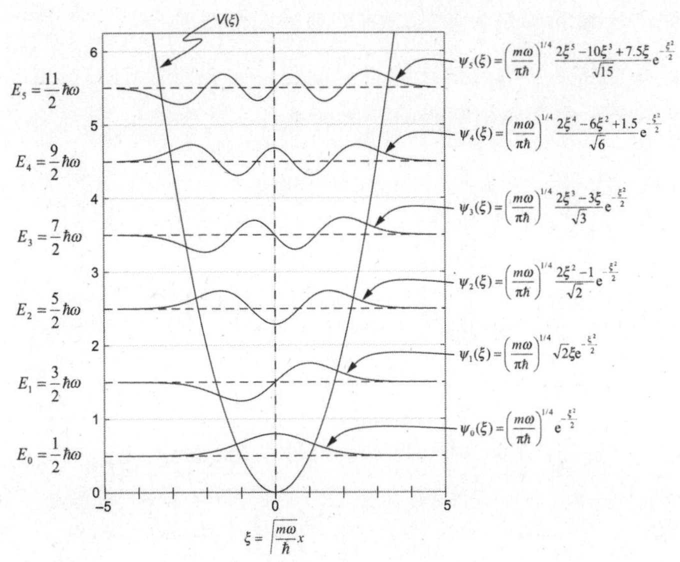

图 5.26 量子谐振子波函数 $\psi_n(\xi)$

谐振子的六个最低能量波函数的概率密度 $P_{\text{den}}(\xi)=\psi_n^*(\xi)\psi_n(\xi)$ 如图 5.27 所示。这些图清楚地表明，在低能量（小的 n 值）处，量子谐振子的表现与经典情况有很大不同。例如，对于处于基态的粒子，其能量为 $\hbar\omega/2$，位置测量最有可能产生接近 $x=0$ 的值。另外，每个激发态 $\psi_n(\xi)$ 在经典允许区域内都有 n 个概率为零的位置。但是，如果仔细观察你会发现，随着 n 的增加，在经典转折点附近产生位置测量结果的概率也会增加，因此当 n 比较大时，量子谐振子的表现确实开始类似于经典情况，正如 4.1 节中描述的对应原理要求的那样。

还应该记住，这些波函数是 Hamiltonian 算子通过变量分离得到的特征函数，因此它们表示的是定态，即可观测量（如位置、动量和能量）的期望值不会随时间而改变。为了确定粒子在其他状态（所有状态都可以通过这些特征态的加权组合得到）下的表现，必须包括时间函数 $T(t)$ ，这使得 $\Psi_n(x,t)$ 为

$$\Psi_n(x,t)=\left(\frac{m\omega}{\pi\hbar}\right)^{\frac{1}{4}}\left(\frac{1}{\sqrt{2^n n!}}\right)H_n\left(\sqrt{\frac{m\omega}{\hbar}}x\right)\mathrm{e}^{-\frac{m\omega}{2\hbar}x^2}\mathrm{e}^{-\mathrm{i}\left(n+\frac{1}{2}\right)\omega t} \quad (5.98)$$

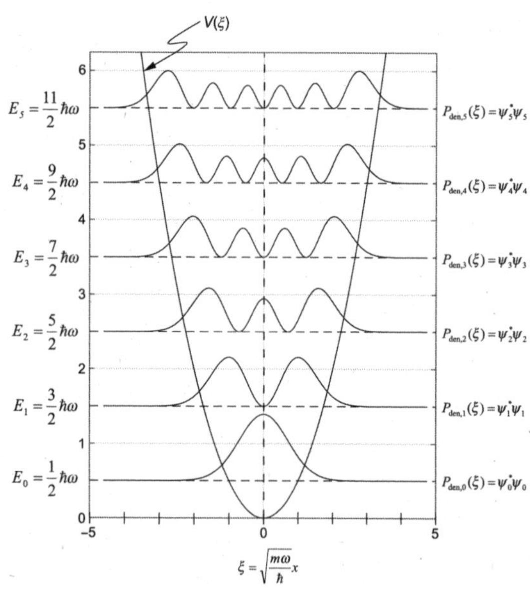

图 5.27　量子谐振子概率密度

知道了允许能级 E_n 和波函数 $\Psi_n(x,t)$ ，就可以确定量子谐振子在空间和时间上的表现。这种表现包括可观测量的期望值，如位置 x 和动量 p，以及这些量的平方值和结果的不确定性（可以在 5.4 节的习题和在线答案中看到这方面的例子）。

因此，解析方法提供了分析这个重要结构所需的工具。但

是你可能也会发现，理解用来求量子谐振子的能级和波函数的代数方法也是很有用的，所以这正是本章余下部分的主题。

代数方法涉及与时间无关的薛定谔方程的无量纲版本，其中需要用到位置算子 $\widehat{X}$ 和动量算子 $\widehat{P}$ 的无量纲版本。要了解这是如何实现的，首先使用下式定义动量参考值 P_{ref}，即

$$\frac{p_{\text{ref}}^2}{2m} = E_{\text{ref}} = \frac{1}{2}\hbar\omega$$

$$p_{\text{ref}} = \sqrt{\frac{2m\hbar\omega}{2}} = \sqrt{m\hbar\omega}$$

然后利用这个表达式产生一个无量纲的动量，称为 $\mathcal{P}$，如下

$$\mathcal{P} = \frac{p}{p_{\text{ref}}} = \frac{p}{\sqrt{m\hbar\omega}} \tag{5.99}$$

或者用 $\mathcal{P}$ 来表示动量 p，即

$$p = \mathcal{P}(p_{\text{ref}}) \tag{5.100}$$

为了得到 TISE 的无量纲版本，用无量纲能量ϵ表示能量 E，用无量纲位置 ξ 表示位置 x，用无量纲动量 $\mathcal{P}$ 表示动量 p。从第 3 章的 TISE 开始，首先我们知道

$$-\frac{\hbar^2}{2m}\frac{\mathrm{d}^2[\psi(x)]}{\mathrm{d}x^2} + V[\psi(x)] = E[\psi(x)] \tag{3.40}$$

这可以用量子谐振子的动量算子 $\widehat{P}$ 和位置算子 $\widehat{X}$ 来表示，如下

$$\left[\frac{\widehat{P}^2}{2m} + \frac{1}{2}m\omega^2\widehat{X}^2\right][\psi(x)] = E[\psi(x)]$$

使用无量纲算子 $\hat{\mathcal{P}}=\widehat{P}/p_{\text{ref}}$ 和 $\hat{\xi}=\widehat{X}/x_{\text{ref}}$，可以得到

$$\left[\frac{[\hat{\mathcal{P}}(p_{\text{ref}})]^2}{2m}+\frac{1}{2}m\omega^2[\hat{\xi}(x_{\text{ref}})]^2\right][\psi(\xi)]=\epsilon(E_{\text{ref}})[\psi(\xi)]$$

或

$$\left[\frac{(\hat{\mathcal{P}}\sqrt{m\hbar\omega})^2}{2m}+\frac{1}{2}m\omega^2\left(\hat{\xi}\sqrt{\frac{\hbar}{m\omega}}\right)^2\right][\psi(\xi)]=\epsilon\left(\frac{1}{2}\hbar\omega\right)[\psi(\xi)]$$

$$\left[\hat{\mathcal{P}}^2\frac{\hbar\omega}{2}+\hat{\xi}^2\frac{\hbar\omega}{2}\right][\psi(\xi)]=\epsilon\left(\frac{\hbar\omega}{2}\right)[\psi(\xi)]$$

去掉公因子 $\hbar\omega/2$，可以得到一个简单版本的 TISE：

$$\left[\hat{\mathcal{P}}^2+\hat{\xi}^2\right][\psi(\xi)]=\epsilon[\psi(\xi)] \tag{5.101}$$

求解这个等式的代数方法从定义两个新的算子开始，这是无量纲位置算子和动量算子的组合。第一个新算子是

$$\hat{a}^\dagger=\frac{1}{\sqrt{2}}(\hat{\xi}-i\hat{\mathcal{P}}) \tag{5.102}$$

第二个新算子是

$$\hat{a}=\frac{1}{\sqrt{2}}(\hat{\xi}+i\hat{\mathcal{P}}) \tag{5.103}$$

一些教材将这些算子写成 $\hat{a}^+$ 和 $\hat{a}^-$。当看到这些算子是如何作用于量子谐振子的波函数时，使用这个符号和算子组合且因子为 $1/\sqrt{2}$ 的原因就会变得很清楚了。

一旦知道了波函数的解 $\psi_n(\xi)$，就能证明这两个算子都是

很有用的，但是它们的乘积可以帮助我们找到这些波函数。这个乘积是

$$\hat{a}^\dagger \hat{a} = \frac{1}{\sqrt{2}}(\hat{\xi} - i\hat{\mathcal{P}})\frac{1}{\sqrt{2}}(\hat{\xi} + i\hat{\mathcal{P}})$$
$$= \frac{1}{2}\left(\hat{\xi}^2 + i\hat{\xi}\hat{\mathcal{P}} - i\hat{\mathcal{P}}\hat{\xi} + \hat{\mathcal{P}}^2\right)$$

如我们所见，在这个表达式中，$\hat{\mathcal{P}}^2 + \hat{\xi}^2$ 在 TISE 的左边（等式（5.101）），还有两个交叉项，它们都涉及 $\hat{\xi}$ 和 $\hat{\mathcal{P}}$。现在看看如果把虚数单位 i 从这些交叉项中提取出来会发生什么：

$$\mathrm{i}\hat{\xi}\hat{\mathcal{P}} - \mathrm{i}\hat{\mathcal{P}}\hat{\xi} = \mathrm{i}(\hat{\xi}\hat{\mathcal{P}} - \hat{\mathcal{P}}\hat{\xi}) = \mathrm{i}[\hat{\xi}, \hat{\mathcal{P}}] \tag{5.104}$$

其中 $[\hat{\xi}, \hat{\mathcal{P}}]$ 表示算子 $\hat{\xi}$ 和 $\hat{\mathcal{P}}$ 的交换子。这使得 $\hat{a}^\dagger \hat{a}$ 变成

$$\hat{a}^\dagger \hat{a} = \frac{1}{2}\left(\hat{\xi}^2 + \hat{\mathcal{P}}^2 + \mathrm{i}[\hat{\xi}, \hat{\mathcal{P}}]\right) \tag{5.105}$$

通过 $\hat{X}$ 和 $\hat{P}$ 的交换子，可以进一步简化为：

$$\mathrm{i}[\hat{\xi}, \hat{\mathcal{P}}] = \mathrm{i}\left[\frac{\widehat{X}}{x_{\mathrm{ref}}}, \frac{\widehat{P}}{p_{\mathrm{ref}}}\right] = \frac{\mathrm{i}}{x_{\mathrm{ref}}p_{\mathrm{ref}}}[\widehat{X}, \widehat{P}]$$

或

$$\mathrm{i}[\hat{\xi}, \hat{\mathcal{P}}] = \frac{\mathrm{i}}{\sqrt{\frac{\hbar}{m\omega}}\sqrt{m\hbar\omega}}[\widehat{X}, \widehat{P}] = \frac{\mathrm{i}}{\hbar}[\widehat{X}, \widehat{P}]$$

回想一下第 4 章的正则对易关系（等式（4.68）），它表明 $[\widehat{X}, \widehat{P}] = \mathrm{i}\hbar$，这意味着

$$\mathrm{i}[\hat{\xi}, \hat{\mathcal{P}}] = \frac{\mathrm{i}}{\hbar}[\mathrm{i}\hbar] = -1 \tag{5.106}$$

将此式代入等式（5.105），可以得到

$$\hat{a}^{\dagger}\hat{a}=\frac{1}{2}\left(\hat{\xi}^{2}+\hat{\mathcal{P}}^{2}-1\right)$$

或

$$\left(\hat{\xi}^{2}+\hat{\mathcal{P}}^{2}\right)=2\hat{a}^{\dagger}\hat{a}+1 \tag{5.107}$$

这使得 TISE（等式（5.101））为

$$\left[\mathcal{P}^{2}+\xi^{2}\right][\psi(\xi)]=(2\hat{a}^{\dagger}\hat{a}+1)[\psi(\xi)]=\epsilon[\psi(\xi)]$$

或

$$2\hat{a}^{\dagger}\hat{a}[\psi(\xi)]=(\epsilon-1)[\psi(\xi)]$$

将 $\hat{a}^{\dagger}$ 和 $\hat{a}$ 的定义代入该式，可以得到

$$2\left[\frac{1}{\sqrt{2}}(\hat{\xi}-\mathrm{i}\hat{\mathcal{P}})\frac{1}{\sqrt{2}}(\hat{\xi}+\mathrm{i}\hat{\mathcal{P}})\right][\psi(\xi)]=(\epsilon-1)[\psi(\xi)]$$

或

$$(\hat{\xi}-\mathrm{i}\hat{\mathcal{P}})(\hat{\xi}+\mathrm{i}\hat{\mathcal{P}})[\psi(\xi)]=(\epsilon-1)[\psi(\xi)] \tag{5.108}$$

当无量纲能量参数ϵ等于 1，而 $(\hat{\xi}+\mathrm{i}\hat{\mathcal{P}})\psi(\xi)$ 等于零时，该等式成立。

如果$\epsilon=1$，那么总能量为

$$E=\epsilon E_{\mathrm{ref}}=(1)\left(\frac{\hbar\omega}{2}\right)=\frac{1}{2}\hbar\omega$$

它与幂级数方法确定的基态能级 E_0 一致。

令等式（5.108）另一边的 $(\hat{\xi}+i\hat{\mathcal{P}})\psi(\xi)$ 为零，可以找到对应于该能级的波函数 $\psi_0(\xi)$。为了了解这是如何做到的，利用等式（5.66）把动量算子 $\widehat{P}$ 和 $\hat{\mathcal{P}}$ 写成

$$\widehat{P}=-\mathrm{i}\hbar\frac{\mathrm{d}}{\mathrm{d}x}=-\mathrm{i}\hbar\frac{\mathrm{d}}{\sqrt{\frac{\hbar}{m\omega}}\mathrm{d}\xi}=-\mathrm{i}\sqrt{m\hbar\omega}\frac{\mathrm{d}}{\mathrm{d}\xi}$$

和

$$\hat{\mathcal{P}}=\frac{\widehat{P}}{p_{\mathrm{ref}}}=\frac{-\mathrm{i}\sqrt{m\hbar\omega}}{\sqrt{m\hbar\omega}}\frac{\mathrm{d}}{\mathrm{d}\xi}=-\mathrm{i}\frac{\mathrm{d}}{\mathrm{d}\xi}$$

这意味着，如果 $(\hat{\xi}+\mathrm{i}\hat{\mathcal{P}})\psi(\xi)=0$，那么

$$(\hat{\xi}+\mathrm{i}\hat{\mathcal{P}})\psi(\xi)=\left[\xi+\mathrm{i}\left(-\mathrm{i}\frac{\mathrm{d}}{\mathrm{d}\xi}\right)\right]\psi(\xi)=0$$

$$\left[\xi+\frac{\mathrm{d}}{\mathrm{d}\xi}\right]\psi(\xi)=0 \qquad (5.109)$$

$$\frac{\mathrm{d}\psi(\xi)}{\mathrm{d}\xi}=-\xi\psi(\xi)$$

该等式的解为 $\psi(\xi)=A\mathrm{e}^{-\frac{\xi^2}{2}}$，归一化得到 $A=\left(\frac{m\omega}{\pi\hbar}\right)^{1/4}$（如果需要帮助以得到该结果，请参看 5.4 节的习题和在线答案）。

因此，使用代数方法得到的最低能量特征函数为

$$\psi(\xi)=\left(\frac{m\omega}{\pi\hbar}\right)^{1/4}\mathrm{e}^{-\frac{\xi^2}{2}}$$

与用解析方法得到的 $\psi_0(\xi)$ 完全相同。

因此，算子乘积 $\hat{a}^\dagger\hat{a}$ 对于找到量子谐振子的薛定谔方程的

最低能量解是非常有用的。但是如前所述，若将算子 $\hat{a}^\dagger$ 作用于基态波函数，可以看到算子 $\hat{a}^\dagger$ 和 $\hat{a}$ 单独使用也是很有用的：

$$\begin{aligned}
\hat{a}^\dagger\psi_0(\xi) &= \frac{1}{\sqrt{2}}(\hat{\xi}-\mathrm{i}\hat{\mathcal{P}})\left[\left(\frac{m\omega}{\pi\hbar}\right)^{1/4}\mathrm{e}^{-\frac{\xi^2}{2}}\right] \\
&= \frac{\xi}{\sqrt{2}}\left[\left(\frac{m\omega}{\pi\hbar}\right)^{1/4}\mathrm{e}^{-\frac{\xi^2}{2}}\right]+\frac{-\mathrm{i}}{\sqrt{2}}\left\{-\mathrm{i}\frac{\mathrm{d}}{\mathrm{d}\xi}\left[\left(\frac{m\omega}{\pi\hbar}\right)^{1/4}\mathrm{e}^{-\frac{\xi^2}{2}}\right]\right\} \\
&= \frac{1}{\sqrt{2}}\left(\frac{m\omega}{\pi\hbar}\right)^{1/4}\left[\xi\mathrm{e}^{-\frac{\xi^2}{2}}-\frac{\mathrm{d}}{\mathrm{d}\xi}\left(\mathrm{e}^{-\frac{\xi^2}{2}}\right)\right] \\
&= \frac{1}{\sqrt{2}}\left(\frac{m\omega}{\pi\hbar}\right)^{1/4}\left[\xi\mathrm{e}^{-\frac{\xi^2}{2}}-\frac{-2\xi}{2}\mathrm{e}^{-\frac{\xi^2}{2}}\right] \\
&= \frac{1}{\sqrt{2}}\left(\frac{m\omega}{\pi\hbar}\right)^{1/4}\left[\xi\mathrm{e}^{-\frac{\xi^2}{2}}+\xi\mathrm{e}^{-\frac{\xi^2}{2}}\right] \\
&= \frac{1}{\sqrt{2}}\left(\frac{m\omega}{\pi\hbar}\right)^{1/4}\left[2\xi\mathrm{e}^{-\frac{\xi^2}{2}}\right]=\left(\frac{m\omega}{\pi\hbar}\right)^{1/4}\left[\sqrt{2}\xi\mathrm{e}^{-\frac{\xi^2}{2}}\right] \\
&= \psi_1(\xi)
\end{aligned}$$

因此，将 $\hat{a}^\dagger$ 算子作用于基态波函数 $\psi_0(\xi)$，就会得到第一激发态的波函数 $\psi_1(\xi)$。出于这个原因，$\hat{a}^\dagger$ 被称为“提升”算子——每次它作用于量子谐振子的波函数 $\psi_n(\xi)$ 时，就会得到与下一个更高量子数的波函数 $\psi_{n+1}(\xi)$ 成比例的波函数。对于提升算子，比例常数为 $\sqrt{n+1}$，因此

$$\hat{a}^\dagger\psi_n(\xi)=\sqrt{n+1}\psi_{n+1}(\xi) \tag{5.110}$$

当将提升算子作用于基态时，这意味着 $\hat{a}^\dagger\psi_0(\xi)=\sqrt{0+1}\psi_{0+1}(\xi)=\psi_1(\xi)$。

正如我们所推测的那样，算子 $\hat{a}$ 作用于互补函数，会得

到与少一个量子数的波函数成比例的波函数。因此，$\hat{a}$ 被称为“下降算子”，且对于下降算子，比例常数为 $\sqrt{n}$ 。因此

$$\hat{a}\psi_n(\xi) = \sqrt{n}\psi_{n-1}(\xi) \tag{5.111}$$

这就是为什么 $\hat{a}^\dagger$ 和 $\hat{a}$ 被称为阶梯算子，它们允许量子谐振子的波函数“爬”上或“爬”下。这些波函数具有不同的能级，因此有些教材将阶梯算子称为“产生”（creation）和“湮灭”（annihilation）算子——每上升一步和每下降一步都会消耗一个量子 $\left(\frac{1}{2}\hbar\omega\right)$ 的能量。

如果想知道如何使用阶梯算子和应用本章中描述的其他数学概念和技术，请参看 5.4 节。和往常一样，可以在本书的网站上找到这些问题的完整解题过程。

5.4　习题

1. 证明一个全局相位因子（如 $e^{i\theta}$）同样适用于所有分量波函数 ψ_n（这些分量波函数叠加产生波函数），且不会影响概率密度，但是分量波函数的相对相位确实会影响概率密度。
2. 对于处于无限深方势阱基态的粒子，利用位置算子 $\widehat{X}$ 和动量算子 $\widehat{P}$ 求出期望值 $\langle x\rangle$ 和 $\langle p\rangle$，然后利用位置和动量算子的平方求出 $\langle x^2\rangle$ 和 $\langle p^2\rangle$ 。
3. 利用第 2 题的结果，求出 Δx 和 Δp 的不确定度，并证明满足 Heisenberg 测不准原理。
4. 如果无限深方势阱中的粒子具有波函数 $\psi(x)=\frac{1}{2}\psi_1(x)+\frac{3\mathrm{i}}{4}\psi_2$

$(x)+\frac{\sqrt{3}}{4}\psi_3(x)$，其中函数 ψ_n 由等式（5.9）给出，

a）测量粒子能量的可能结果是什么？每种结果的概率是多少？

b）求出这个粒子的能量期望值。

5. 如果粒子处于第一激发态（或第二激发态），在宽度为 a 且以 $x=a/2$ 为中心的无限深方势阱中，求出在 $x=0.25a$ 和 $x=0.75a$ 之间的区域内找到该粒子的概率。

6. 推导出等式（5.16）中 $\tilde{\phi}(p)$ 的表达式，并使用该结果推导出等式（5.17）中 $P_{\text{den}}(p)$ 的表达式。

7. 求出量子谐振子的基态粒子的期望值 $\langle x\rangle$，$\langle p\rangle$，$\langle x^2\rangle$ 和 $\langle p^2\rangle$。

8. 利用第 7 题的结果，求出 Δx 和 Δp 的不确定度，并证明满足 Heisenberg 测不准原理。

9. 对于量子谐振子的基态，证明在等式（5.109）的解中，归一化常数 $A=\left(\frac{m\omega}{\pi\hbar}\right)^{1/4}$ 是正确的。

10. a）对量子谐振子的 $\psi_2(x)$ 应用下降算子 $\hat{a}$，并用该结果求出 $\psi_1(x)$；

b）证明位置算子 $\widehat{X}$ 和动量算子 $\widehat{P}$ 可以写成梯度算子 $\hat{a}^\dagger$ 和 $\hat{a}$ 的形式，即可以写成

$$\widehat{X}=\sqrt{\frac{\hbar}{2m\omega}}(\hat{a}^\dagger+\hat{a})$$

和

$$\widehat{P}=\mathrm{i}\sqrt{\frac{\hbar m\omega}{2}}(\hat{a}^\dagger-\hat{a})$$

参考文献

[1] Cohen-Tannoudji, C., B. Diu, and F. Laloë, *Quantum Mechanics*, John Wiley & Sons, 1977.

[2] Goswami, A., *Quantum Physics*, William C. Brown, 1990.

[3] Griffiths, D., *Introduction to Quantum Mechanics*, Pearson Prentice-Hall, 2005.

[4] Marshman, E., and C. Singh, "Review of student difficulties in upper-level quantum mechanics," *Phys. Rev. ST Phys. Educ. Res.*, 11(2), 2015, 020117.

[5] McMahon, D., *Quantum Mechanics Demystified*, McGraw-Hill, 2014.

[6] Messiah, A., *Quantum Mechanics*, Dover, 2014.

[7] Morrison, M., *Understanding Quantum Physics*, Prentice-Hall, 1990.

[8] Phillips, A. C., *Introduction to Quantum Mechanics*, John Wiley & Sons, 2003.

[9] Rapp, D., *Quantum Mechanics*, CreateSpace Independent Publishing Platform, 2013.

[10] Susskind, L., and A. Friedman, *Quantum Mechanics: The Theoretical Minimum*, Basic Books, 2014.

[11] Townsend, J., *A Modern Approach to Quantum Mechanics*, University Science Books, 2012.

[12] Zettili, N., *Quantum Mechanics: Concepts and Applications*, John Wiley & Sons, 2009.

推荐阅读

量子编程基础

作者：应明生 译者：张鑫 等 ISBN：978-7-111-63129-3 定价：139.00元

引领“量子数据+量子控制”范式，推动从量子理论到量子工程的新浪潮！

本书对量子编程这一课题进行了系统和详尽的探索，将研究重点放在不同量子编程语言和技术所广泛使用的基础概念、方法和数学工具上。全书从量子力学和量子计算的基础概念开始，详细介绍了多种量子程序结构和一系列量子编程模型。此外，还系统地讨论了量子程序的语义、逻辑和分析与验证技术。

本书特色

- 系统性地阐释量子编程理论，一步步揭开量子计算的神秘面纱。
- 包含许多用于开发、分析和验证量子程序和量子加密协议的方法、技术和工具，对于学术界和工业界的研究者和开发人员都极具价值。
- 涵盖量子力学、数学和计算机科学的相关预备知识，并指出其在量子工程和物理学中的潜在应用，呈现了量子编程的跨学科特性。